Rainer Tippkötter
Dietmar Schüwer

Rationelle Energienutzung in Krankenhäusern

Das Buch leistet Entscheidungsträgern in Krankenhäusern bei der strategischen Bewertung und Optimierung der derzeitigen Energieversorgungssituation wertvolle Unterstützung und gibt operative Hilfestellungen bei der konkreten Umsetzung von Optimierungsmaßnahmen. Aufbauend auf den Grundlagen der rationellen Energienutzung in den Bereichen Energie, Wasser und Abwasser sind in der vorliegenden Veröffentlichung praxisnahe Hilfestellungen für technische und organisatorische Maßnahmen zur Optimierung der betrieblichen Energiewirtschaft, zur Durchführung eigener energieorientierter Betriebsanalysen, zur Einführung eines Energiemanagements im Krankenhaus sowie zur Finanzierung von energietechnischen Investitionsprojekten ausführlich beschrieben. Ergänzend sind die Ergebnisse eines bundesweit durchgeführten Benchmarkingprojekts dargestellt, an dem mehr als 400 Krankenhäuser teilgenommen haben. Die Ergebnisse des Projekts fanden deutschlandweit höchste Anerkennung. Im November 2001 ist das Benchmarkingprojekt mit dem Innovationspreis 2001 von FAZ und Immobilienmanager ausgezeichnet worden.

Es sind bereits erschienen:

Rationelle Energienutzung in der Ernährungsindustrie
Jörg Meyer, Martin Kruska, Heinz-Georg Kuhn, Bernd-Ulrich Sieberger, Peter Bonczek

Rationelle Energienutzung in der Textilindustrie
Martin Kruska, Jörg Meyer, Nicole Elsasser, Andreas Trautmann, Patrick Weber, Tai Mac

Rationelle Energienutzung im Gartenbau
Doris Lange, Gabriele Hack, Norbert Belker, Marc Brockmann, Otto Domke, Stefan Krusche, Walter Sennekamp, Franz-Josef Viehweg

Rationelle Energienutzung in der Kunststoff verarbeitenden Industrie
Andreas Trautmann, Jörg Meyer, Stefan Herpertz

Rationelle Energienutzung in der Metallindustrie
Thomas Daun, Rainer Schön, Ulrike Pasquale, Rolf Hagelstange, Hans-Jürgen Alt

Rationelle Energienutzung im holzbe- und verarbeitenden Gewerbe
Thomas Tech, Peter Bodden, Jörg Albert

Rationelle Energienutzung in Krankenhäusern
Rainer Tippkötter, Dietmar Schüwer

Weitere Bände für andere Branchen sind in Vorbereitung.

Rainer Tippkötter
Dietmar Schüwer

Rationelle Energienutzung in Krankenhäusern

Leitfaden für Verwaltung und Betriebstechnik

Bibliografische Information Der Deutschen Bibliothek
Die Deutsche Bibliothek verzeichnet diese Publikation in der Deutschen Nationalbibliografie; detaillierte bibliografische Daten sind im Internet über <http://dnb.ddb.de> abrufbar.

Die vorliegende Veröffentlichung erhielt im Rahmen der vom Wirtschaftsministerium NRW (MVEL NRW) initiierten Branchenenergiekonzepte eine Teilförderung.

1. Auflage Oktober 2003

Der Vieweg Verlag ist ein Unternehmen der Fachverlagsgruppe BertelsmannSpringer.
www.vieweg.de

Umschlaggestaltung: Ulrike Weigel, www.CorporateDesignGroup.de
Druck- und buchbinderische Verarbeitung: Lengericher Handelsdruckerei, Lengerich
Gedruckt auf säurefreiem und chlorfrei gebleichtem Papier.
Printed in Germany

ISBN 3-528-05871-4

Grußwort des Ministers für Verkehr, Energie und Landesplanung des Landes Nordrhein-Westfalen

Der Schutz von Klima und Umwelt für künftige Generationen und eine sichere Energieversorgung sind anspruchsvolle Aufgaben für Gesellschaft, Wissenschaft, Wirtschaft und Politik. Die stärkere Nutzung erneuerbarer Energien, aber vor allem die Effizienzsteigerung bei der Umwandlung und Nutzung fossiler Energien nützen nicht nur Klima und Umwelt, sondern schonen auch die endlichen Ressourcen.

Gerade für das Energieland Nordrhein-Westfalen resultiert daraus eine besondere Verantwortung, zur Minderung des Energieverbrauchs und damit auch zum Klimaschutz und zur Ressourcenschonung aktiv beizutragen.

Energieeinsparung und rationelle Energienutzung sind deshalb erklärte Ziele der Landespolitik. Insbesondere für die Industrie- und Dienstleistungsunternehmen sind Ressourceneffizienz und Kosteneinsparung zum Erhalt ihrer Wettbewerbsfähigkeit unabdingbar geworden.

Mit den Branchenenergiekonzepten unterstützt das Ministerium für Verkehr, Energie und Landesplanung des Landes NRW aktiv die Bemühungen um mehr Energieeffizienz in ausgewählten Branchen.

Sie gehen von der Idee aus, dass Betriebe und Einrichtungen einer Branche bei vergleichbaren Arbeitsprozessen ähnliche technische Strukturen und damit auch ähnliche technische Schwachstellen aufweisen. Mit Branchenkonzepten werden verallgemeinerbare Lösungen zur Steigerung der Energieeffizienz entwickelt. Diese Lösungen stellen für jeden Betrieb Planungs- und Entscheidungshilfen für die eigene Entwicklung dar.

Verschiedene Beratungs- und Ingenieurunternehmen haben in enger Zusammenarbeit mit den entsprechenden Fachverbänden und Kammern Konzepte für energieintensive Branchen erarbeitet. So wurden die Branchen der Ernährungs- und Textilindustrie, der Metall, Kunststoff und Holz be- und verarbeitenden Industrie sowie der Produktionsgartenbau und die Einrichtungen des Gesundheitswesens (Krankenhäuser) genauer untersucht. Die Ergebnisse sind in Kurzbroschüren und Leitfäden zusammengefasst. Sie sollen allen interessierten Betrieben und Einrichtungen zugänglich sein und sie in ihren Bemühungen zur Verbesserung der betrieblichen Energieeffizienz unterstützen. Sie tragen so gleichzeitig zur Stärkung der Wirtschaftsstruktur in Nordrhein-Westfalen bei.

Mit dem vorliegenden Leitfaden für Krankenhäuser werden die Ergebnisse des Energiekonzeptes für die Einrichtungen des Gesundheitswesens vorgestellt.

Schon während der Bearbeitungsphase hat das Projekt Furore gemacht und wurde mit dem Innovationspreis 2001 des Immobilienmanagements ausgezeichnet. Darüber hinaus hat sich das Teilprojekt „Benchmarking für Krankenhäuser" als integraler Bestandteil des Gesamtprojektes zu einem viel genutzten Konzept für Krankenhäuser entwickelt. An dieser Stelle werden der Innovationscharakter und die Praxisnähe der Branchenenergiekonzepte deutlich sichtbar.

Ich danke dem Verband der Krankenhausdirektoren Deutschlands (VKD e.V.), der Fachvereinigung Krankenhaustechnik (FKT e.V.), Herrn Professor Lothar Heyne (Studiengang Krankenhaus-TechnikManagement (KTM) der Fachhochschule Giessen-Friedberg) sowie der Deutschen Gesellschaft für Facility Management (GEFMA e.V.) für die engagierte Zusammenarbeit und die tatkräftige Unterstützung.

Düsseldorf, im August 2003

Dr. Axel Horstmann

Minister für Verkehr, Energie und Landesplanung
des Landes Nordrhein-Westfalen

Vorwort der Autoren

Der enorme Kostendruck im deutschen Gesundheitswesen führt zunehmend zu einem Blick über die eigentlichen Kernprozesse eines Krankenhauses hinaus. Somit bekommt auch die Immobilienbewirtschaftung, insbesondere die Optimierung der Betriebskosten der „Liegenschaft Krankenhaus“ eine steigende Priorität. Fragen des rationellen Energieeinsatzes, Fragen nach Energieeinsparpotenzialen sowie der kostengünstige Bezug von Energie gewinnen zunehmend an Bedeutung.

Der vorliegende Leitfaden soll in komprimierter und übersichtlicher Form eine Orientierungshilfe sein, um zunächst eine energetische Standortbestimmung des eigenen Krankenhauses zu erlangen. In weiteren Beschreibungen werden konkrete und praxiserprobte Umsetzungsvorschläge zur Optimierung dargestellt, um so gezielt im Bereich Energie aktiv werden zu können. Der Leitfaden soll für die einzelne Einrichtung und für die gesamte Branche eine Basis zur Umsetzung von Maßnahmen zur Energieeinsparung, CO_2-Reduzierung und Kostensenkung bieten.

Wir bedanken uns bei all denen, die zur Entstehung dieses Leitfadens beigetragen haben und uns mit Rat und Tat zur Seite standen.

Ein besonderer Dank gilt Herrn Prof.-Ing. Lothar Heyne für seine tatkräftige fachliche Unterstützung in allen Phasen des Projekts sowie Herrn Dipl.-Phys. Peter Löbus für sein außerordentliches Engagement, das wesentlich zur erfolgreichen Projektdurchführung beigetragen hat.

Ganz herzlich danken wir den Vertretern der Verbände, Herrn Löbus und Frau Kirchner (VKD e.V.), Herrn Sure und Herrn Paulus (FKT e.V.), Herrn Prof. Heyne (FH Giessen-Friedberg), Frau Dr. Kuhlmann und Herrn Burkart (GEFMA e.V.) sowie deren Mitarbeitern und Mitarbeiterinnen für ihre fachliche und organisatorische Unterstützung, ihre Anregungen und die hilfreichen Diskussionen. Ohne die Unterstützung der genannten Verbände und Personen hätte das Projekt nicht den Stellenwert bei den Krankenhausleitungen und technischen Leitern bekommen, der zum Erfolg notwendig war.

Weiterhin gilt unser Dank allen Krankenhäusern, die sich in dem Projekt durch ihre Mitarbeit engagiert und uns so die notwendigen Daten und Informationen zur Verfügung gestellt haben.

Frau von Reis vom Projektträger ETN sowie Herrn Nahs vom MVEL danken wir für ihre Unterstützung während der Projektabwicklung.

Schließlich danken wir allen Kollegen und Kolleginnen der infas Enermetric GmbH, insbesondere Herrn Dipl.-Ing. Olaf Thalmann, für die Unterstützung bei der Bearbeitung dieses anspruchsvollen und vielseitigen Projekts.

Greven, im August 2003

Reiner Tippkötter Dietmar Schüwer

infas Enermetric GmbH, Greven

Inhaltsverzeichnis

Inhaltsverzeichnis

1 Einführung in die Thematik / Einleitung

Mit der vorliegenden Veröffentlichung werden die Ergebnisse des Branchenleitfadens für Krankenhäuser vorgestellt.

Gebäudekosten: oft unterschätzter Faktor

Der steigende Kostendruck im deutschen Gesundheitswesen führt zunehmend zu einem Blick über die eigentlichen Kernprozesse eines Krankenhauses hinaus. Einen nicht unbedeutenden, jedoch oft unterschätzten Kostenfaktor im Gesundheitswesen stellen die Gebäudekosten dar. Somit erfährt die Gebäudebewirtschaftung, insbesondere die Optimierung der Betriebskosten der „Liegenschaft Krankenhaus" eine steigende Priorität. Fragen des rationellen Energieeinsatzes, Fragen nach Energieeinsparpotenzialen sowie der kostengünstige Bezug von Energie gewinnen zunehmend an Bedeutung.

Branchenenergiekonzept

Der Projektansatz, im Rahmen der Branchenenergiekonzepte des Landes Nordrhein-Westfalens eine Branchenbearbeitung für Krankenhäuser zu realisieren und somit eine fundierte Basis für eine energetische Standortbestimmung und für Handlungsempfehlungen zur Energieeinsparung zu generieren, überzeugte auch die Krankenhausverbände VKD und FKT sowie den GEFMA.

Innovationspreis

Im November 2001 ist das Projekt aufgrund seiner herausragenden Erfolge mit dem Innovationspreis 2001 der Frankfurter Allgemeinen Zeitung (FAZ) und des Immobilienmanagers ausgezeichnet worden (s. Abb. 1-1).

Dauerhaftes Projekt

Nicht zuletzt durch diese Auszeichnung und die tatkräftige Unterstützung der beteiligten Verbände konnte das Teilprojekt „Benchmarking für Krankenhäuser" als dauerhaftes Angebot für Krankenhäuser eingerichtet werden. An dieser Stelle sind der Innovationscharakter und die Praxisnähe der Branchenenergiekonzepte deutlich sichtbar geworden.

2001

URKUNDE

INNOVATIONSWETTBEWERB
IMMOBILIEN

DEVELOPMENT UND BAUEN, FINANZEN UND MARKETING
PORTFOLIO- UND IMMOBILIENMANAGEMENT

AUSZEICHNUNG Erster Preis

TEILNEHMER Infas Enermetric GmbH

KATEGORIE Portfolio- und Immobilienmanagement

INNOVATION Benchmarking für Krankenhäuser

JURYMITGLIEDER
Dr. Wolf Berthold GUNDLACH GMBH & CO. KG
Prof. Klaus Daniels HL-TECHNIK AG
Morten Hahn DR. LÜBKE IMMOBILIEN GMBH
Bernd Heuer BERND HEUER DIALOG BERLIN GMBH
Karl Kommissari ABB LTD.
Dr. Mathias Müller DTZ ZADELHOFF HOLDING
Hans-Jürgen Schauenburg FRANK BETEILIGUNGSGESELLSCHAFT MBH
Rüdiger Wiechers DRESDNER BAUSPAR AG

EIN WETTBEWERB VON
IMMOBILIEN MANAGER
Frankfurter Allgemeine ZEITUNG FÜR DEUTSCHLAND

Andreas Schiller
Chefredakteur
IMMOBILIEN MANAGER

Jochen Becker
Vorsitzender der Geschäftsführung
FRANKFURTER ALLGEMEINE ZEITUNG

UNTERSTÜTZT VON

ANDERSEN

Abb. 1-1 Urkunde des Innovationspreises 2001
der FAZ und des Immobilienmanagers

Der Inhalt des vorliegenden Buches gliedert sich wie folgt:

In **Kapitel 1** wird auf die Ziele, den Werdegang und die einzelnen Bestandteile des Projekts „Rationelle Energienutzung in Krankenhäusern“ eingegangen. Es schließt sich die Vorstellung der beteiligten Projektpartner an. Ferner wird ein Überblick über die Methode und die gebräuchlichsten Arten des Benchmarkings gegeben und die unterschiedlichen Energieformen von der Primärenergie bis hin zur Nutzenergie werden näher erläutert.

Kapitel 2 stellt die Eckdaten der Branche Krankenhaus für Nordrhein-Westfalen und das Bundesgebiet dar. Weiterhin gibt Kapitel 2 einen Einblick in die Energieversorgungsstruktur, die typischerweise in Krankenhäusern vorzufinden ist, stellt verschiedene Formen von Energieversorgungsmodellen vor und gibt insbesondere einen Überblick über den bisherigen Stand von Untersuchungen zu Energiekennwerten (beispielsweise VDI-Richtlinie 3807).

In **Kapitel 3** „Energieoptimierung Krankenhaus“ wird der aktuelle Stand innovativer Techniken und Maßnahmen zur energetischen Effizienzsteigerung und CO_2-Vermeidung in den Bereichen Technische Anlagen, Baukonstruktion und Nutzerverhalten vorgestellt. Eine Auswahl von realisierten Energieoptimierungsprojekten in Kapitel 3.5 zeigt, dass z.T. erhebliche Einsparpotenziale erschlossen werden können.

In **Kapitel 4** wird auf die Vorgehensweise bei der Fragebogenaktion zur Erhebung der Energiedaten aus den Jahren 1999 und 2000 eingegangen (Teilprojekt „Benchmarking“). Sowohl der Fragebogen als auch das Auswerteprozedere (Witterungsbereinigung, Prozessbereinigung, Kennwertbildung etc.) werden detailliert behandelt.

Die ausführlichen Ergebnisse der 2000er-Befragung sind in **Kapitel 5** dargestellt. Neben den vorgefundenen Versorgungsstrukturen der am Projekt beteiligten Krankenhäuser werden die Verbrauchskennwerte für Wärme, Strom, Wasser, Abwasser und CO_2 grafisch und tabellarisch dargestellt. Eine detaillierte Übersicht über die Preisentwicklung von 1999 bis 2001 für die oben genannten Medien rundet dieses Kapitel ab. Darüber hinaus werden Kostenkennwerte aufgezeigt und die Energie- und Wasserpreise - aufgeschlüsselt nach ihrer regionalen Verteilung - wiedergegeben.

In der Zusammenfassung in **Kapitel 6** werden die wichtigsten Diagramme (Trendverläufe mit zunehmender Bettenzahl) und Kennwerte (Verbrauchskennwerte pro Bett) im Überblick gezeigt. Aus den Erfahrungen, die bei der Durchführung des Projekts gesammelt werden konnten, wird abschließend der erkannte Handlungsbedarf abgeleitet.

Eine Hilfestellung für die Umsetzung eines betrieblichen Energiemanagements als nachhaltiges Controllinginstrument enthält **Kapitel 7**.

In **Kapitel 8** wird beschrieben, auf welche aktuellen Förderprogramme ein interessiertes Krankenhaus bei der Konzeptionierung und Umsetzung von Energieoptimierungsmaßnahmen zurückgreifen kann.

Im **Anhang** finden Sie eine Musterauswertung, die Ihnen einen Eindruck von den Auswertungen und Ergebnissen des Teilprojekts „Benchmarking für Krankenhäuser" geben soll. Ferner sind im Anhang das Literatur- und Schlagwortverzeichnis sowie ein Verzeichnis wichtiger Adressen wiedergegeben.

1.1 Projektbeschreibung

Projektidee

Kostendruck als Handlungsbedarf

Im Sektor „Krankenhaus" ist durch enormen Kostendruck ein Handlungsbedarf zur Kostensenkung in allen Bereichen mittlerweile eine zwingende Notwendigkeit geworden. Aus diesem Grund sind viele Untersuchungen und Umsetzungen - insbesondere im Energiebereich - durchgeführt worden.

Mangelnde Datenbasis

Ein elementarer Mangel zeigte sich aber deutlich in einer fehlenden Zusammenfassung der vorhandenen Ergebnisse. Denn nur durch eine Zentralisierung von Daten sind Vergleiche und Auswertungen gewährleistet. Energetische Kennwerte (Benchmarks) erlauben eine erste Standortbestimmung des jeweiligen Krankenhauses und eine Hilfestellung zur Optimierung des Objekts.

Projektziele

Wege zur Energieoptimierung

Das Projekt „Rationelle Energienutzung in Krankenhäusern" verfolgt das Ziel, innerhalb der Branche „Krankenhaus" die Möglichkeiten zur effizienten und rationellen Energieversorgung auszuarbeiten und zu verbreiten. Neben den Kosten- und Ressourcen-Einsparungen soll somit auch ein Beitrag zu den CO_2-Minderungszielen und dem Klimaschutz geleistet werden.

Aufbau eines zentralen Datenpools

Der Aufbau und Betrieb eines zentralen Informationspools stellt einen wesentlichen Kernpunkt des Projekts dar, um die genannten Aspekte langfristig flächendeckend in einem Großteil der deutschen Krankenhäuser realisieren zu können.

Projektschritte

Folgende Arbeitsschritte sind im Rahmen des Projektes „Rationelle Energienutzung in Krankenhäusern" realisiert worden:

1) Bestandsaufnahme der energetischen IST-Situation und Energieversorgungsstruktur in deutschen Krankenhäusern (s. Kap. 2)
2) Aufzeigen innovativer Techniken zum Energiesparen, zur rationellen Energieverwendung und zum Einsatz regenerativer Energien (s. Kap. 3)
3) Darstellung ausgewählter Krankenhausprojekte mit realisierten Energie- und Kosteneinsparungen in den Bereichen Wärme, Strom, Wasser und Abwasser (s. Kap. 3.5)
4) Fragebogenaktion an Krankenhäuser zur Erhebung aktueller Energiedaten und zur Erstellung von Benchmarks (s. Kap. 4.1 und 4.2)
5) Individuelle Kurzauswertung für alle an der Fragebogenaktion beteiligten Krankenhäuser (s. Kap. 4.3)
6) Auswertung der Daten und Darstellung der Ergebnisse (s. Kap. 5 und 6)
7) Hilfestellung zum Aufbau eines (softwaregestützten) Energiemanagements (s. Kap. 7)
8) Aufzeigen von Förderprogrammen (s. Kap. 8)

Erhebung von Verbräuchen und Kosten

Im Rahmen der Fragebogenaktion sind Anfang des Jahres 2001 ca. 1.800 deutsche Krankenhäuser angeschrieben und aufgefordert worden, einen zweiseitigen Energie-Fragebogen auszufüllen und einzusenden. Ziel dieser Umfrageaktion war es, energetische Kennwerte (Benchmarks) innerhalb eines möglichst großen Datenpools generieren zu können. Dies dient zum einen dazu, einen Überblick über die Bandbreite der spezifischen Energieverbräuche und -kosten in deutschen Krankenhäusern zu erhalten und zum anderen, den teilnehmenden Krankenhäusern eine erste Standortbestimmung des eigenen Objektes zu ermöglichen.

Größter Energiedatenpool

Mit Hilfe der mittlerweile über 700 Krankenhäuser (Stand: August 2003), die sich an der Aktion beteiligt haben, ist es gelungen, den bisher größten Energiedatenpool deutscher Krankenhäuser aufzubauen.

1.2 Projektpartner

Das Projekt „Rationelle Energienutzung in Krankenhäusern" wurde als Projektidee von der infas Enermetric GmbH initiiert. Die infas Enermetric GmbH zeichnet sich für das Gesamtprojekt sowie deren Abwicklung verantwortlich.

Beteiligung von Verbänden

Von der Projektidee konnten der Verband der Deutschen Krankenhausdirektoren **VKD** e.V. sowie die Fachvereinigung Krankenhaustechnik **FKT** e.V. überzeugt werden. Gleiches gilt für den Studiengang **KTM** (KrankenhausTechnikManagement) der Fachhochschule Giessen-Friedberg sowie den Deutschen Verband für Facility Management **GEFMA** e.V..

Die genannten Verbände und Institutionen unterstützten das Projekt vom ersten Schritt an.

Unterstützung durch MVEL

Das Ministerium für Verkehr, Energie und Landesplanung **MVEL** des Landes Nordrhein-Westfalen förderte das Projekt im Rahmen der vom Land NRW initiierten Branchenenergiekonzepte und gewährte eine Teilfinanzierung.

Im folgenden werden die Projektpartner, die zum gemeinschaftlichen Erfolg des Projekts „Rationelle Energienutzung in Krankenhäusern" beigetragen haben, mit ihren Aufgabenschwerpunkten und Zielsetzungen beschrieben.

VKD - Verband der Krankenhausdirektoren Deutschlands e.V.

Gründung und Organisation

Der Verband wurde am 5. Juli 1903 in Dresden als „Vereinigung der Verwaltungsvorstände der Krankenhäuser Deutschlands" gegründet. 1951 wurde er in „Fachvereinigung der Verwaltungsleiter deutscher Krankenanstalten e.V." umbenannt und führt seit

1989 den Namen „Verband der Krankenhausdirektoren Deutschlands e.V.". Er hat seinen Sitz und seine Geschäftsstelle in Berlin.

Aufgaben

Aufgabe des Verbandes ist es, die Interessen der Mitglieder und Krankenhäuser in der Öffentlichkeit zu vertreten und die Mitglieder des Verbandes bei der Wahrnehmung ihrer Aufgaben zu unterstützen.

In diesem Rahmen gibt er Stellungnahmen zu Fragen des Krankenhaus- und Gesundheitswesens ab, organisiert Fort- und Weiterbildungsmaßnahmen für die Mitglieder und deren Mitarbeiter, fördert den Austausch von Erfahrungen der Mitglieder untereinander, beteiligt sich an der Erarbeitung und Umsetzung wissenschaftlicher Erkenntnisse und arbeitet in der Europäischen Vereinigung der Krankenhausdirektoren (EVKD) und anderen internationalen Institutionen mit.

Der VKD pflegt eine enge Zusammenarbeit mit der Deutschen Krankenhausgesellschaft (DKG) und den Landeskrankenhausgesellschaften bei der Durchsetzung gesundheitspolitischer Interessen. Da die Verbandsmitglieder in unmittelbarer Führungs- und Umsetzungsverantwortung in den Krankenhäusern stehen, resultieren diesbezüglich gelegentlich auch abweichende Positionen.

Es bestehen ebenfalls enge Kontakte mit der Industrie bei der Lösung praktischer Aufgaben in den Gesundheitseinrichtungen.

Der VKD ist in der Gesellschaft „Deutscher Krankenhaustag" Mitveranstalter der Medizinfachmesse MEDICA.

Die Mitgliedschaft können die in der Leitung der Krankenhäuser, Vorsorge-, Reha- und Pflegeeinrichtungen für den kaufmännischen Bereich zuständigen und verantwortlichen Personen sowie Persönlichkeiten des Krankenhauswesens erwerben [1.1].

FKT - Fachvereinigung Krankenhaustechnik e.V.

Gründung und Organisation

Die Fachvereinigung Krankenhaustechnik e.V. (gemeinnützig) wurde im Jahr 1974 in Hannover gegründet. Die FKT umfasst heute rund 1.600 Mitglieder in der gesamten Bundesrepublik.

Die FKT besitzt ausgeprägte demokratische Strukturen. Sie ist föderalistisch organisiert und gliedert sich in Landesverbände, die teilweise in Regionalgruppen aufgeteilt sind. Weiter wurden Referate und Projektgruppen zu speziellen Themen gegründet.

Die FKT ist Mitglied in der „International Federation of Hospital Engineering" (IFHE).

Zielsetzung

Die FKT bezweckt eine möglichst enge Zusammenarbeit des leitenden technischen Personals aller Krankenhäuser in der Bundesrepublik Deutschland mit dem Ziel, den praktischen Erfahrungsaustausch zu pflegen und die fachliche Aus- und Weiterbildung zu fördern.

Unter Zugrundelegung von technischen, personellen und finanziellen Gesichtspunkten muss heute durch gezielte Information und Fortbildung ein vielseitiges technisches Wissen für ein wirtschaftliches Handeln erworben werden. Die FKT kann hierbei unterstützend wirken.

Ferner möchte die Fachvereinigung Krankenhaustechnik e.V. mit dem ihr zur Verfügung stehenden Fachwissen gesetzes- und verordnungsgebende Kommissionen und Verbände unabhängig und praxisgerecht beraten.

Die FKT hat sich zum Ziel gesetzt, mit ihrer Arbeit in den Bereichen Gebäude-, Betriebs-, Medizin- und Sicherheitstechnik einen wesentlichen Beitrag zur Kostendämpfung zu leisten und die Einsatzbereitschaft sowie Leistungsfähigkeit eines Krankenhauses zu erhöhen und damit zur Verantwortungsentlastung der Krankenhausleitung beizutragen.

Referate und Projekte

Die Sacharbeit in den Referaten und Projekten besteht aus den folgenden Themen:

Referate:

- Zertifikat Krankenhausingenieur, zur Anerkennung von ingenieurmäßigen Arbeiten, z.B. bei Tariffragen
- Energie 2005, Projekte zur CO_2-Minimierung und Erstellen von Energieverbrauchskennwerten (Benchmarks)
- IFHE, europäische und internationale Zusammenarbeit
- Öffentlichkeitsarbeit, Presse und Mitgliederwerbung
- Umwelt und Ökologie, Entwicklung und Installation von ökologischen Konzepten für die Technik im Gesundheitswesen, z.B. Recycling

Projekte:

- Brandschutz, Brandschutzfilme und vorbeugender Brandschutz
- Ökologie, Technik und Gesellschaft
- DVMT - Sicherheit in der Medizintechnik
- FKT - Statistische Fragestellungen
- Nachwuchsförderung
- Europäische Kooperation mit Schwesterverbänden, Unterstützung der Normungsarbeit in der Europäischen Union
- Elektrische Anlagen im Krankenhaus
- Berufsbild Krankenhaus-Ingenieur
- Neue Bundesländer

Fortbildung

Ein wesentlicher Teil der Arbeit der FKT erfolgt in den Landes- und Regionalgruppen. Dort werden technische Themen und Problemstellungen erörtert, analysiert und Lösungen erarbeitet. Mit über 100 Bildungsangeboten pro Jahr ist die FKT sozusagen „Garant" für die Aktualität im technischen Gesundheitswesen. Höhepunkt dieser Aktivitäten sind bundesweite Veranstaltungen, wie auf der MEDICA sowie die jährlich stattfindende Bundesfachtagung [1.2].

GEFMA - Deutscher Verband für Facility Management e.V.

Gründung und Organisation

Der Verband wurde 1989 gegründet und zählt mittlerweile rund 370 Mitglieder. Die Aktivitäten der GEFMA (German Facility Management Association) konzentrieren sich auf die effiziente und auf die Bedürfnisse der Menschen ausgerichtete Bewirtschaftung von Facilities in privaten Unternehmen und in der öffentlichen Verwaltung. Der GEFMA setzt sich dafür ein, das Thema Facility Management (FM) in Deutschland bekannt zu machen und die Marktentwicklung entsprechend zu unterstützen.

GEFMA versteht sich als Netzwerk für professionelles Facility Management. Der GEFMA repräsentiert ein Forum aus Nutzern, Anbietern, Investoren, Consultants und Wissenschaftlern aus dem Bereich Facility Management [1.3].

Aktivitäten

Dabei setzt der GEFMA auf eine Vielzahl von Aktivitäten:

- Regionalkreise zur Förderung der persönlichen Kommunikation zwischen fachlich Interessierten
- Erarbeitung von Richtlinien als Arbeitshilfe für die tägliche Arbeit
- Arbeitskreise zum Generieren von fachlichem Know-how
- Junior Lounges zur Schaffung von Interesse und Bekanntheit sowie zur Förderung der Marktentwicklung
- Aus- und Weiterbildungsangebote im Bereich FM

FH Giessen-Friedberg - KrankenhausTechnikManagement

Planen, Bauen und Managen von Krankenhäusern

Im Studiengang KrankenhausTechnikManagement (KTM) im Fachbereich Krankenhaus- und Medizintechnik, Umwelt- und Biotechnologie (KMUB) an der Fachhochschule in Gießen werden die für das Planen, das Bauen und das Managen von Krankenhäusern notwendigen Inhalte vermittelt.

Der Studiengang ist in der Bundesrepublik Deutschland einzigartig und bildet den gesamten Ingenieurnachwuchs auf diesem Gebiet aus.

Die hierzu notwendigen, vielfältigen und komplexen Anforderungen an die planerischen, ingenieurwissenschaftlichen und kaufmännischen Fähigkeiten und Kenntnisse finden sich in den Studieninhalten bei KTM wieder. Neben den Inhalten über die Aufgaben und die Funktionen eines Krankenhauses, der Gebäudetechnik, der Medizintechnik und des technischen Gebäudemanagements, werden auch Aspekte der Ökologie und des Rechts vermittelt.

Ingenieure als Spezialisten

Die Grundidee ist hierbei Ingenieure auszubilden, die im Sinne eines Spezialisten auf dem Krankenhaussektor und als Generalisten auf dem Gebiet der bau- und gebäudetechnischen Ingenieurwissenschaften interdisziplinär tätig werden können.

Entsprechend weit ist das Berufsfeld für die Absolventen. Sie finden in Architektur- und Ingenieurbüros, im technischen Management eines Krankenhauses, in Dienstleistungsunternehmen im Bereich Facility Management, in Industrie, Handel, Versorgungsunternehmen und Verwaltung ihre Aufgaben.

Neue Studieninhalte

Das Studienprogramm wird, um den neuen Anforderungen in der Praxis gerecht zu werden, ständig weiterentwickelt. So wurden die Inhalte von Energie-, Qualitäts- und Prozessmanagement sowie Facility Management in das Studienprogramm aufgenommen.

Studienprogramm

Das Studium dauert vier Jahre. Das erste Studienjahr dient dem Erwerb des mathematisch-naturwissenschaftlichen Grundlagenwissens. Im zweiten und dritten Studienjahr werden die ingenieurwissenschaftlichen Grundlagen und die technischen Anwendungen vermittelt.

Praxisbezug

Im dritten und vierten Studienjahr haben die Studierenden die Möglichkeit, innerhalb von 20 Wochen Erfahrungen in der Berufspraxis an Arbeitsplätzen in ihren späteren Tätigkeitsfeldern zu sammeln.

Studienschwerpunkte

Das vierte Studienjahr baut mit frei wählbaren differenzierten Lehrangeboten auf die ingenieurwissenschaftlichen Grundlagen und die technischen Anwendungen auf. Es sind dies die Schwerpunkte „Krankenhausbauplanung", „Finanzierung, Controlling und Management", „Medizintechnik" und „Umweltschutz im Krankenhaus" [1.4].

infas ENERMETRIC - Integrale Facility Management Systeme

Die Abwicklung des Projekts „Rationelle Energienutzung in Krankenhäusern" lag bei der infas ENERMETRIC GmbH.

infas ist als Beratungs- und Softwareunternehmen im Immobilien- und Facility Managementbereich tätig. Der Hauptsitz befindet sich im westfälischen Greven.

Die Geschäftsfelder umfassen die Bereiche Beratung, Benchmarking sowie die Entwicklung und die Systemintegration der Softwarelösungen FM-Tools® für die Energie-, Gebäude- und Immobilienbewirtschaftung.

Beratung

Im Bereich der Beratung bietet infas Analysen, Konzepte und weitergehende Studien sowie Leistungsbeschreibungen zu den Themengebieten, die die Immobilienbewirtschaftung betreffen. Dazu gehört neben Prozess-, Daten- und IT-Analysen die Erstellung von Energiekonzepten für eine optimierte Energieversorgung eines Krankenhauses.

Benchmarking

Basierend auf umfangreichen Benchmarkdatenbanken und entsprechendem Benchmarking-Know-how erhält je nach Ausgangslage der Immobilieneigentümer, -verwalter, -nutzer und -dienstleister eine erste Standortbestimmung seiner Immobilien. Benchmarkingleistungen werden schwerpunktmäßig für Immobilien des Gesundheitswesens sowie öffentlichen Einrichtungen zu den Themen Energie- und Facility Management angeboten.

Softwarelösungen FM-Tools®

Für eine langfristige Erfolgssicherung stehen die Softwarelösungen FM-Tools® zur effektiven Liegenschafts-, Energie- und Gebäudebewirtschaftung. Seit mehr als 8 Jahren sind die FM-Tools® eine bewährte IT-Lösung zur Unterstützung einer umfassenden Immobilienbewirtschaftung in den Bereichen technisches, infrastrukturelles und kaufmännisches Gebäudemanagement. Von einer Störungs- und Meldungserfassung über eine workflowunterstützte Auftragsabwicklung bis hin zu einer Kostenverrechnung und einem Kostencontrolling werden entsprechende Softwaremodule angeboten [1.5].

1.3 Benchmarking als Methode

Das Teilprojekt „Energetisches Benchmarking für Krankenhäuser“ im Kontext des Gesamtprojekts „Rationelle Energienutzung in Krankenhäusern“ hat u.a. die Zielsetzung einer Standortbestimmung eines einzelnen Hauses innerhalb eines Clusters vergleichbarer Häuser.

Weiterhin wird ein Kennzahlen-Benchmarkpool aufgebaut, der zu einer aussagekräftigen Transparenz der derzeitigen Ist-Situation des Gesundheitswesens im Bereich Energie führt.

In diesem Kapitel werden der Begriff des Benchmarkings sowie die Ziele und Nutzenpotenziale eines Benchmarkings erläutert.

Die folgenden Beschreibungen basieren wesentlich auf den Ausführungen des Benchmarking-Experten Günter Neumann [1.6]

Einleitung

Begriffsherkunft

Der Begriff des Benchmarkings kommt ursprünglich aus dem Vermessungswesen. Er kennzeichnet dort einen dauerhaften Referenzpunkt im Gelände (engl.: bench mark = Bezugspunkt).

Rank Xerox hat den Begriff des Benchmarkings 1979 als Antwort auf die japanische Herausforderung bei der Verbesserung von Prozessen und Verfahren im Fertigungsbereich von Kopiergeräten ins Management übertragen. 1981 folgte mit dem branchenübergreifenden Projekt in den Bereichen Logistik und Distribution der Beweis, dass Benchmarking auch auf Sekundärprozesse übertragbar ist.

Vergleich mit dem Besten

„Benchmarking verkörpert das Streben nach Höchstleistung, den Wunsch, der Beste der Besten zu sein. Es ist also das Suchen und Finden von optimalen Praktiken und deren Implementierung im eigenen Unternehmen" [Bob Camp, Xerox Corp.].

Benchmark ist Ziel und Methode

Ein Benchmark ist also ein Ziel und Benchmarking ist die Methode, um dieses Ziel zu erreichen. Nachdem sich Benchmarking mittlerweile zur durchgreifenden Effizienzsteigerung in vielen Bereichen der Produktion und Logistik fest etabliert hat, hat sich die Immobilienwirtschaft seit Mitte der 90er Jahre nur zögerlich diesem Thema genähert [1.6].

Heutzutage existiert eine Vielzahl von Definitionen des Begriffs Benchmarking. Neben der oben genannten sind die im folgenden aufgeführten Darstellungen häufig anzutreffen.

Begriffsdefinition Benchmarking

Weitere Definitionen

Benchmarking ist der kontinuierliche Prozess, Produkte, Dienstleistungen und Praktiken zu messen gegen den stärksten Mitbewerber oder diejenigen Firmen, die als besser angesehen werden [Kearns, D.].

Benchmarking ist eine herausragende Gelegenheit für eine Organisation von den Erfahrungen anderer zu lernen [Tairi, M.].

Benchmarking bezeichnet das systematische Vergleichen mit und Lernen von anderen Unternehmen bzw. Einrichtungen. Ziel des Vergleichs ist letztendlich, durch die Adaption optimierter Lösungsansätze zu einer nachhaltigen Verbesserung der eigenen Position zu gelangen bzw. Schwachstellen zu beseitigen [N.N.].

Benchmarking ist eine Technik, um die eigene Leistung mit der des Wettbewerbs zu vergleichen, und zwar möglichst mit dem leistungsfähigsten Unternehmen im Markt. Maßstab sind damit der „Best-in-class-Standard" bzw. die „besten Praktiken" im Markt, an die sich das Unternehmen durch geeignete Maßnahmen angleichen soll in der Hoffnung, Wettbewerbsnachteile zu erkennen und abzubauen [Köllgen, R.].

Ziele und Nutzen des Benchmarkings

Aufzeigen von Leistungslücken

Durch eine standardisierte Vorgehensweise beim Benchmarking und durch die Orientierung an der „Best Practice“ werden eigene Leistungslücken aufgezeigt und gleichzeitig eine Orientierungshilfe zur Realisierung dieser Potenziale gegeben.

Benchmarking unterstützt darüber hinaus bei der Überleitung eines Unternehmens in eine lernende Organisation, weil

- die Benchmarking-Partner keine theoretisch möglichen, sondern praxiserprobte Lösungswege aufzeigen
- die Ziele für die notwendige Leistungssteigerung aus dem Markt kommen und nicht vom Management oder externen Beratern vorgegeben werden
- durch den Vergleich mit anderen leistungsfähigen Unternehmen eine kreative Unzufriedenheit geschaffen wird

Standortbestimmung für Optimierung

Mit keiner anderen Methode ist es möglich, so schnell und kostengünstig eine Leistungs- und Kostentransparenz und damit eine Standortbestimmung als Grundlage für Optimierungsmaßnahmen zu schaffen.

Sinnvollerweise wird der Vergleich innerhalb ein und derselben Branche angestellt, so dass ähnliche Prozesse und Betriebsinhalte erwartet werden können.

Entscheidend ist beim Benchmarking - neben der Auswahl geeigneter Kennwerte - die Größe des zur Verfügung stehenden Gesamtdatenpools.

Arten des Benchmarkings

Benchmarking-Arten

Auch wenn die Benchmarking-Methode in der Praxis mittlerweile weitestgehend standardisiert ist, gibt es doch sehr unterschiedliche Ausprägungen, die auf die einzelnen Bedürfnisse des Unternehmens und deren Benchmarking-Ziele zugeschnitten sind. Daher soll nachfolgend versucht werden, die gängigsten Benchmarking-Arten kurz zu beschreiben.

Internes oder externes Benchmarking

Partnerauswahl

Der erste Unterscheidungsfaktor ist die Partnerauswahl. Hier wird entschieden, ob ein internes oder ein externes Benchmarking durchgeführt werden soll. Bei der Entscheidung für ein externes Benchmarking geht es anschließend darum, ob der Vergleich innerhalb einer Branche oder branchenübergreifend erfolgen soll.

Internes Benchmarking

Liegt ein großes, eigenes benchmarkingfähiges Portfolio vor, kann ein Benchmarking in einem ersten Schritt intern stattfinden, indem Bottom-Up-Bestandsdaten, Kosten und Leistungen erhoben, strukturiert und miteinander verglichen werden.

Externes Benchmarking

Reicht das eigene Portfolio für einen internen Vergleich nicht aus oder soll nach interner Prüfung ein Vergleich mit dem Markt erfolgen, wird das externe Benchmarking gewählt. Das Hauptaugenmerk sollte bei der Auswahl der Partner und der Harmonisierung der Strukturen und Daten liegen. Auch hier empfiehlt sich zunächst ein brancheninterner Vergleich, denn selbst wenn ein Branchenvergleich möglicherweise nicht die Potenziale aufzeigt wie die Orientierung an der „Best Practice", schafft er doch eher die Akzeptanz für den nächsten Schritt der Umsetzung.

Strategisches / Prozess- / Kennzahlenbenchmarking

Auswahl nach Zielsetzung

Die zweite Unterscheidung erfolgt durch die Zielsetzung des Benchmarkings. Je nachdem, ob die Qualität der eigenen Organisation oder Prozesse, die Kunden-/Mitarbeiterzufriedenheit, das Rendite-/Risikoverhältnis des Portfolios, die Performance einzelner Gebäude oder die Produktivität der Servicemitarbeiter untersucht werden soll, wird eine der folgenden Benchmarking-Arten gewählt.

Strategisches Benchmarking

Untersuchung der eigenen Leistungsfähigkeit

Beim strategischen Benchmarking wird die Leistungsfähigkeit der eigenen Organisation untersucht. Voraussetzung dafür ist die Entwicklung einer immobilienbezogenen Balanced Scorecard (BSC) mit ihren vier Perspektiven. Ziel dieses Benchmarkings ist es nun, die einzelnen Dimensionen zu bewerten und in einer Scorecard abzubilden. Idealerweise ist die BSC in die Unternehmensphilosophie integriert.

Das strategische Benchmarking kann sich auf die Bewertung einzelner Perspektiven beschränken (z.B. Kundenzufriedenheit). Ziel sollte jedoch immer die Darstellung des Gesamtzusammenhangs sein, denn nur, wenn die Abhängigkeiten der einzelnen Perspektiven voneinander deutlich werden, lässt sich eine Steigerung der Wettbewerbsfähigkeit erreichen.

Prozessbenchmarking

Frühzeitige Beeinflussung durch Prozess-optimierung

Beim Prozessbenchmarking werden die immobilien- und servicebezogenen Abläufe auf Unternehmens- bzw. Standort- und Gebäudeebene (z.B. interner Umzug, Instandhaltungsmanagement) untersucht. Zu diesem Zweck müssen diese exakt definiert, strukturiert und anhand relevanter Messgrößen quantifiziert werden. Ziel dieses Benchmarkings ist die frühzeitige Beeinflussung der Ergebnisse durch Optimierung der Prozesse.

Kennzahlenbenchmarking

Kennzahlen-vergleich

Beim Kennzahlenbenchmarking erfolgt die Konzentration auf einen Kennzahlenvergleich. Dabei sollten aber nicht nur die direkten Kosten einzelner Leistungsteile erfasst und miteinander verglichen werden, sondern auch die indirekten (Prozesskosten, ABC-Kosten). Darüber hinaus sollte nicht versäumt werden, einen Blick hinter die Zahlen zu werfen, denn nur die Bewertung der dahinter liegenden Qualitäten und Einflussfaktoren ermöglicht eine Realisierung aufgezeigter Potenziale.

Die Erfahrung zeigt, dass mit einem Kennzahlenbenchmarking des gesamten Portfolios auf einer stark aggregierten Ebene am ehesten Leistungslücken erkennbar werden. In einem zweiten Schritt werden dann die Leistungsteile mit den größten Potenzialen detaillierter betrachtet [1.6].

1.4 Definitionen von Energie

Energie wird je nach Zustand bzw. Funktion als Primär-, Sekundär-, End- oder Nutzenergie bezeichnet. Unter Energieträgern sind physikalische Erscheinungsformen und Stoffe zu verstehen, aus denen oder nach deren Umwandlung Nutzenergie gewonnen werden kann.

Primärenergie

Die Primärenergieträger, z.B. fossile Energie, Wasserkraft oder Sonnenenergie, werden von der Natur in ihrer ursprünglichen Form angeboten. Ihr Energieinhalt wird als Primärenergie bezeichnet.

Sekundär-energie

Sekundärenergie entsteht durch ein- oder mehrmalige, durch Verluste gekennzeichnete Umwandlung oder Behandlung der Primärenergie. Zur Sekundärenergie gehören z.B. Kraftstoffe, Heizöle und Elektrizität.

Endenergie

Als Endenergieträger werden alle Energieträger verstanden, die - nach Transport und Verteilung - vom Endverbraucher bezogen und zur Deckung seines Energiebedarfs eingesetzt werden. Dies können sowohl Primär- (z.B. Kohle, Holz, Erdgas) als auch Sekundärenergieträger (z.B. Elektrizität, Heizöl) sein.

Nutzenergie

Als Nutzenergie wird schließlich jener Teil der Endenergie verstanden, der nach der letzten Umwandlung in einem Gerät oder einer Anlage z.B. in Form von Wärme, Kälte, mechanischer Arbeit, Licht oder Schall für den eigentlichen Nutzungszweck zur Verfügung steht.

In Abb. 1-2 ist anhand zweier Beispiele (Licht aus einer Glühlampe und Luftstrom aus einem Ventilator) die Umwandlungskette von der Primär- über die Sekundär- und Endenergie zur Nutzenergie beschrieben.

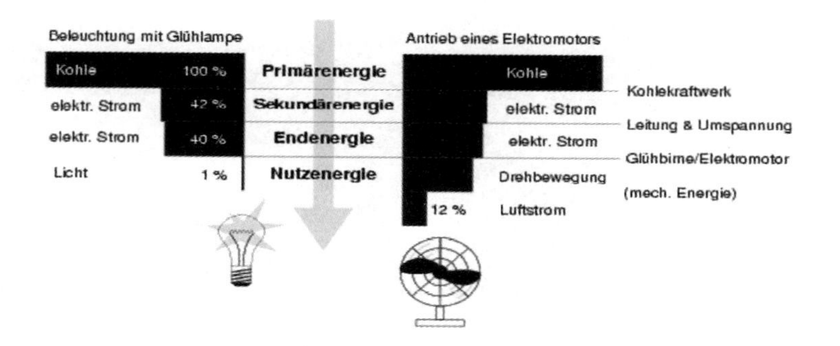

Abb. 1-2 Beispiele für den Weg von der Primär- zur Nutzenergie [1.7]

In diesem Beispiel werden u.a. die zum Teil sehr hohen Umwandlungsverluste deutlich. So werden bei der Glühlampe letztendlich nur rund 1% der Energie des Primärenergieträgers Kohle in nutzbare (Licht-)Energie umgesetzt.

Inhaltsverzeichnis

2 Energiewirtschaftliche Struktur der deutschen Krankenhäuser

In diesem Kapitel sind zunächst allgemeine Eckdaten und weitergehende Informationen zur Ist-Situation der Krankenhäuser abgebildet. Gemäß der Zielsetzung des Leitfadens liegt dabei der Schwerpunkt auf Nordrhein-Westfalen. Ergänzt werden diese regionalen Daten durch die parallele Darstellung der Situation für das gesamte Bundesgebiet (s. Kap. 2.1).

Das Kapitel 2.2 widmet sich den Energieversorgungsstrukturen in deutschen Krankenhäusern. Dem geneigten Leser werden kurz und prägnant die wichtigsten Nutzenergien (Wärme, Strom, Kälte, Druckluft/Vakuum), Verbraucher und Erzeugungsanlagen vorgestellt.

Energieversorgungsmodelle bilden den Focus des folgenden Kapitels 2.3. Zum Sonderthema „Contracting" werden die Ausführungen des Kapitels 2.3 im Kapitel 8.3 nochmals speziell vertieft.

Im Kapitel 2.4 werden in Theorie und Praxis relevante Energiekennwerte vorgestellt, die in Erhebungen verschiedener Autoren bzw. in den VDI-Richtlinien aufgeführt sind. Mit einer tabellarischen Übersicht über bisherige Kennwertdatenbanken schließt das Kapitel.

2.1 Ist-Situation Krankenhaus

250 Betten je Krankenhaus

In der Bundesrepublik Deutschland werden rund 2.240 Krankenhäuser und 1.400 Vorsorge- und Rehabilitationseinrichtungen betrieben. Insgesamt stehen etwa 750.000 Planbetten zur Verfügung; ein Krankenhaus weist im Durchschnitt 250 Betten auf, die Vorsorge- und Rehabilitationseinrichtungen sind dagegen mit rund 135 Betten im Mittel deutlich kleiner [2.1].

	Krankenhaustyp	Anzahl Häuser
Deutschland	Allgemeine Krankenhäuser	1.993
	- öffentlich	723
	- freigemeinnützig	804
	- privat	466
	Sonstige Krankenhäuser	245
	Gesamt Krankenhäuser	**2.238**
NRW	Allgemeine Krankenhäuser	397
	- öffentlich	65
	- freigemeinnützig	299
	- privat	33
	Sonstige Krankenhäuser	65
	Gesamt Krankenhäuser	**462**

Tab. 2-1 Krankenhäuser in NRW und Deutschland [2.2, 2.3]

20% der Krankenhäuser befinden sich in NRW

Wird der Focus auf Nordrhein-Westfalen (NRW) gelegt, so ergibt sich, dass über 20% (462) der deutschen Krankenhäuser in NRW (s. Tab. 2-1) liegen. Bei den Vorsorge- und Rehabilitationseinrichtungen sind knapp 10% (146) in NRW angesiedelt.

In Tabelle 2-1 sind die Krankenhäuser zusätzlich nach der Art der Trägerschaft gelistet. Dabei zeigt sich, dass in NRW ein sehr hoher Anteil an freigemeinnützigen Krankenhäusern im Vergleich zum Bundesgebiet existent ist, in dem wiederum der Anteil der öffentlichen Trägerschaften im Vergleich zu NRW mehr als doppelt so hoch ist.

Planbettenzahl und Aufenthaltsdauer sinken

Die Betten in deutschen Krankenhäusern sind im Durchschnitt zu 80% ausgelastet. Gleiches gilt für NRW. Während diese Zahl in den letzten Jahren relativ konstant ist, nimmt sowohl die Anzahl der Planbetten als auch die durchschnittliche Aufenthaltsdauer von derzeit 10,1 Tagen tendenziell ab [2.1, 2.2].

Die Zahl der in den Krankenhäusern geleisteten Pflegetage beträgt rund 164 Mio. pro Jahr [2.1], wovon knapp 24% auf NRW entfallen (s. Tab. 2-2).

	Anzahl Betten	Anzahl Pflegetage	Betten-auslastung
Krankenhäuser Deutschland	552.680	163.795.000	80,7%
Krankenhäuser NRW	134.883	39.043.206	79,3%

Tab. 2-2 Bettenanzahl, Pflegetage und Auslastung der Krankenhäuser in NRW und Deutschland [2.2, 2.3]

Sachkosten bilden 1/3 der Gesamtkosten

Die Gesamtausgaben der deutschen Krankenhäuser lagen für das Jahr 2001 bei 54,4 Mrd. € [2.2]. Wie Abb. 2-1 zeigt, beträgt der Anteil der Sachkosten an den Gesamtkosten im Krankenhauswesen rund ein Drittel. Nach Ermittlungen der Energieagentur NRW [2.4] entfallen von den Sachkosten wiederum 8 bis 9% auf die Bereitstellung von Energie und Wasser. Andere Quellen gehen von 6 bis 7 % aus [2.2, 2.3]. Für ein einzelnes Krankenhaus werden dementsprechend jedes Jahr im Durchschnitt über 500.000 € für Energie und Wasser ausgegeben.

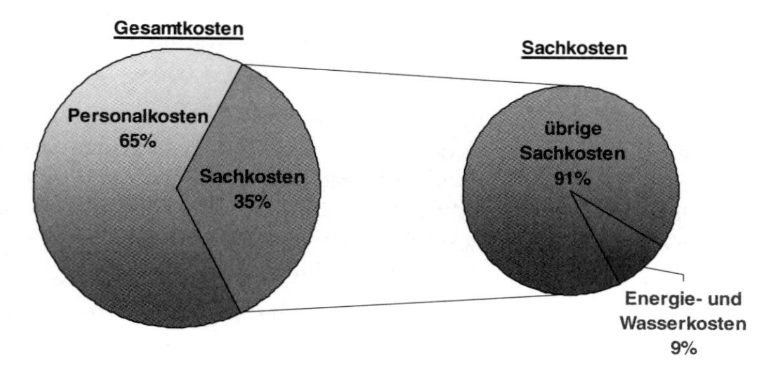

Abb. 2-1 Anteil der Energie- und Wasserkosten in deutschen Krankenhäusern [2.4]

Energie- und Wasserkosten in NRW von über 263 Mio. €

In der Tab. 2-3 sind die jährlichen Sach- und Energiekosten für die Krankenhäuser in NRW und für das Bundesgebiet getrennt nach Trägerschaft (öffentlich, freigemeinnützig, privat) aufgeführt. So lag der Sachkostenanteil der Krankenhäuser in NRW im Jahr 2001 bei knapp 4,1 Mrd. € und der Energie- und Wasserkostenanteil betrug 263,4 Mio. €, entsprechend 6,4 %.

	Krankenhaustyp	Sachkosten in [€]	Kosten in [€] für Wasser und Energie
Deutschland	Allgemeine Krankenhäuser	17.531.295.000	1.110.635.000
	- öffentlich	10.076.188.000	650.200.000
	- freigemeinnützig	6.007.635.000	380.407.000
	- privat	1.447.471.000	80.029.000
	Sonstige Krankenhäuser	543.964.000	61.696.000
	Gesamt Krankenhäuser	**18.075.259.000**	**1.172.331.000**
NRW	Allgemeine Krankenhäuser	3.919.671.000	244.044.000
	- öffentlich	1.330.131.000	87.412.000
	- freigemeinnützig	2.538.115.000	153.673.000
	- privat	51.425.000	2.959.000
	Sonstige Krankenhäuser	177.633.000	19.328.000
	Gesamt Krankenhäuser	**4.097.304.000**	**263.372.000**

Tab. 2-3 Sachkosten und Energiekosten der Krankenhäuser in NRW und Deutschland im Jahr 2001 [2.2, 2.3]

Steigende Energie- und Wasserkosten

Für das Jahr 2000 lagen die Gesamtkosten aller deutschen Krankenhäuser laut statistischem Bundesamt bei 53 Mrd. € und die Sachkosten bei 17,4 Mrd. €, d.h. es ist vom Jahr 2000 zum Jahr 2001 zu einer Steigerung der Gesamtkosten von 3% und der Sachkosten von fast 4% gekommen. Bei den Energie- und Wasserkosten lag die Steigerung vom Jahr 2000 (1.059.760.000 €) zum Jahr 2001 (1.172.331.000 €) bei über 10%.

Energieoptimierungsmaßnahmen haben bundesweite Gültigkeit

Insgesamt ist festzuhalten, dass die Krankenhäuser in NRW im Vergleich zu Krankenhäusern anderer Bundesländer in den Bereichen Energie und Wasser keine besonderen Spezifika aufweisen. Dadurch haben die, in den nachfolgenden Kapiteln beschriebenen Ansätze und Maßnahmen zur Energieoptimierung bundesweite Gültigkeit.

Ferner können die Ergebnisse des bundesweiten Teilprojekts „Energetisches Benchmarking für Krankenhäuser" (s. Kap. 4 u. 5) in ihrer Gesamtaussage für jedes Krankenhaus im Bundesgebiet als richtungsweisend angesehen werden.

Regional unterschiedliche Bezugskonditionen

Für den Bereich der Energie- und Wasserbezugs- bzw. Abwasserkosten haben sich hingegen in dem Teilprojekt „Energetisches Benchmarking für Krankenhäuser“ signifikante regionale Besonderheiten ergeben. So sind die Ergebnisse der Fragebogenaktion in Kap. 5 zusätzlich, nach Postleitzahlen geordnet, dargestellt, um die regionalen Abhängigkeiten herauszustellen.

Massive Einsparungen im Bereich Energie möglich

Um dem wachsenden Kostendruck sowie dem Anstieg der allgemeinen Betriebskosten, z.B. durch den ständig zunehmenden Technisierungsgrad im medizinischen Bereich, entgegenzuwirken, sollten die beachtlichen energetischen Einsparpotenziale verstärkt genutzt werden. So wird geschätzt, dass im Bereich Strom 30% und im Bereich Wärme im Einzelfall bis zu 50% eingespart werden können [2.4].

Emissionsminderung als Konsequenz

Darüber hinaus kann neben den energetischen und finanziellen Einsparungen ein erheblicher Beitrag zur Schadstoffreduzierung sowie Umwelt- und Ressourcenschonung geleistet werden. Bei einer angenommenen Reduktion des Strom- und Wärmebedarfs um jeweils rund ein Drittel würde der bundesweite Ausstoß von Kohlendioxid (CO_2) um rund 2.200.000 t/a, die Belastung mit Schwefeldioxid (SO_2) um rund 6.000 t/a und die Belastung mit Stickstoffdioxid (NO_2) um rund 2.500 t/a vermindert[1].

[1] Deutschlandweite Hochrechnung der Wärme- und Stromverbräuche aus den Ergebnissen der Fragebogenaktion mit folgenden Annahmen: Wärmebereitstellung aus 70% Erdgas und 30% Heizöl; Strom aus Kraftwerksmix 1998; Emissionsfaktoren nach GEMIS 3.

2.2 Energieversorgungsstruktur

Dieses Kapitel widmet sich der Energieversorgungsstruktur, wie sie typischerweise in Krankenhäusern vorzufinden ist.

System Krankenhaus

Dem „System Krankenhaus“ wird Energie in Form von Wärme, Kälte, Strom und Druckluft/Vakuum zugeführt. In Tab. 2-4 sind die wesentlichen Energieverbraucher sowie die unterschiedlichen Möglichkeiten der Energieerzeugung bzw. -bereitstellung dargestellt.

<table>
<tr><th>NUTZENERGIE</th><th>VERBRAUCHER</th><th>ERZEUGER</th></tr>
<tr><td rowspan="7">Wärme</td><td>Raumlufttechnische Anlagen (Klima, Lüftung)</td><td rowspan="7">Heizkessel
(Heiß-/Warmwasser)
Dampfkessel
(ND-/HD-Dampf)
Fernwärme
BHKW</td></tr>
<tr><td>Heizung</td></tr>
<tr><td>Brauchwarmwasser</td></tr>
<tr><td>Bäder</td></tr>
<tr><td>Küchen</td></tr>
<tr><td>Wäscherei</td></tr>
<tr><td>Desinfektion / Sterilisation</td></tr>
<tr><td rowspan="5">Kälte</td><td>Raum-Klimatisierung</td><td rowspan="5">Kältemaschine
(Kompressor-KM /
Absorptions-KM)</td></tr>
<tr><td>Kühlräume Pathologie</td></tr>
<tr><td>Kühlgeräte für Medizin und Lebensmittel</td></tr>
<tr><td>Medizinisch-technische Geräte</td></tr>
<tr><td>EDV-Anlagen</td></tr>
<tr><td rowspan="9">Strom</td><td>Eigenverbrauch techn. Versorgungsanlagen</td><td rowspan="9">Fremdbezug
BHKW
Notstromaggregat</td></tr>
<tr><td>(Gebläse, Lüfter, Pumpen, Kompressoren...)</td></tr>
<tr><td>Medizinisch-technische Geräte</td></tr>
<tr><td>EDV und Kommunikationsanlagen</td></tr>
<tr><td>Beleuchtung</td></tr>
<tr><td>Aufzüge</td></tr>
<tr><td>Küchen</td></tr>
<tr><td>Wäscherei</td></tr>
<tr><td>Desinfektion / Sterilisation</td></tr>
<tr><td rowspan="6">Druckluft und Vakuum</td><td>Beatmung</td><td rowspan="6">Kompressor
Vakuumpumpen
(Primär-V.)
Injektor
(Sekundär-V.)</td></tr>
<tr><td>Absaugung (Sekrete u. Körperflüssigkeiten)</td></tr>
<tr><td>Antrieb medizinischer Geräte</td></tr>
<tr><td>Antrieb technischer Geräte</td></tr>
<tr><td>Antrieb Förderanlagen und Türen</td></tr>
<tr><td>Antrieb von Stellgliedern</td></tr>
</table>

Tab. 2-4 Auflistung typischer Verbraucher von Wärme, Kälte, Strom, Druckluft und Vakuum in Krankenhäusern

Strom

Eigenbedarf Technik

Neben medizinisch-technischen Geräten sowie EDV- und Kommunikationsanlagen ist insbesondere der Eigenbedarf technischer Versorgungsanlagen wie Gebläse, Lüfter, Pumpen und Kompressoren ein wichtiger Verbraucher von Strom. Einen nicht unwesentlichen Beitrag an den Energiekosten für Strom hat auch die Beleuchtung. Weitere Stromverbraucher sind Aufzüge, Küche, Wäscherei sowie Desinfektion und Sterilisation.

Wärme

Raumwärme- und Prozess-dampf-bereitstellung

Wärme für die Beheizung und Belüftung der Räume wird i.d.R. mittels Warmwasser-Heizkesseln bereitgestellt. Gelegentlich, insbesondere bei älteren Anlagen, wird auch Dampf, der über Wärmetauscher gefahren wird, genutzt. Küchen und die Desinfektion werden mit Niederdruck-Dampf bis 1 barÜ (Überdruck) versorgt, während die für die Wäscherei und die Sterilisation notwendigen hohen Temperaturen i.d.R. den Einsatz von Hochdruck-Dampf bis 13 barÜ erfordern. Eine Alternative zur Eigenerzeugung ist der Bezug von Fernwärme in Form von Heißwasser oder Dampf. Durch den zunehmenden Trend zur Auslagerung insbesondere der Bereiche „Küche“ und „Wäscherei“ sind oftmals die vorhandenen, gewachsenen Energieversorgungsstrukturen nicht mehr an den tatsächlichen Bedarf angepasst. Durch die Überdimensionierung der Wärmeanlagen arbeiten diese dann mit zum Teil sehr schlechten Wirkungsgraden. Ein typisches Wärmeflussdiagramm eines Krankenhauses mit 430 Betten ist in Abb. 2-2 dargestellt.

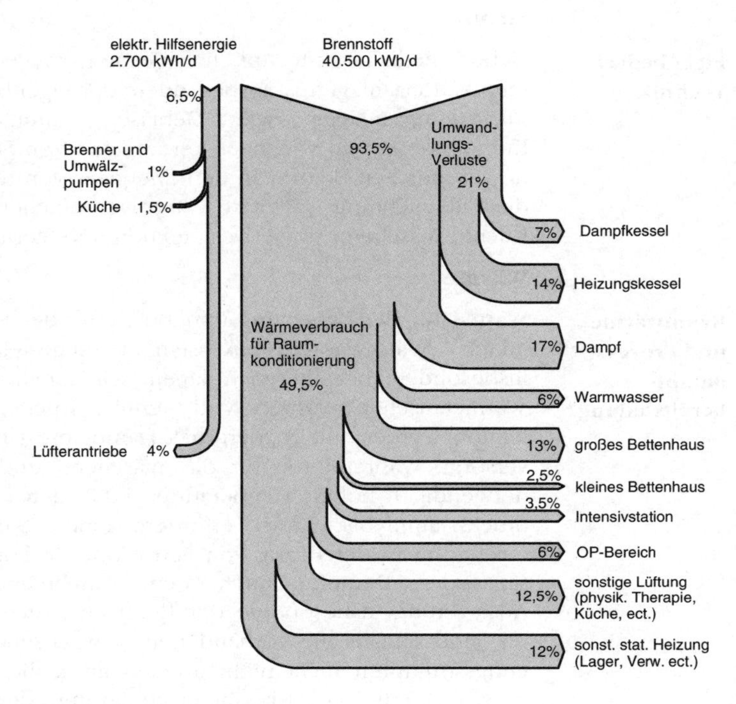

Abb. 2-2 Beispiel Wärmeflussdiagramm eines Krankenhauses mit 430 Betten ($t_{m,a}$ = 5 ºC) [2.5]

Kälte

Kälte als Enegiekostenfaktor

Die Bereitstellung von Kälte stellt im Krankenhausbereich einen großen Energiekostenfaktor dar. Neben der Klimatisierung allgemeiner Räume müssen bei speziellen Räumen - wie bspw. Operationssälen oder pathologischen Kühlräumen - besondere Bedingungen eingehalten werden. Kühlung ist ferner erforderlich für den Betrieb bestimmter medizinisch-technischer Geräte sowie für die Lagerung von temperaturempfindlichen Arzneien und Lebensmitteln. In der Regel werden die Kälteverbraucher mit Kaltwasser (Vorlauf-/Rücklauf-Temperatur 6 ºC/10 ºC) von einer zentralen Kälteerzeugungsanlage versorgt. Diese Kälteanlage arbeitet meist nach dem *Kompressionsprinzip* mit den typischen Nachteilen hoher Stromverbrauch, hohe Strombezugsspitzen und (insbesondere bei Altanlagen) Probleme mit klimaschädlichen Kältemitteln. Modernere Anlagen arbeiten energieeffizienter nach dem *Absorptionsprinzip* und sind oftmals in eine *Kraft-Wärme-Kälte-Kopplung* integriert.

Druckluft und Vakuum

Bedarf an Druckluft und Vakuum zweitrangig

Der Energieverbrauch in Form von Druckluft bzw. Vakuum spielt im Krankenhaus eine eher untergeordnete Rolle. Mit diesen Hilfsmedien wird Arbeit verrichtet (z.B. Absaugungen oder Türöffnen) oder steuerungstechnische Aufgaben (Ventilsteuerung) wahrgenommen. Einige medizinische Geräte, insbesondere im OP-Bereich, sind auf die Versorgung mit Druckluft bzw. Vakuum angewiesen.

Anforderungen an Energieversorgungsanlagen

Die Anforderungen an die Energieversorgungsanlagen sind:

- Versorgungssicherheit
- Funktionsfähigkeit
- Wirtschaftlichkeit
- hygienische und sonstige medizinische Aspekte

Die Versorgungssicherheit und die Einhaltung definierter Parameter (z.B. keimfreie Luft, Mindesttemperaturen zur Sterilisation etc.) spielen im Krankenhauswesen naturgemäß eine sehr große Rolle. Im Bereich der Wirtschaftlichkeit wurden in der Vergangenheit jedoch oftmals vermeintlich (investiv) billigere Lösungen zu Ungunsten mittel- und langfristig kostensparender Alternativen bevorzugt. Darüber hinaus wird häufig die Anpassung an veränderte Energieverbrauchsstrukturen versäumt (Überdimensionierung alter Anlagen, verändertes Benutzerverhalten, Outsourcing usw.). Ein weiteres Problem besteht zweifelsohne darin, dass in vielen Fällen keine oder nur ungenügende Energiedaten zur Verfügung stehen und somit die notwendige Energietransparenz fehlt.

2.3 Energieversorgungsmodelle

Grundsätzlich existieren drei Modelle, welche die Energieversorgung eines Krankenhauses sicherstellen. Dies sind die Eigenversorgung, der Fremdbezug und das Contracting.

Von ***Eigenversorgung*** wird gesprochen, wenn sich die Betriebsmittel zur Energieumwandlung ganz oder teilweise im Besitz des Trägers des Krankenhauses befinden. Dies sind insbesondere Kesselanlagen zur Bereitstellung von Raumwärme und Dampf, RLT-Anlagen oder Drucklufterzeugungsanlagen.

Fremdbezug von Energie findet vor allem auf dem Stromsektor statt. In diesem Fall bietet das Energieversorgungsunternehmen die Lieferung von Energie zu einem festen Preis und zu bestimmten Vertragsbedingungen an. Wichtige Bestandteile eines solchen Vertrages sind z.B. der Arbeits- und Leistungspreis (Strom) sowie garantierte Abnahmemengen. Für den Kunden besteht der größte Vorteil in der sicheren Versorgung.

Contracting definiert im Bereich der Energiewirtschaft den Vorgang der Übertragung festgelegter Aufgaben an Dritte, insbesondere zur Vorbereitung und Durchführung von Investitionen in energiewirtschaftlichen Projekten, die der Auftraggeber nicht wahrnehmen kann oder möchte. Dabei handelt es sich zumeist um Kooperationsmodelle und Dienstleistungskonzepte zur Durchführung von Modernisierungs- und Sanierungsmaßnahmen an Altanlagen (Kessel, RLT-Anlagen usw.).

Verschiedene Contractingmodelle

Folgende Contractingmodelle sind häufig vorzufinden:

- Betriebsführungsmodell
- Garantiemodell
- Energiesparmodell
- Finanzierungsmodell
- Versorgungsmodell
- Betreibermodell

Das Contracting kann die Planung und Abwicklung einer Investition, die Finanzierung und die Betriebsführung ganz oder teilweise beinhalten. Je nach Bedarf kann man sich für eines der o.a. Modelle entscheiden, wobei in der Regel Mischformen der Modellvarianten vereinbart werden.

Beim ***Betriebsführungsmodell*** übernimmt das Contracting-Unternehmen die betriebstechnische Führung der Anlagen inkl. aller Organisations- und Verwaltungsaufgaben. Dazu können auch Facility Management und Outsourcing gezählt werden.

Das ***Garantiemodell*** verbindet bei einer Neuerrichtung einer technischen Anlage die Kosten-, Termin- und Leistungsgarantie mit einer Wirtschaftlichkeitsgarantie für die Betriebsphase.

Als ***Finanzierungsmodell*** wird die Art von Contracting bezeichnet, bei der ein Investor die Planung und Errichtung einer Anlage übernimmt. Die Finanzierung bestreitet das Contracting-Unternehmen, welches den Aufwand über die Vertragsdauer vom Nutzer zurückvergütet bekommt.

Das ***Energiesparmodell*** stellt eine Sonderform des Finanzierungsmodells dar. Dabei werden Energieeinsparmaßnahmen oder Anlagenmodernisierungen ohne den Einsatz von Eigenkapital des Nutzers realisiert. Die Refinanzierung erfolgt über das eingesparte Energiekostenpotenzial.

Eine Mischform der oben dargestellten Modelle stellt das ***Versorgungsmodell*** dar. Der Contracting-Anbieter übernimmt auf eigene Kosten die notwendige Anlagensubstanz und erfüllt sämtliche Betreiberaufgaben. Der Nutzer bezieht seine benötigte Energie gegen Vergütung vom Anbieter. Mit Ausnahme der Standortnähe entsteht eine ähnliche Situation wie beim Fremdbezug.

Das ***Betreibermodell*** bezeichnet eine Objektgesellschaft aus Anlagennutzer, Betreiber, Planer u.a. beteiligten Unternehmen zum Zweck der Abwicklung definierter Contractingmaßnahmen. Grundlage der Zusammenarbeit ist dann nicht ein eigens erstellter Vertrag, sondern der Gesellschaftsvertrag in Form üblicher Kapitalgesellschaften [2.6].

Auf das Thema „Contracting" wird in Kap. 8.3 ausführlicher eingegangen.

2.4 Energiekennwerte

Energieverbrauchsbeeinflussende Faktoren

Der Gesamtenergieverbrauch eines Krankenhauses ist von verschiedenen Faktoren abhängig:

- Anzahl Gebäude / Anzahl Stockwerke / Nettogrundfläche (NGF)
- Anzahl Betten
  (I: 0-250 / II: 251-450 / III: 451-650 /
  IV: 651-1.000 / V: > 1.000)
- Versorgungsstufe
  (I: Grundvers. / II: Regelvers. /
  III: Zentralvers. / IV: Maximalvers.)
- Auslastung / jährliche Anzahl Patienten (ambulant / stationär)
- Anzahl Fachkliniken
- Baujahr
- Stand der Technik / Gebäudesubstanz
- Klimatische Bedingungen
- Art der eingesetzten Energieträger

Bezugswerte bei der Kennwertbildung

Im Folgenden werden verschiedene Erhebungen dargestellt, die auf eine unterschiedliche Anzahl von untersuchten Krankenhäusern und / oder Altenheimen basieren. In der Regel werden die Kennwerte bezogen auf ein Planbett pro Jahr angegeben. Daneben finden sich in der Literatur auch andere Bezugswerte wie beispielsweise die Jahrespflegetage oder die Netto- bzw. Brutto-Grundfläche.

Am Ende dieses Kapitels wird eine tabellarische Übersicht über Abhandlungen zum Thema „Kennwerte im Krankenhaus“ gegeben (s. Tab. 2-10). Dort werden u.a. die Bereiche und ggf. der Umfang der Untersuchungen sowie die genaue Art der Kennwerte gegenübergestellt.

2.4.1 Dampfbedarf in Wirtschaftsbetrieben (VDI 2067)

Berechnung des Betriebs-wärmebedarfs

Die VDI-Richtlinie 2067 Blatt 5 gibt Berechnungsformeln zur Ermittlung des Betriebswärmebedarfs an Sattdampf an. Unter Betriebswärmebedarf wird dabei ausschließlich diejenige Wärmemenge verstanden, die für den Betrieb von Maschinen und Geräten notwendig ist. Der Wärmebedarf für Raumheizung, Raumlufttechnik und Warmwasserbereitung fällt nicht darunter.

Für die folgenden Bereiche sind jeweils Berechnungsformeln zur Bestimmung des mittleren Dampfbedarfs in [kg/h], des Spitzendampfbedarfs in [kg/h] und des Jahresdampfbedarfs in [kg/a] aufgeführt:

- Wäschereien
- Großküchen
- Desinfektion
- Thermische Abwasserdesinfektion
- Sterilisation

In den Angaben sind die Rohrleitungsverluste zwischen Dampfverteiler und -verbraucher enthalten, nicht jedoch die Verluste vom Wärmeerzeuger zum Verteiler.

Neben den eigentlichen Berechnungsformeln, die zur Ermittlung des Dampfbedarfs führen, finden sich in der Richtlinie nützliche Angaben zu Begriffsdefinitionen, unterschiedlichen Verfahren und empirisch ermittelten spezifischen Verbrauchskennwerten (z.B. Dampfbedarf in kg pro kg Trockenwäsche) aus den oben angeführten Krankenhausbereichen [2.7].

2.4.2 Heizenergie- und Stromverbrauchskennwerte (VDI 3807)

Energiekennwerte auf Basis der Bettenzahl

In der VDI-Richtlinie 3807 Blatt 2 sind für verschiedene Gebäudegruppen Energieverbrauchskennwerte wiedergegeben. Für die „Bauwerkszuordnung Krankenhaus" (BWZ 3200, nach dem Katalog der ARGE-Bau) wird der spezifische Energie- bzw. Wasserverbrauchswert nicht - wie sonst üblich - auf die Bruttogrundfläche bezogen, sondern auf die Anzahl der Betten.

In der Tab. 2-5 sind die empirisch ermittelten Richt- und Mittelwerte für deutsche Krankenhäuser dargestellt:

Vers.-Stufe	Anzahl Betten	Heizenergie [kWh_{th}/(Bett·a)]		Strom [kWh_{el}/(Bett·a)]		Wasser [m^3/(Bett·a)]	
		Mittelwert (Modalwert)	Richtwert (25%-Quartil)	Mittelwert (Modalwert)	Richtwert (25%-Quartil)	Mittelwert (Modalwert)	Richtwert (25%-Quartil)
I	0...250	19.800	14.200	4.650	2.600	126,0	72,1
II	251...450	20.100	14.600	5.350	3.550	131,6	99,4
III	451...650	28.100	18.000	5.450	3.900	165,2	126,6
IV	651...1.000	30.000	18.200	7.600	3.200	136,1	66,2
V	> 1.000	37.200	23.200	9.950	3.950	198,9	143,5
I...V	0... > 1.000	22.800	15.800	5.100	3.000	132,4	84,4

Tab. 2-5 Verbrauchs-Mittel - und Richtwerte für Heizenergie und Strom [2.8, 2.9, 2.10] sowie für Wasser [2.9, 2.10]

ages-Studie und VDI-Richtlinie

Die Energiekennwerte aus der VDI-Richtlinie [2.8] stimmen mit den Werten aus der ages-Studie „Verbrauchskennwerte 1996" [2.10] überein. Die ages-Studie gibt jedoch zusätzlich Wasserkennwerte an, die in Tab. 2-5 mit aufgenommen wurden.

Untersucht wurden 243 Krankenhäuser aus den Bilanzjahren 1993 bis 1995 mit einer durchschnittlichen Bettenzahl von 450 Betten.

Mittelwert und Richtwert als Basis

Als **Mittelwert** wurde der sog. *Modalwert*, das heißt der Wert, der in einer Verteilung am häufigsten vorkommt, angegeben. Die Angabe des arithmetischen Mittels hätte lt. VDI zu einem überhöhten Orientierungswert geführt, da die Häufigkeitsverteilungen zumeist nicht symmetrisch, sondern linksschief ausfielen.

Als **Richtwert** wurde der empirisch bestimmte untere *Quartilswert* gewählt. Er errechnet sich aus dem arithmetischen Mittel der unteren 25% der aufsteigend sortierten Kennwerte (arithmetisches Mittel des niedrigsten Viertels). Die Wahl dieses Wertes als anzustrebende Orientierungsgröße hat den Vorteil, dass er tatsächlich empirisch belegt ist, d.h. dass Gebäude, die diesen Wert einhalten, existieren.

2.4.3 Energ. Untersuchung von Gebäuden im Altenheim- u. Klinikbereich

Untersuchung von Altenheim- und Krankenhausgebäuden

Die Studie von Herbst aus dem Jahre 1996 umfasst Altenheim- und Krankenhausgebäude mit einer Planbettenzahl von 100 bis 350 Betten. Die Gebäude selbst sind zu 85% Neubauten und zu 15% Erweiterungen und Sanierungen. Die Bruttogrundfläche (BGF) der Gebäude bewegt sich zwischen 8.700 und 24.000 m^2 und der Bruttorauminhalt zwischen 21.000 bis 110.000 m^3. Es wurden also nur Gebäude der Klassen I und II der DIN 3807 untersucht. Die Geschosszahl der Gebäude liegt zwischen zwei und fünf.

Als Ergebnis wurden folgende Kennwerte und Kosten als Mittelwerte ermittelt (s. Tab. 2-6):

	Kennwert	Mittelwerte	spezif. Kosten
Energie + Wasser	Wärme	12.700 $kWh_{Hu}/(Bett \cdot a)$ 225 $kWh/(m^2{}_{BGF} \cdot a)$	3,45 € $/(m^2_{BGF} \cdot a)$
	Strom	3.380 $kWh_{el}/(Bett \cdot a)$ 60 $kWh/(m^2{}_{BGF} \cdot a)$	6,75 € $/(m^2_{BGF} \cdot a)$
	Wasser	205 $l/(Bett \cdot d)$ 3,6 $l/(m^2{}_{BGF} \cdot d)$	3,53 € $/(m^2_{BGF} \cdot a)$ *
inst. Leistungen	Wärme-Leistung	6.500 W/Bett 120 $W/m^2{}_{BGF}$	
	elektr. Leistung	15 $W/m^2{}_{BGF}$	
Sonstiges	Raum pro Planbett	130-300 m^3/Bett	
	Fläche pro Planbett	56-87 $m^2{}_{BGF}$/Bett	
	Flächenverhältnis BGF : Nutzfläche	2 : 1	

Tab. 2-6 Mittlere Verbräuche, installierte Leistungen und Kosten für Wärme, Strom und Wasser nach S. Herbst [2.11]
* incl. Kosten für Abwasser

Stromkosten bilden knapp 50% der Energiekosten

Wie Abb. 2-3 zeigt, besteht der größte Energiebedarf mit 79% im Bereich Wärme, während bei den Kosten der Bereich Strom mit knapp 50% dominiert. Die Kosten für Wärme bzw. für Wasser und Abwasser betragen jeweils rund ein Viertel der Gesamtkosten.

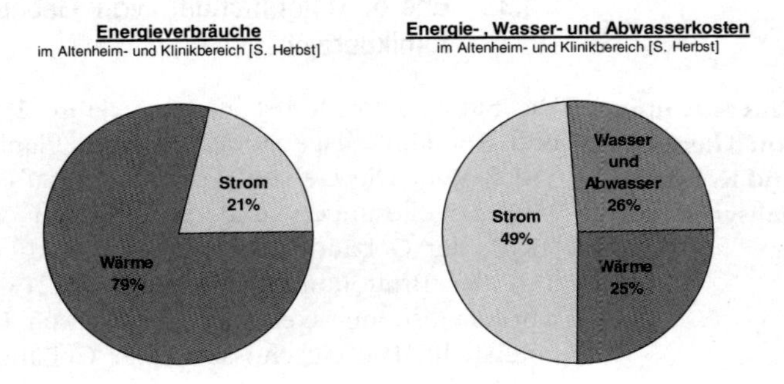

Abb. 2-3 Verbrauchs- und Kostenstruktur im Altenheim- und Klinikbereich

2.4.4 Statistischer Vergleich zwischen fünf Krankenhäusern (ERIK III)

Kennwerte, die die Belegung berücksichtigen

Bei dieser Studie wurden die Verbrauchswerte für Energie und Wasser zum einen auf die Bettenanzahl, zum anderen auf die Anzahl der Jahrespflegetage bezogen (s. Tab. 2-7). Dies bedeutet, dass der zweite Wert im Gegensatz zum ersten abhängig von der Belegung des betrachteten Jahres ist.

Bei der Belieferung mit Fernwärme (Städt. Kliniken Kassel und KH Stuttgart) wurden in der Energiebilanz Verluste durch Energieerzeugung und -verteilung durch Aufschläge von 30% auf den Brennstoffverbrauch berücksichtigt. Der Stromverbrauch für die externe Belieferung mit Kälte (Städt. Kliniken Kassel) wurde über die bezogene Kälteleistung und die Leistungsziffer der Kälteanlage überschlägig ermittelt.

		KH Waldbröhl	KH Solingen	KH Gelsen-kirchen	Städt. Kliniken Kassel	Katharinen-hospital Stuttgart
	Bilanzjahr:	1981	1981	1981	1988	1989
Betten	[Anzahl]	434	852	600	1.244	945
Pflegetage	[Pd/a]	129.460	245.040	203.000	419.960	275.420
Belegung	[%]	81,7	78,8	92,7	92,5	79,9
Brennstoff	[kWh_{Hu}/a]	12.130.000	25.930.000	16.294.000	160.000	21.166.000
Fernwärme	[kWh_{th}/a]	-	-	-	27.456.000	6.289.000
Strom	[kWh_{el}/a]	2.514.000	6.012.000	2.536.000	* 7.937.000	8.495.000
max. elektr. Leistung	[kW]	586	1.158	864	k.A.	1.750
Wasser	[m^3/a]	k.A.	k.A.	k.A.	205.800	168.000
spez. Brennstoff-verbrauch **	[kWh/(Bett·d)]	76,6	83,4	74,4	79	85,1
spez. Stromverbrauch	[kWh/(Bett·d)]	15,9	19,3	11,6	17,5	24,6
	[kWh/Pd]	19,4	24,5	12,5	18,9	30,8
spez. max. elektr. Leistung	[kW/Bett]	1,35	1,36	1,44	k.A.	1,85
spez. Wasserverbrauch	[m^3/Pd]	k.A.	k.A.	k.A.	0,49	0,61

Tab. 2-7 Ergebnisse der ERIK-Studie aus einem Vergleich von fünf Krankenhäusern [2.12]

* incl. elektr. Bedarf für die externe Kälteerzeugung (Umrechnung über Leistungsziffer)

** incl. Fernwärme mit 30% Verlust-Aufschlag

2.4.5 Energieerhebung in Krankenhäusern 1998 (L. Heyne)

Die Untersuchung von Prof. Dipl.-Ing. Lothar Heyne weist neben den Kennwerten zu Energieverbräuchen und -kosten, Instandhaltungskosten sowie einen Gebäudeflächenkennwert pro Bett aus (s. Tab. 2-8).

	Kennwert	Mittelwerte	spezifische Kosten
Energie + Wasser	**Wärme***	24.700 kWh_{Hu}/(Bett·a)	1.230 DM/(Bett·a)
	Strom	7.900 kWh_{el}/(Bett·a)	1.280 DM/(Bett·a)
	Wasser	122 m^3/(Bett·a)	780 DM/(Bett·a)
Instandhaltung	**Instandhalter**	30 Betten/ Instandhalter	4.500 DM/(Bett·a)
Sonstiges	**Nettogrundfläche NGF**	83 m^2_{NGF}/Bett	-
	Betten-Auslastung	83 %	-

Tab. 2-8 Energieerhebung von Prof. Dipl.-Ing. Lothar Heyne aus dem Jahre 1998 [2.13]
* incl. Aufschlag von 25% bei Fernwärme

Herr Prof. Heyne hat seit den frühen neunziger Jahren im Auftrag der Fachvereinigung Krankenhaustechnik Kennwerte von Krankenhäusern ermittelt und konnte als Partner im Projekt „Rationelle Energienutzung in Krankenhäusern“ mit seinem Fachwissen sehr zum Gelingen des Projekts beitragen.

2.4.6 Verbrauchskennwerte 1999 (ages-Studie)

Wie in Kap. 2.4.2 bereits erwähnt, sind die Energieverbrauchskennwerte der VDI-Richtlinie 3807 identisch mit den Werten der ages-Studie aus dem Jahr 1996 [2.10]. Diese Studie wurde fortgeführt und erweitert und als „Verbrauchskennwerte 1999" neu aufgelegt [2.14].

Da die Schwierigkeit erkannt wurde, dass bei stark gestreuten bzw. nicht normalverteilten Funktionen der ***Modalwert*** (häufigster Wert einer Klasse) nicht unbedingt eine sinnvolle Größe ergibt, wurde er in der Studie in einigen Kategorien nicht mehr angegeben. In Tab. 2-9 wurden stattdessen nur noch die ***arithmetischen Mittelwerte*** übernommen. Insbesondere aus diesem Grund ergeben sich - im Vergleich zur 1996-Studie - im Gesamtdurchschnitt deutlich höhere Mittelwerte (Wärme +21,2%, Strom +33,0%, Wasser +28,2%).

Unter den ***Quartilswerten*** ist - wie in Kap. 2.4.2 beschrieben - wieder der Durchschnitt aus den 25% Besten zu verstehen. Hier fallen die Schwankungen im Vergleich mit der Vorgängerstudie bedeutend geringer aus (Wärme -1,4%, Strom +11,2%, Wasser +3,9%).

Vers.-Stufe	Anzahl Betten	Heizenergie [kWh_{th}/(Bett·a)]		Strom [kWh_{el}/(Bett·a)]		Wasser [m^3/(Bett·a)]	
		arithm. Mittel	25%-Quartil	arithm. Mittel	25%-Quartil	arithm. Mittel	25%-Quartil
I	0...250	24.220	14.147	5.127	2.695	124,5	75,4
II	251...450	23.512	14.252	6.354	3.775	142,4	97,2
III	451...650	26.044	16.907	6.352	3.952	155,0	118,5
IV	651...1.000	25.572	19.096	6.502	2.998	144,8	81,7
V	> 1.000	41.421	22.406	13.605	3.928	260,7	143,5
I...V	0... > 1.000	27.629	15.571	6.781	3.337	169,7	87,7

Tab. 2-9 Verbrauchs-Mittel- und Quartilswerte für Heizenergie, Strom und Wasser [2.9, 2.14]

	Quelle	Jahr	Bereiche / Umfang	Kennwerte
1	**VDI 2067** Blatt 5	1982	Wäschereien, Großküchen, Desinfektion, Therm. Abwasserdesinfektion, Sterilisation	Ermitllung des stündlichen, jährlichen und des Spitzen-Dampfbedarfs
2	**ERIK III:** Energierationalisierung im Krankenhaus	1991	5 Krankenhäuser	spez. Brennstoffbedarf spez. Strombedarf spez. Wasserbedarf spez. inst. elektr. Leistung
3	**Herbst, S.:** Energetische Untersuchung von Gebäuden im Altenheim- und Klinikbereich	1996	Altenheim- und Klinikbereich	spez. Wärmebedarf spez. Strombedarf spez. Wasserbedarf spez. inst. elektr. und therm. Leistung spez. Kosten
4	**ages-Studie** (Münster); **VDI 3807** Blatt 2	1996 bzw. 1999	über 200 Krankenhäuser klassifiziert nach Bettenanzahl (5 Versorgungsstufen)	spez. Heizbedarf spez. Strombedarf spez. Wasserbedarf (Verteilungsfkt. mit Angabe von arithm. Mittel, unteres Quartilsmittel, Modalwert, Standardabweichung, Bettendurchschnitt)
5	**Energieagentur NRW:** Energie im Krankenhaus	1998	ca. 35 Krankenhäuser	Sankey-Diagramm (Strom, Wärme, Dampf, Warmwasser, Lüftung+Klima...) spez. Wärme-, Strom- und Wasserbedarf
6	Energieerhebung **Heyne** 1998	1998	ca. 30 Krankenhäuser	spez. Wärme-, Strom- und Wasserbedarf spez. Kosten Instandhalter Nettogrundfläche NGF Pflegetage (Auslastung)
7	**infas ENERMETRIC**: Energetisches Benchmarking für Krankenhäuser 2003	2003	265 Krankenhäuser (1999) 364 Krankenhäuser (2000) 182 Krankenhäuser (2001) >200 Krankenhäuser (2002)	spez. Wärme-, Strom- und Wasserbedarf spez. Bedarf elektr. Leistung spez. Kosten für Energie, Wasser u. Instandhaltung Preise für Energie, Wasser u. Abwasser spez. CO_2-Emisionen für Strom u. Wärme Bezugsgrößen: 1. Anzahl Betten 2. Nettogrundfläche NGF 3. Anzahl Pflegetage (Auslastung)

Tab. 2-10 Auswahl einiger Arbeiten zum Thema „Energiekennwerte im Krankenhaus" (Übersicht)

Einheiten	Ansprechpartner	
[t/h] $[t/h]_{max}$ [t/a]	VDI	**1**
[kWh/(Bett·d)] [kWh/Pd] $[m^3/Pd]$ [kW/Bett]	Technische Informationsbibliothek TIB Hannover	**2**
[kWh/(Bett·a)] $[kWh/(m^2_{BGF}\cdot a)]$ [l/(Bett·d)] $[l/(m^2_{BGF}\cdot d)]$ [W/Bett] $[W/m^2_{BGF}]$ $[DM/(m^2_{BGF}\cdot a)]$	Dipl.-Ing. (TU) Dipl.-Ing. (FH) Siegfried Herbst; Zeitschrift HLH Bd.47 (April 96)	**3**
$[kWh_{th}/(Bett\cdot a)]$ $[kWh_{el}/(Bett\cdot a)]$ [l/(Bett·a)]	Dipl. Volkswirt Carl Zeine Dipl.-Ing. Heinrich Roth	**4**
$[kWh_{th}/(Bett\cdot a)]$ $[kWh_{el}/(Bett\cdot a)]$ $[m^3/(m^2 a)]$	Energieagentur NRW, Wuppertal	**5**
$[kWh_{Hu}/(Bett\cdot a)]$ $[kWh_{el}/(Bett\cdot a)]$ [l/(Bett·a)] [DM/(Bett·a)] [Betten/Instandhalter] $[m^2_{NGF}/Bett]$	Prof. Dipl.-Ing. Lothar Heyne Studienrichtung Krankenhausbetriebstechnik an der FH Gießen Friedberg	**6**
$[kWh_{th}/(Bett\cdot a)]$ $[kW_{el}/(Bett\cdot a)]$ $[m^3/(Bett\cdot a)]$ $[kWh_{th}/(m^2 a)]$ $[kW_{el}/(m^2 a)]$ $[m^3/(m^2 a)]$ $[kWh_{th}/Pd]$ $[kW_{el}/Pd]$ $[m^3/Pd]$ [DM/(Bett·a)] $[DM/(m^2 a)]$ [DM/Pd] $[t_{CO2}/(Bett\cdot a)]$ $[t_{CO2}/(m^2 a)]$ $[t_{CO2}/Pd]$ [Betten/Instandhalter] $[m^2_{NGF}/Bett]$ [%] etc.	infas ENERMETRIC (Greven) Dipl.-Ing. Reiner Tippkötter Dipl.-Ing. Dietmar Schüwer	**7**

Inhaltsverzeichnis

3 Energieoptimierung Krankenhaus

Ziel: Wirtschaftlichkeit und Umweltschutz

Konkrete Ansätze zur Energieeinsparung im Krankenhaus bedingen, dass die Zielsetzungen der Wirtschaftlichkeit und des Umweltschutzes mit den krankenhausspezifischen Anforderungen an die Energieversorgung harmonieren.

Empfehlungen von Einzelmaßnahmen

Die in den Kap. 3.1 bis 3.3 beschriebenen Empfehlungen sind auf ihre Umsetzbarkeit im Einzelfall zu prüfen. Die Möglichkeiten reichen dabei von Einzelmaßnahmen über die Einführung eines zentralen Leitsystems bis hin zur Ergänzung der Energieversorgung durch ein Blockheizkraftwerk oder eine Absorptionskältemaschine. Was im Einzelfall sinnvoll und praktikabel ist, hängt von den jeweiligen Gegebenheiten in einem Krankenhaus ab.

Maßnahmen in verschiedenen Bereichen

Neben Maßnahmen im Bereich der technischen Anlagen (Kap. 3.1) und der Gebäudehülle/ Baukonstruktion (Kap. 3.2) haben auch rein organisatorische Veränderungen, die auf das Nutzerverhalten abzielen (Kap. 3.3), einen nicht unerheblichen Einfluss auf den Energieverbrauch. Gesetzliche Vorgaben sollen einen gewissen energetischen Mindeststandard bei Neubauten und - in zunehmendem Maße - auch bei der Sanierung von bestehenden Anlagen und Gebäuden gewährleisten (Kap. 3.4).

11 Praxisbeispiele

Im Anschluss an die theoretische Behandlung des Themas Energieoptimierung sind in Kap. 3.5 elf Praxisbeispiele dokumentiert. Sie zeigen einen Querschnitt aus verschiedenen umgesetzten Energieoptimierungsmaßnahmen, die vom Einsatz der Kraft-Wärme-Kopplung über die Sanierung raumlufttechnischer Anlagen bis zur Nutzung regenerativer Energiequellen (Biomassefeuerung, Photovoltaik, Solarkollektoren) reichen. Über Querverweise in den Kap. 3.1 bis 3.4 geben die Beispiele aus Kap. 3.5 praxisnahe Erläuterungen und Tipps zu den beschriebenen Optimierungsmaßnahmen.

50 weitere Projekte

Eine Listung von 50 weiteren erfolgreichen Energieoptimierungsprojekten in Krankenhäusern rundet Kapitel 3.5 ab.

Die Kap. 3.1 bis Kap. 3.4 basieren in wesentlichen Teilen auf dem Leitfaden „Energie im Krankenhaus" der Energieagentur NRW, Wuppertal [2.2].

3.1 Energieoptimierung Technische Anlagen

Aufgaben und Anforderungen der technischen Anlagen sind veränderlich

In Krankenhäusern müssen in der Regel verschiedene Betriebsbereiche gleichzeitig mit Energie versorgt werden. Durch Umstrukturierungen, Stilllegungen und Zubau von Betriebseinheiten können sich auch die Aufgaben von haustechnischen Anlagen und damit die Anforderungen an ihre Leistungsgrößen gravierend ändern. Damit entfernen sich allerdings gerade haustechnische Anlagen mitunter erheblich von ihrer optimalen Auslegung. Von entscheidender Bedeutung ist daher, dass bei allen Veränderungen der Haustechnik die Auswirkungen auf die tangierten Funktionsbereiche berücksichtigt werden.

[2.2]

Beeinflussung durch Nutzerverhalten

Neben dem Ersatz oder der Modernisierung von bestehenden technischen Anlagen bieten der Betrieb und die Wartung vorhandener Anlagen sowie die Beeinflussung des Nutzerverhaltens und organisatorische Maßnahmen interessante Möglichkeiten zur Energieeinsparung. So sollten die Einstellparameter von Anlagen regelmäßig überprüft werden, um eine bedarfsgerechte Einstellung und Fahrweise von technischen Anlagen zu gewährleisten.

3.1.1 Wärmeversorgung

70 bis 80% des Gesamtenergieeinsatzes zur Wärmeerzeugung

In deutschen Krankenhäusern entfallen auf die Wärmeerzeugung 70 bis 80% des Gesamtenergieeinsatzes. Energieträger sind in der Regel Erdgas oder Heizöl (EL). In einigen Fällen erfolgt die Wärmeversorgung über einen Fernwärmeanschluss. Flüssiggas und Koks sind hinsichtlich der Wärmeversorgung heute zu vernachlässigende Größen.

[2.2]

Der Gesamtwärmebedarf setzt sich aus Raumwärme-, Warmwasser- und Dampfbedarf zusammen. Der Energieeinsatz für die Dampferzeugung nimmt hierbei eine untergeordnete Rolle ein (in der Regel 10 bis 20% des Energieeinsatzes, jedoch stark abhängig von der Struktur des Hauses). Neben der Verbraucherstruktur wird der Energieeinsatz vor allem von folgenden Einflüssen bestimmt:

- Art, Alter und Zustand der technischen Ausrüstung
- Nutzerverhalten
- Wartung und Betrieb der Anlage

Reduzierung Brennstoffeinsatz um bis zu 50%

Üblicherweise lassen sich in allen Bereichen Energie- und somit Kosteneinsparungen erreichen. Bei günstigen Bedingungen ist eine Reduzierung des Brennstoffeinsatzes von bis zu 50% möglich.

Raumwärmeerzeugung

Überdimensionierung der Wärmeerzeugungsanlagen

Die Wärmeerzeugung erfolgt in den meisten Kliniken durch öl- oder gasbefeuerte Warmwasser- oder Dampfkessel. Untersuchungen haben ergeben, dass die Wärmeerzeugungsanlagen in vielen Krankenhäusern teilweise um den Faktor 2 bis 3 überdimensioniert sind. Die Ursachen liegen meist in einer zu großzügigen Auslegung während der Planungsphase oder in nachträglichen Umstrukturierungen innerhalb der Krankenhäuser, durch die sich der Gesamtwärmebedarf verringert hat. Die Folge sind in der Regel hohe Bereitschaftsverluste.

Veraltete Heizkessel

Unnötig hohe Verbräuche treten darüber hinaus auf, wenn die Anlagen nicht mehr dem Stand der Technik entsprechen. Dies kann schon bei mehr als 10 bis 15 Jahre alten Heizkesseln der Fall sein.

Falsch eingestellte Heizkurven

Wartung und Betrieb von Heizungsanlagen haben ebenfalls Auswirkungen auf den Energieverbrauch eines Krankenhauses. So bewirken in vielen Anlagen falsch eingestellte Heizkurven unnötig hohe Temperaturen, die zu übermäßigen Wärmeverlusten führen.

Unterlassene Heizflächenreinigung

Bei Ölfeuerungsanlagen ist eine regelmäßige Reinigung der Heizflächen besonders wichtig. Ein weiterer Schwachpunkt im Hinblick auf den Energieverbrauch von Heizungsanlagen liegt oft darin, dass die Heizungswärme mit Dampfkesseln erzeugt wird. Hierdurch werden besonders hohe Abgas-, Abstrahlungs- und Umwandlungsverluste in Kauf genommen.

Neueinstellung Regelungsanlage

Erster Schritt zur Optimierung der vorhandenen Anlage sollte immer die Überprüfung der Einstellung der Regelungsanlage und die Wartung der Wärmeerzeugungsanlage sein. Hierdurch lassen sich oftmals ohne Investitionskosten Verbrauchsreduzierungen erzielen (s. Bsp. 3.5.1, 3.5.2, 3.5.6, 3.5.7).

Erneuerung Wärmeerzeugungsanlage

Höhere Einsparungen sind in der Regel durch die Erneuerung der Wärmeerzeugungsanlagen zu erreichen. Dabei sollte die Anlagenleistung dem tatsächlichen Wärmebedarf angepasst werden. Dieser lässt sich aus den bisher aufgetretenen Primärenergieverbräuchen abschätzen. Gleichzeitig geplante bauliche Maßnahmen des Wärmeschutzes oder veränderte Betriebsstrukturen innerhalb des Hauses müssen bei der Festlegung der Anlagenleistung berücksichtigt werden (s. Bsp. 3.5.1, 3.5.6 bis 3.5.11).

Einbau eines Niedertemperaturkessels

Die bei einer neuen Kesselanlage eingesetzte Technik sollte auf die Erfordernisse des Bestandes abgestimmt sein. Empfehlenswert sind in jedem Fall Niedertemperaturkessel, die so eingestellt werden sollten, dass erst bei Auslegungstemperatur maximale Kesseltemperaturen gefahren werden (Mindestvorlauftemperatur für Brauchwarmwasserbereitung berücksichtigen; s. Bsp. 3.5.6, 3.5.7).

Einsatz eines Brennwertkessels

Der Einsatz von Brennwertkesseln kann den Brennstoffeinsatz weiter senken. Voraussetzung hierfür ist jedoch, dass die Auslegung des Verbrauchernetzes eine entsprechende Absenkung der Rücklauftemperaturen ermöglicht (s. Bsp. 3.5.7).

Absenkung der Rücklauf-temperaturen

Oftmals sind durch gezielte kostengünstige Eingriffe in das Verbrauchernetz erhebliche Absenkungen der Rücklauftemperatur möglich (s. Bsp. 3.5.1, 3.5.9, 3.5.10). Gerade in Krankenhäusern liegen häufig günstige Bedingungen hierfür vor.

Einbau von Abgaswärme-tauschern

Auch bestehende Kesselanlagen können hinsichtlich der Energieausnutzung mit vertretbarem Aufwand optimiert werden. Insbesondere bei Heizkesseln mit höheren Temperaturen (z.B. Heißwasserkessel) empfiehlt sich der nachträgliche Einbau von Abgaswärmetauschern zur besseren Nutzung der Abgaswärme. Die aus den Abgasen ausgekoppelte Wärme kann zur Warmwasserbereitung, zur Erhöhung der Speisewassertemperatur oder zur Luftkonditionierung in Klimaanlagen genutzt werden. Hierdurch sind Brennstoffeinsparungen von bis zu 25% möglich, sofern der Abgaswärmetauscher auch Brennwertnutzung zulässt (nachgeschaltetes Brennwertgerät; s. Bsp. 3.5.6, 3.5.7).

Empfohlene Maßnahmen

- exakte und aktuelle Wärmebedarfsermittlung
- vorschriftsmäßige Wartung und Instandhaltung
- Korrektur von Einstellungsfehlern
- Ersatz veralteter und überdimensionierter Heizkessel durch Niedertemperatur- oder Brennwertkessel
- Einbau von Abgas-Wärmerückgewinnungsgeräten hinter Heißwasser- oder Dampfkesseln (unter Umständen mit Brennwertnutzung)
- nach Möglichkeit hydraulische Entkopplung der Kessel
- Wärmerückgewinnung aus Abschlämmwasser bei Dampfkesselanlagen

Raumwärmeverteilung

Unterschied-liche Lastgänge der Verbraucher

Das Wärmeverteilnetz muss die Anforderungen der Verbraucher bezüglich Temperaturniveau und Durchflussraten erfüllen. Die zeitlich stark unterschiedlichen Lastgänge der verschiedenen Wärmeverbraucher führen dabei zu großen Schwankungen bei den hydraulischen und thermischen Anforderungen an das Netz.

Bedarfsorientierte Einstellung von Anlagenparametern

In der Regel treten in den Verteilleitungen Verluste auf. Zur Vermeidung unnötiger Bereitstellungsverluste sollte daher die Regelung des Verteilnetzes in der Lage sein, die Betriebsparameter exakt an den Wärmebedarf der einzelnen Verbrauchsstellen anzupassen. Auch beim Wärmeverteilnetz kann durch regelmäßige Überprüfung und gegebenenfalls eine bedarfsorientierte Einstellung von Anlagenparametern der Energieeinsatz minimiert werden. Darüber hinaus sollten alle Leitungen ausreichend wärmegedämmt sein (s. Bsp. 3.5.1, 3.5.2).

Bedarfsangepasste und drehzahlgeregelte Umwälzpumpen

Um den Verbrauch von Hilfsenergie sowie die Wärmeverteilungsverluste zu reduzieren, empfiehlt sich ein möglichst kurzer Betrieb der Umwälzpumpen, die darüber hinaus bedarfsangepasst ausgelegt und drehzahlgeregelt sein sollten. Bei Neuanlagen besteht hierfür eine Pflicht gemäß Heizungsanlagen-Verordnung (s. Kap. 3.4. „Gesetze, Verordnungen und Richtlinien“, s. Bsp. 3.5.1, 3.5.2, 3.5.6, 3.5.8, 3.5.9).

Schema des Verteilnetzes als Planungshilfe

Für die Planung von Maßnahmen, die sich auf die Wärmeverteilung beziehen, sollte ein Schema des Verteilungsnetzes angefertigt werden. Wie dies aussehen kann, zeigt exemplarisch Abb. 3-1. Die Anfertigung eines solchen Schemas erleichtert die Planung von Maßnahmen zur Reduzierung des Wärmeverbrauchs erheblich

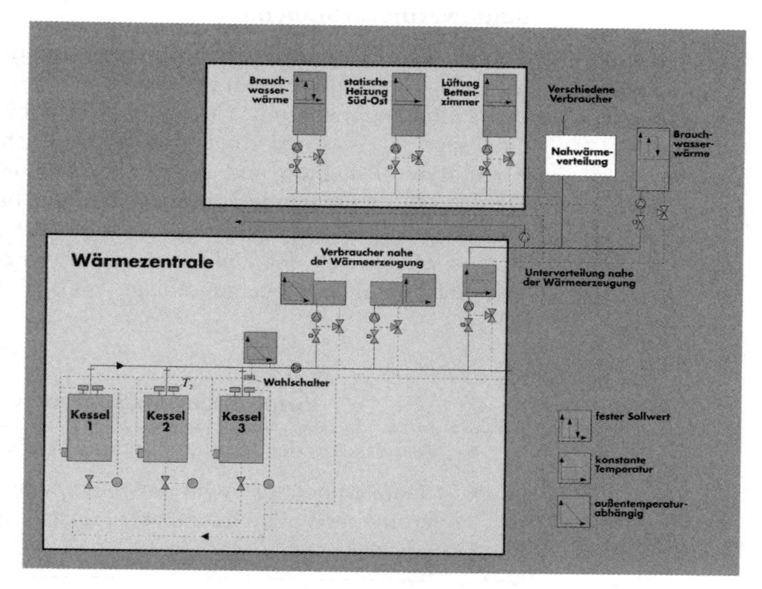

Abb. 3-1 Beispiel für die Darstellung von Wärmeerzeugern, -verteilnetz und -verbrauchern [3.1]

Nachrüstung von Regelungskomponenten

Für den Fall, dass Einrichtungen zur automatischen Regelung der Wärmezufuhr sowie der Netztemperaturen nicht vorhanden sind, ist in jedem Fall eine Nachrüstung entsprechender Komponenten zu empfehlen.

Empfohlene Maßnahmen

- Überprüfung und ggf. Neueinstellung der Anlagenparameter
- bedarfsangepasste Regelung
- Isolierung von Leitungen und Armaturen
- Einbau bedarfsangepasster und regelbarer Umwälzpumpen
- Einbau automatischer Regelungssysteme

Raumwärmeverbrauch

Einbau einer automatischen Regelungsanlage

Sehr oft ist die Temperatur einzelner Räume des Krankenhauses oder das Temperaturniveau insgesamt zu hoch. Durch Absenken der Raumtemperatur um 1°C kann etwa 5 bis 8% Heizenergie eingespart werden. Hierbei dürfen natürlich Sicherheit und Komfort für Patienten und Personal nicht außer Acht gelassen werden. Die Raumtemperatur sollte darüber hinaus unabhängig von der Außentemperatur möglichst konstant gehalten werden. Hier empfiehlt sich der Einbau einer automatischen (außentemperaturabhängigen) Regelungsanlage (s. Bsp. 3.5.1, 3.5.2, 3.5.5, 3.5.9).

Empfohlene Maßnahmen

- Absenkung der Raumtemperatur in überheizten Räumen
- Raumtemperatur durch außentemperaturabhängige Steuerung der Vorlauftemperatur konstant halten
- Einbau von Thermostatventilen

Brauchwarmwassererzeugung

Auslegung entsprechend den tatsächlichen Bedarfswerten

Die Deckung des Brauchwarmwasserbedarfs in Krankenhäusern erfolgt überwiegend mit Warmwasserbereitern in Form von Speicherbehältern mit Wärmetauschern. Energieeinsparpotenziale bestehen hier vor allem auf der Verbrauchsseite. Sollte aus technischen Gründen ein Ersatz der Brauchwarmwasserbereitung ohnehin notwendig werden, empfiehlt sich, die Auslegung der Anlage entsprechend den tatsächlichen Bedarfswerten (oft überdimensioniert) anzupassen.

Umrüstung der Armaturen an Handwaschbecken und Duschen

Die Reduzierung des Brauchwarmwasserverbrauchs lässt sich vor allem an Handwaschbecken und Duschen erreichen. Daneben kann die Reduzierung der Speichertemperatur zur Verringerung der für die Brauchwasserbereitung erforderlichen Energie beitragen. Allerdings sind hier aus hygienischen Gründen (z.B. Legionellen) Einschränkungen gegeben.

Empfohlene Maßnahmen

- Einbau durchflussbegrenzender oder selbstschließender Armaturen
- Einbau von Thermostat-Armaturen statt herkömmlicher Mischventile
- Einsatz von wassersparenden Geräten

Erzeugung und Verteilung von Dampf

Überdimensionierte Anlagen

In vielen Krankenhäusern bestehen auch heute noch Dampfkesselanlagen zur Erzeugung von Hochdruck- oder Niederdruckdampf. In vielen Fällen sind, bedingt durch Auslagerung einzelner Bereiche wie beispielsweise Wäschereien, die entsprechenden Anlagen überdimensioniert. Die erzeugten Druckstufen resultieren oft aus Erfordernissen, die inzwischen überholt sind.

Analyse der Bedarfswerte

Um die Energieeinsparpotenziale hinsichtlich der Dampferzeugung auszuschöpfen, sollte zunächst eine Analyse der Bedarfswerte erfolgen. In den meisten Fällen kann diese Analyse durch den Einbau kostengünstiger Kondensatmengenzähler erfolgen. Ziel ist hierbei, herauszuarbeiten, wie viel Dampf auf welchem Druckniveau in Zukunft benötigt wird. Gegebenenfalls können dann Teile des Netzes stillgelegt werden, was zu erheblichen Verringerungen der Bereitschaftsverluste führen würde.

Umstellung auf niedrigeres Druckniveau

Je nach festgestelltem Bedarf kann die Kesselanlage dann unter Umständen auf einem niedrigeren Druckniveau betrieben werden. Dies führt ebenfalls zu Einsparungen von Energiekosten (s. Bsp. 3.5.1, 3.5.9, 3.5.11).

Nachträglicher Einbau von Abgaswärmetauschern

Wie auch im Abschnitt „Raumwärmeerzeugung" dargestellt, sollte der nachträgliche Einbau von Abgaswärmetauschern zur Reduzierung der Abgasverluste erwogen werden (s. Bsp. 3.5.6, 3.5.7, 3.5.8). Wenn technische Umstände die Erneuerung der Kesselanlage ohnehin erforderlich machen, sollte in jedem Fall eine bedarfsgerechte Auslegung der Kesselanlage hinsichtlich des Druckniveaus und der Leistung erfolgen.

Parameter-neueinstellung

Durch Neueinstellung von Betriebsparametern können je nach Zustand der Anlagen erhebliche Einsparungen erreicht werden.

Schnelldampf-erzeuger

In Abhängigkeit der Verbrauchsstruktur kann die Dezentralisierung der Dampferzeugung sowie der Einsatz von kleinen Schnelldampferzeugern unter Umständen sinnvoll sein (s. Bsp. 3.5.11).

Empfohlene Maßnahmen

- Überprüfung der tatsächlichen Bedarfswerte hinsichtlich Leistung und Druckniveau und ggf. Teilstilllegung von Netzen bzw. Reduzierung des Anlagendruckes
- Bei Neuinstallation von Anlagen Auslegung nach tatsächlichem Bedarf
- Ggf. Dezentralisierung von Teilen der Dampferzeugung
- Installation von Abgaswärmetauschern

3.1.2 Kälteversorgung

Zentrale Kälte-erzeugung als Status Quo

Typische Kälteverbraucher in einem Krankenhaus sind Operationssäle, medizinisch-technische Geräte sowie die Krankenhausküchen. Hinzu kommen verschiedene, meist innenliegende Räume, in denen Beleuchtungsanlagen mit sehr hoher Beleuchtungsstärke oder Rechneranlagen durch ihre große Wärmeentwicklung eine zusätzliche Kühlung erforderlich machen. Die Kälteverbraucher werden in der Regel durch eine zentrale Kälteerzeugung versorgt.

Kompressions-kältemaschinen

[2.2]

Elektrisch betriebene Kompressionskältemaschinen älterer Bauart sind in der Regel mit den Kältemitteln R11, R12 oder R22 befüllt. Für diese Stoffe wurde zum einen durch das „Montreal-Protokoll", zum anderen durch EU-Verordnungen und deutsche Verordnungen der Einsatz in Neuanlagen je nach Stoff ab 1992 bis 2000 untersagt, da es sich hier um Stoffe handelt, die bei Undichtigkeit der Anlagen und unzureichender Entsorgung einen Beitrag zum Treibhauseffekt leisten. Die Umrüstung bestehender Anlagen auf Ersatzkältemittel ist möglich. Häufig ist die Umrüstung jedoch mit Leistungseinbußen von bis zu 30% verbunden. Insbesondere beim Ersatz bestehender Kältemaschinen sollte vorausschauend gehandelt werden.

Absorptionskältemaschinen als Alternative

Eine stromsparende Alternative zu den elektrisch betriebenen Aggregaten stellen die Absorptionskältemaschinen dar, welche mit Abwärme oder Wärme aus KWK-Prozessen betrieben werden können (s. Bsp. 3.5.7, 3.5.9, 3.5.11). Bei den sog. Adsorptionsanlagen ist darüber hinaus sogar eine Kühlung mit Solarwärme möglich [3.2].

„Optimierung" der Luftkonditionierung

Bei bestehenden Anlagen sind durch eine geeignete Betriebsweise erhebliche Einsparungen zu erzielen. Ein beträchtlicher Kälteanteil wird häufig in der Konditionierung der Zuluft von raumlufttechnischen Anlagen (RLT-Anlagen) benötigt. Dieser kann dadurch reduziert werden, dass der zulässige Toleranzbereich in Anlehnung an die DIN 1946 (s. Kap. 3.4) ausgenutzt wird. Das heißt, dass im Sommer die Zuluft mit einer höheren relativen Feuchte als im Winter in die Räume eingebracht wird (s. Bsp. 3.5.3).

Optimierung von Bedienung und Regelung

Aber auch richtig dimensionierte Anlagen können meist durch die Optimierung von Bedienung und Regelung wirtschaftlicher betrieben werden. Maßnahmen zur Betriebsoptimierung sind u.a.:

- Verbesserung der Leistungszahl durch Anhebung der Betriebstemperatur des Kältemittels
- Bedarfsangepasste Regelung des Kaltwasserdurchflusses mit Hilfe drehzahlvariabler Pumpenantriebe
- Überwachung möglichst aller Systemfunktionen durch geeignete Messinstrumente
- Wärmerückgewinnungsanlagen am Kondensatorkühlwasseraustritt oder in den heißen Kältemittelleitungen
- regelmäßige Zustandskontrolle des Rückkühlwerkes zum Anlagenbetrieb nahe an den Auslegungskriterien

Zentrale Steuerung

Daneben kann - bei komplexen Anlagenkonfigurationen - die Installation einer zentralen Steuerung zur automatischen Kontrolle und Regelung der Betriebsparameter sinnvoll sein (s. Bsp. 3.5.2, 3.5.5, 3.5.9).

Eisspeicher zur Senkung von elektr. Lastspitzen

Zur Verringerung der Betriebskosten durch Abbau von elektrischen Lastspitzen und zur Einsparung von Hochtarifstrom hat sich darüber hinaus der Einbau eines Eisspeichers bewährt, der während der Schwachlastzeiten mit günstigem Niedertarifstrom geladen wird und während der Starklastzeiten Kälte abgibt. Zusätzlich wird mit einer Eisspeicheranlage die Versorgungssicherheit erhöht.

Empfohlene Maßnahmen

- Optimierung des Betriebes
- Toleranzbereich in der Luftkonditionierung ausnutzen
- Einbau einer zentralen Steuerung
- Einbau eines Eisspeichers zur Kältespeicherung
- Vorausschauende Planung beim Ersatz bestehender Anlagen

3.1.3 Stromversorgung

50% der Energiekosten sind oftmals Stromkosten

Obwohl der Anteil des elektrischen Energieverbrauchs am Gesamtenergieverbrauch eines Krankenhauses im Durchschnitt nur circa 20% beträgt, belaufen sich die Stromkosten aufgrund der höheren spezifischen Preise häufig auf etwa die Hälfte der gesamten Energiekosten.

Überprüfung der Strombezugskonditionen

Als Einstieg zur Ermittlung der Kostensenkungsmöglichkeiten ist die Überprüfung der Strombezugskonditionen obligatorisch. Hierbei ist es vorrangiges Ziel, aus den vom Versorger angebotenen Preisregelungen die günstigste zu ermitteln und vertraglich zu vereinbaren. Im Rahmen dieser Überprüfung wird aber auch Klarheit über die Grenzkosten der Strombeschaffung gewonnen. Grenzkosten sind die tatsächlich vermiedenen Stromkosten, die in der Regel geringer sind als die durchschnittlichen Stromkosten, da sich der Strompreis aus Leistungs- und Arbeitspreis zusammensetzt. Anhand der Grenzkosten kann eine korrekte Bewertung der wirtschaftlichen Auswirkungen von Energierationalisierungsmaßnahmen erfolgen.

Anlagenbetrieb mit geringerer Leistung, Abschaltung oder Betriebszeitänderung

Eine wichtige Maßnahme für eine effiziente Reduzierung der Stromkosten kann - je nach Vertrag - die Vermeidung extremer Lastspitzen sein. Daher ist es sinnvoll, Verbraucher wie Lüftungsantriebe, Kühlaggregate etc. in Zeiten, in denen Spitzenlasten abzusehen sind, mit geringerer Leistung zu betreiben oder abzuschalten. Dies ist durch eine automatische Regelung entsprechend der Tageslastgänge oder eine automatische Maximumüberwachung zur Spitzenlastreduzierung (Lastmanagementsystem) zu realisieren (s. Bsp. 3.5.2, 3.5.11). Darüber hinaus sollte speziell der Betrieb von energieintensiven Geräten möglichst in Schwachlastzeiten oder in Niedertarifzeiten verlagert werden.

Verlustarme Transformatoren

Die Reduzierung der Transformatorverluste durch Einsatz verlustarmer Transformatoren bzw. lastabhängiges Schalten einzelner Transformatoren ist ein geeigneter Weg, um Strom und damit Energiekosten zu sparen.

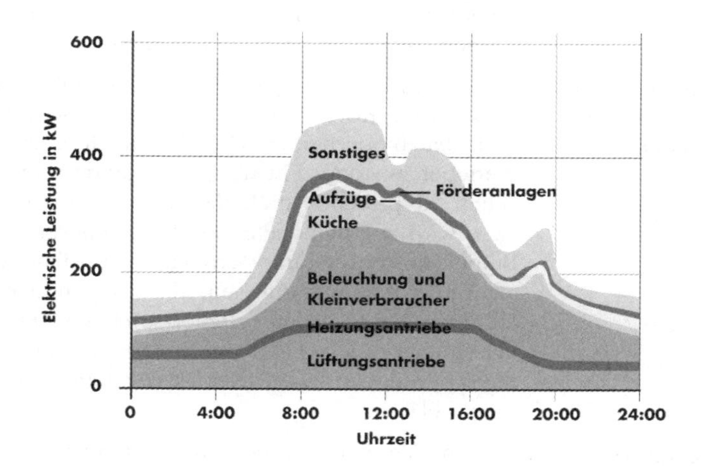

Abb. 3-2 Beispiel für den mittleren täglichen Lastgang des Stromverbrauchs in einem Krankenhaus (vereinfachte Darstellung) [3.1]

Hilfsmittel: Analyse der tageszeitlichen Abnahme

Als Diagnoseinstrument zur Schwachstellenermittlung hat sich die Analyse der jahreszeitlichen und der tageszeitlichen Abnahme bewährt. Während die Erstgenannte durch die Auswertung der monatlichen Verbrauchsabrechnung ermittelt werden kann, muss für letztere eine Messeinrichtung installiert werden. Sinnvoll ist auch die Messung einzelner haustechnischer Anlagen. Hierdurch lässt sich die Betriebsführung feststellen und gegebenenfalls bedarfsgerecht einstellen (s. Abb. 3-2). Auf diese Weise können folgende Größen abgeschätzt werden:

- Potenzial von Leistungssteuerungs-Maßnahmen
- Strombedarf im Zusammenhang mit der Raumwärmebereitstellung
- Strombedarf für Licht
- Tagesgang des Strombedarfs für Großverbraucher wie z.B. Kältekompressoren

Hieraus resultieren konkrete Hinweise für weitere Maßnahmen, wie der Einsatz einer Eisspeicheranlage oder der Einsatz von effizienten Leuchtmitteln in der Außenbeleuchtung.

Neben Maßnahmen zur Optimierung der Lastkurve können erhebliche Stromkosteneinsparungen durch Verbesserung der Verbraucherstruktur realisiert werden.

Substitution von Strom in Großküchen

Ein großes Einsparpotenzial bietet die Substitution von Strom zu Heiz- bzw. Kochzwecken in Großküchen. Der überwiegende Teil der modernen Kochgeräte in Küchen kann mit Erdgas betrieben werden. Ein möglicher Betrieb mit Dampf ist im Einzelfall zu prüfen. Durch den Einsatz von Erdgas zu Kochzwecken wird in jedem Falle eine Primärenergieeinsparung und eine Betriebskostensenkung erreicht. Restriktionen können sich allerdings dadurch ergeben, dass die in der Küche installierte Lüftungsanlage die, mit dem Betrieb von Erdgasgeräten zusätzlich auftretenden Luftmengen (Verbrennungsluft bzw. Abluft) nicht bewältigen kann. Dies ist vor dem Einsatz von Erdgasgeräten zu klären.

Reduzierung Strombedarf bei der Hilfsenergie

Weitere Maßnahmen betreffen vor allem die Reduzierung des Strombedarfs bei der elektrischen Hilfsenergie für Wärmeerzeugungs- und -verteilungsanlagen sowie Lüftungs- und Klimaanlagen. So bestehen in einigen Fällen erhebliche Verbesserungsmöglichkeiten durch den Ersatz überdimensionierter Elektromotoren, durch den Einsatz von Elektromotoren mit höherem Wirkungsgrad (Energiesparmotoren), durch eine genauere Anpassung der Lüfterleistung an den erforderlichen Bedarf, durch die Reduzierung der Betriebsstunden der elektrisch betriebenen Lüftungsanlagen mittels bedarfsabhängiger Schaltun-

Elektromotorenaustausch und Bedarfsanpassung

gen oder durch den Einsatz von Drehzahlregelungen (s. Bsp. 3.5.2, 3.5.3, 3.5.7, 3.5.9).

Einbau neuer und effizienterer Pumpen

Auch der Strombedarf für Pumpen (z.B. Heizungsumwälzpumpen) kann durch neue, effizientere Motoren mit elektronischer Regelung der Drehzahl verringert werden. Da die Pumpen nach dem Volllastfall entsprechend der DIN 4701 ausgelegt sind, dieser Zustand in den meisten Anlagen aber fast nie erreicht wird, kann durch den Einsatz von Drehzahlregelungen der Strombedarf um bis zu 50% reduziert werden. Neuere Entwicklungen regeln die Drehzahl direkt nach dem Volumenstrom, was den Stromverbrauch minimiert (s. Bsp. 3.5.2).

Empfohlene Maßnahmen

- Überprüfung und Optimierung der Strombezugskonditionen
- Blindstromkompensation
- Vermeidung extremer Lastspitzen durch Installation eines Lastmanagementsystems
- Anschaffung energiesparender Großgeräte für Küche und Wäscherei, dabei Umstellung der Geräte auf Gas-/Dampfbetrieb
- Optimierung elektrisch betriebener Lüftungsanlagen, Umwälzpumpen etc.

3.1.4 Lüftungs- und Klimaanlagen

Hohe Anforderungen an raumlufttechnische Anlagen in Krankenhäusern

Gerade Krankenhäuser stellen hohe Anforderungen an raumlufttechnische Anlagen. Es muss nicht nur Keimarmut gewährleistet sein, sondern auch ein niedriger Gehalt an Mikroorganismen, Staub, Narkosegasen sowie Geruchsstoffen. Darüber hinaus sind die Richtwerte für die Raumluft bezüglich Temperatur, relativer Luftfeuchte, Druckverhältnis, Zuluftmenge und Luftaustausch einzuhalten. Insbesondere in OP-Räumen, Intensivstationen, Kreißsälen oder Säuglingsstationen ist die Kontamination der Raumluft auf ein Minimum zu reduzieren. Diese Anforderungen schränken den Spielraum für Energiesparmöglichkeiten ein.

Die Erfahrung zeigt, dass die Lüftungs- und Klimaanlagen in Krankenhäusern häufig folgende Mängel aufweisen:

- schlechtes Regelungsverhalten
- falsche Dampfbefeuchtung
- zu hohe Luftmengen
- unangepasste Betriebszeiten

Regelmäßige Überprüfung

Eine regelmäßige Überprüfung der Lüftungs- und Klimaanlagen auf ihre Funktion und Regelgenauigkeit ist daher in jedem Falle ratsam, um unnötig hohe Energieverbräuche zu vermeiden.

Einsatz von geeigneten Wärmerückgewinnungssystemen

Da aber auch bei einwandfrei arbeitenden Anlagen in der Regel hohe Abwärmemengen anfallen, sollte zusätzlich der Einsatz von geeigneten Wärmerückgewinnungssystemen in Betracht gezogen werden. Bei Lüftungs- und Klimaanlagen sind Energieeinsparpotenziale von 30 bis 50% zu erzielen. Bei Neubauten sind Wärmerückgewinnungsanlagen bei bestimmungsgemäßem Betrieb wirtschaftlich zu betreiben. Die Kapitalrückflusszeiten können dann unter 5 Jahren liegen. Bei der nachträglichen Installation von Wärmerückgewinnungsanlagen hängt die Wirtschaftlichkeit stark von dem erforderlichen baulichen und technischen Aufwand ab (s. Bsp. 3.5.2, 3.5.5, 3.5.9).

Adiabate Kühlung

Ein weiteres Einsparpotenzial bei den Energiekosten der RLT-Anlagen liegt im Bereich der Kühlung. Die Kältebereitstellung erfolgt üblicherweise über elektrisch angetriebene Kältemaschinen (s. Kap. 3.1.2 „Kälteversorgung“). Bei bestehenden Anlagen kann oft durch Nutzung der vorhandenen Befeuchter ein Teil der elektrisch erzeugten Kälteenergie substituiert werden. Hierbei wird der Verdunstungseffekt von Wasser genutzt (adiabate Kühlung). Der Stromeinsparung steht hier jedoch ein höherer Wasserverbrauch gegenüber.

Desiccant Cooling System (DCS)

Bei der Neuplanung von RLT-Anlagen kann durch den Einsatz moderner Systeme (Desiccant Cooling System, s. Abb. 3-3) auf herkömmliche Kälteerzeugung vollständig verzichtet werden. Die Kühlung erfolgt hier ausschließlich durch Befeuchtung, wobei zur Ausschöpfung des Kühlpotenzials durch Befeuchtung eine Außenluftentfeuchtung durch Adsorption vorgeschaltet ist [3.3].

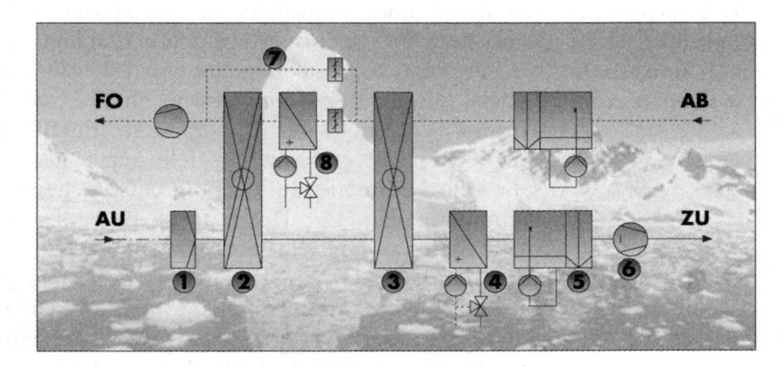

Abb. 3-3 Kühlung mit geringem Stromeinsatz als Desiccant Cooling System [2.2]

1 Luftfilter

2 regenerativer Stoffübertrager
in den Luftströmen rotierend (im Sommerbetrieb zur Entfeuchtung der Außenluft mittels Adsorption)

3 regenerativer Wärmeübertrager
in den Luftströmen rotierend (im Sommerbetrieb zur Vorkühlung der Außenluft)

4 Lufterhitzer nur für Winterbetrieb

5 Düsenbefeuchter
zur adiabatischen Kühlung der Luft

6 Radialventilator

7 Bypass, zur Regelung der Anlage

8 Lufterhitzer nur für Sommerbetrieb (zur Erreichung der notwendigen Desorptionstemperatur; Betrieb ggf. mit Abwärme, Wärme aus KWK-Prozessen oder Solarwärme)

Neben den genannten technischen Möglichkeiten bietet die Überprüfung sowie Reduzierung von Raumtemperaturen und Luftwechsel gegebenenfalls weitere Einsparmöglichkeiten. Hierbei ist jedoch zu berücksichtigen, dass die geltenden Vorschriften und Richtlinien bzw. der Komfort und die Sicherheit der Patienten und des Personals nicht eingeschränkt werden dürfen.

Bedarfsgerechte Regelung durch CO_2- und Mischgas-sensoren

Ein neuer und innovativer Lösungsansatz, welcher Komfortgewinn und Energieeinsparung miteinander in Einklang bringt, ist die bedarfsangepasste Regelung mittels CO_2- oder besser noch mittels Mischgas-Sensoren. Insbesondere die Mischgas-Sensor-Technik verspricht für die Zukunft durch ihr breitbandiges Ansprechen auf verschiedene relevante Gase und Dämpfe eine sehr gute Volumenstromregelung entsprechend der tatsächlichen Raumluftqualität. Der Detektor ist in der Lage, flüchtige, leicht oxidierbare organische Substanzen (VOC - volatile organic compounds) wie beispielsweise Essensgerüche, Tabakrauch oder Ausdünstungen von Personen, Möbeln und Geräten aufzuspüren. Für den Sensor mit integrierter Auswerteelektronik wird - bei Verwirklichung großer Stückzahlen - langfristig eine Kostendegression auf unter 50 € pro Einheit erwartet [3.4].

Empfohlene Maßnahmen

- Überprüfung der Betriebsweise auf Wirtschaftlichkeit und ggf. Korrektur
- Filterüberwachung und rechtzeitiger Austausch der Filtereinsätze
- Reduzierung der Ansprüche
- Einbau von Wärmerückgewinnungsanlagen
- Einsatz von Kühlung durch Befeuchtung (adiabate Kühlung)
- Einsatz drehzahlgeregelter Ventilatoren
- Bedarfsangepasste Luftqualitäts-Regelung mittels Mischgas-Sensoren

3.1.5 Beleuchtung

Relevanter Stromkostenverursacher

Der Anteil der Beleuchtung am Stromverbrauch ist, abhängig von der Ausstattung der Krankenhäuser, sehr unterschiedlich. Er hat in der Regel aber einen wesentlichen Einfluss auf die Stromkosten.

Elektronische Vorschaltgeräte

Bei der Beleuchtung lassen sich durch den Einsatz von elektronischen Vorschaltgeräten (EVG) beim Betrieb von Leuchtstofflampen Stromkosteneinsparungen erzielen. Elektronische Vorschaltgeräte weisen gegenüber verlustarmen Vorschaltgeräten (VVG) bis 38% und gegenüber konventionellen Vorschaltgeräten (KVG) sogar bis 62% geringere Verlustleistungen auf. Die Gesamtanschlussleistung sinkt z.B. bei einer 58 W-Lampe um 23% (s. Abb. 3-4).

Dreibanden-Leuchtstofflampen

Weitere Energieeinsparungen sind durch den Einsatz von Dreibanden-Leuchtstofflampen, die eine bis zu 35% höhere Lichtausbeute als Standard-Leuchtstofflampen haben, sowie durch die Installation von Leuchten mit höheren Wirkungsgraden zu erzielen. Bei Wannenleuchten mit Spiegelreflektor und Prismenwanne sind die Betriebswirkungsgrade um circa 20% höher als bei Leuchten mit opaler Abdeckung. Verspiegelte Reflektoren sind in vielen Fällen auch mit wenig Aufwand nachrüstbar.

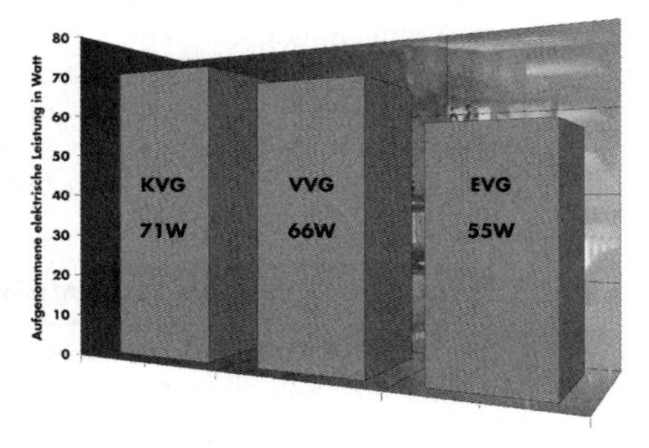

Abb. 3-4 Leistungsaufnahme einer 58 W-Leuchtstofflampe mit unterschiedlichen Vorschaltgeräten [2.2]

Energiesparlampen

Um die Energiekosten noch weiter zu minimieren, sollten nach Möglichkeit statt herkömmlicher Glühlampen mit Schraubfassung Energiesparlampen Verwendung finden.

Bedarfsgerechte Schaltung

Ein weiteres Energiesparpotenzial liegt in der bedarfsgerechten Schaltung und Unterteilung von Beleuchtungsgruppen, beispielsweise in Fluren oder vergleichbaren Räumen.

Tageslichtabhängige Regelung

Durch den Einsatz einer tageslichtabhängigen Abschaltung oder besser noch einer stufenlosen Regelung können in Bereichen mit viel Tageslicht ohne Komfortverlust große Einsparungen erzielt werden. Stufenlose Regelungen sind mittlerweile für alle gängigen Leuchtmittel verfügbar. Gegenüber einer Abschaltung weisen sie den Vorteil auf, dass keine Dunkelzonen entstehen und dass für die Mitarbeiter der psychologisch wichtige Eindruck der eingeschalteten Beleuchtung erhalten bleibt.

Lernfähige Präsenzmelder

Darüber hinaus können durch die Einbindung von lernfähigen Präsenzmeldern die Beleuchtungszeiten den tatsächlichen Nutzungszeiten angepasst werden. Die Fähigkeiten der speziell abgestimmten Präsenzmelder übertreffen die Eigenschaften von einfachen Bewegungsmeldern: Sie sind durch eine intelligente Schaltung in der Lage, sich an das individuelle Benutzerverhalten anzupassen.

Hologramme und Lichtlenkungssysteme

Der Einsatz von neuen Techniken, wie Hologramme oder Lichtlenkungssysteme (z.B. Prismen), ermöglicht grundsätzlich eine günstigere Tageslichtnutzung in Räumen. Durch eine helle Raumgestaltung sind Energieeinsparungen bzw. Energiekostenreduzierungen möglich, denn hohe Reflektionsgrade von Decken und Wänden erfordern bei gleicher Beleuchtungsstärke weniger Energie. Der Einsatz der vorgenannten Maßnahmen ist in jedem Fall auf die funktional-logistischen Erfordernisse der jeweiligen Bereiche und Raumgruppen abzustimmen.

Empfohlene Maßnahmen

- Einsatz von elektronischen Vorschaltgeräten (EVG) bei Austausch bzw. Neuinstallation
- Einsatz von Dreibanden-Leuchtstofflampen und Energiesparlampen
- Installation von Leuchten mit hohen Wirkungsgraden bzw. Nachrüstung mit verspiegelten Reflektoren
- bedarfsgerechte Schaltung von Beleuchtungsgruppen
- Einsatz von tageslichtabhängiger Regelung und Präsenzmeldern

3.1.6 Gebäudeautomation

Einbeziehung externer Führungsgrößen

Im Komplex „Krankenhaus" sind vielfach DDC- und SPS-Steuerungen in der Heizungs- und Lüftungstechnik anzutreffen. Ein oft genutzter erster Schritt zur Optimierung der Anlagen besteht in der Einbeziehung externer Führungsgrößen. Beispielsweise kann bei Heizungsanlagen, die über Außentemperatursensoren witterungsgeführt sind, die Vorlauftemperatur in Übergangszeiten deutlich reduziert werden.

Vernetzung von Einzelsteuerungen

[2.2]

In einer weiteren Stufe können verschiedene Einzelsteuerungen unterschiedlicher Anlagen miteinander vernetzt werden. Der oben beispielhaft angeführte Außenfühler würde dann nur noch einmal angeschafft und muss nicht in jede Steuerung (Heizung, Klima) separat eingebaut werden (s. Bsp. 3.5.1, 3.5.2, 3.5.11).

Für die Vernetzung von Steuerungssystemen gibt es heute zwei technische Konzepte:

Zentrale Leittechnik:

Einfache Wartung und hohe Marktakzeptanz

An einen übergeordneten Steuerrechner werden alle anderen Systeme angeschlossen. Das zentrale System ist für die Sammlung und die Verteilung aller Informationen verantwortlich. Vorteil solcher Systeme ist die relativ einfache Wartung und die hohe Marktakzeptanz. Nachteilig sind vor allem die hohen Anfangsinvestitionen, da auch bei Einbindung einer einzelnen Steuerung bereits das gesamte Leitsystem aufgebaut werden muss.

Dezentrale Leittechnik:

Geringe Anfangsinvestitionen und hohe Betriebssicherheit

Dieses Konzept ist das modernere. Es ist erst durch die hohe Rechenleistung kleiner Steuerungen möglich geworden. Die Informationen werden dezentral in den einzelnen Steuerungen verarbeitet und über ein gemeinsames Bussystem zwischen den Einzelsteuerungen ausgetauscht. Der Vorteil besteht in dem geringeren Einstiegspreis und der höheren Betriebssicherheit.

Mit beiden Konzepten können alle angeschlossenen Systeme vom Großverbraucher bis hin zu einzelnen Umwälzpumpen in Heizkreisen in Abhängigkeit von eingestellten oder sich verändernden Parametern gezielt angesteuert werden.

Umfassende Überwachung und Erfassung

Außerdem können so die Energieverbrauchswerte der einzelnen Verbrauchsstellen Heizung, Strom, Brauch- und Trinkwasser umfassend überwacht und zu Verrechnungszwecken erfasst werden. Störmeldungen können zentral gesammelt und protokolliert werden.

Im Folgenden sind die wichtigsten Funktionen aufgeführt:

- Ausschalten von Heizungen, Pumpen und Ventilatoren außerhalb der Nutzungszeiten der einzelnen Gebäudebereiche
- Absenken der Raumtemperatur außerhalb der Hauptnutzungszeiten
- Ausschalten der künstlichen Beleuchtung in Abhängigkeit von Außenhelligkeit und Tageszeit
- Optimales Zuschalten der Wärmeerzeuger in Abhängigkeit der geforderten Wärmelast
- Lastabwurf zur Reduzierung von Stromspitzen in Küchen oder im Beleuchtungsbereich
- Sicherheitstechnik
- Melde- und Analysefunktion
- Funktionen für Datenaustausch

Bei Einführung und Umsetzung dieser Techniken ergeben sich häufig durch die angepasste und optimierte Betriebsweise erhebliche wirtschaftliche Vorteile für den Betreiber:

- Reduzierung der benötigten Heizenergie und des Stromverbrauchs um circa 20%
- Senkung der Wartungskosten durch Erhöhung der Betriebszeiten und Überwachung der Gerätelaufzeiten
- Entlastung des Personals von Überwachungsaufgaben
- Straffung des Störungsdienstes durch schnelle und gezielte Fehlersuche und Entscheidungsfindung

3.2 Energieoptimierung Baukonstruktion

Heizung, Lüftung und Klimatisierung verursachen 40 bis 60% der Energiekosten

In unseren Breiten verursachen Heizung, Lüftung und Klimatisierung (einschließlich Kälteerzeugung) etwa 40 bis 60% der gesamten Energiekosten für ein Krankenhaus. Wie bei anderen Gebäuden hängen die Energieverbräuche für Raumheizung, Kühlung und Belüftung hauptsächlich von den Wärmeverlusten und -gewinnen ab, die aus dem Wärmeübergang an die Außenluft und an die, an das Erdreich grenzenden Flächen resultieren.

Sorgfältige Planung und Bauausführung

Wärmeverluste können durch den konstruktiven Aufbau und die physikalischen Eigenschaften der einzelnen Bauelemente beeinflusst werden. Eine sorgfältige Planung und Bauausführung von Wärmedämmmaßnahmen ist für eine Verringerung der Wärmeverluste unabdingbar.

Außenwanddämmung durch „Thermohaut“

Maßnahmen zum baulichen Wärmeschutz binden im Vergleich zur Anlagenerneuerung zwar hohe Investitionsmittel, sind jedoch langfristig in vielen Fällen ökonomischer. Für die Außenwanddämmung stehen verschiedene Systeme zur Verfügung. Vielfach empfiehlt sich dabei das sogenannte Wärmedämmverbundsystem aufgrund preislicher und bautechnischer Vorteile. Es wird auch als „Thermohaut" (s. Abb. 3-5) bezeichnet und eignet sich sowohl für den Neubau als auch für die nachträgliche Dämmung von Gebäuden. Während der Wärmedurchgangskoeffizient einer ungedämmten Außenwand etwa 1,4 W/m^{2}K beträgt, lässt sich mit einer 12 cm starken Außendämmung ein Wert von weniger als 0,3 W/m^{2}K erreichen. Die jährliche Energieeinsparung beträgt dann mehr als 100 kWh/m^2 Außenwandfläche. Demgegenüber steht ein Investitionsaufwand von 60 bis 75 €/m^2. Die Amortisationszeit solcher Maßnahmen schwankt - abhängig von den jeweiligen Randbedingungen - in weiten Grenzen zwischen 25 und 50 Jahren.

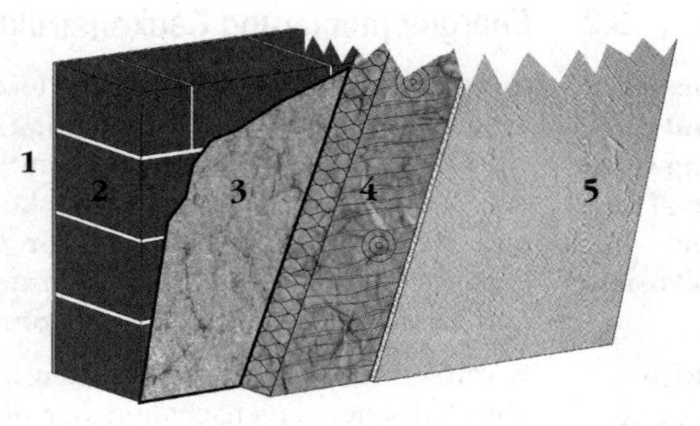

Abb. 3-5 Aufbau einer Thermohaut [3.5]

1: vorhandener Innenputz

2: vorhandenes Mauerwerk

3: alter Außenputz
ggf. defekte Teile abschlagen und beispachteln. Die Fläche sollte gerade sein.

4: "Thermohaut"
aus Dämmplatten (z.B. Mineralfaser, Holzweichfaser) mit dem Untergrund verklebt und verdübelt

5: Außenputz
bestehend aus Unterputz mit Gewebearmierung und Deckputz

Maximierung der solaren Gewinne durch transparente Wärmedämmung

Über den baulichen Wärmeschutz hinaus sollte man beim Neubau oder der Sanierung von Krankenhäusern auf eine Maximierung der solaren Gewinne achten. Neben einer „offenen Bauweise" in Richtung Süden lässt sich darüber hinaus mit Hilfe der transparenten Wärmedämmung (TWD) auch an Außenwänden indirekt die Sonnenenergie nutzen. Hierdurch kann der Heizenergieverbrauch im Vergleich zu konventionell gedämmten Gebäuden um bis zu 80% gesenkt werden [3.6]. Aufgrund des derzeit existierenden Preisgefüges für eine TWD und der wenigen vorhandenen Referenzobjekte befindet sich diese Technik noch im Anfangsstadium ihrer Marktentwicklung.

Sanierung oder Erneuerung der Fenster

Hohe Energieverluste verursachen auch einfach verglaste Fenster, die zusätzlich oftmals undichte Rahmenfugen aufweisen. Durch Sanierung oder Erneuerung unzureichend isolierender Fenster wird neben der Verringerung der Energieverluste auch der Schallschutz erheblich verbessert. Man unterscheidet folgende Verglasungsarten [3.7]:

- Einfachverglasung
  (U-Wert ca. 5,6 W/m^2K)
- Isolierverglasung (Zwei- oder Dreischeibenglas)
  (U-Werte ca. 3,0 bzw. 2,1 W/m^2K)
- Wärmeschutz-Isolierverglasung (Zwei- oder Dreischeibenglas)
  (U-Werte ca. 1,3 bzw. 0,6 W/m^2K)

Zweischeiben- und Wärmeschutz-Isolierverglasung

Schon mit einer herkömmlichen Zweischeiben-Isolierverglasung lässt sich der Wärmeverlust eines einfach verglasten Fensters halbieren. Wärmeschutz-Isolierverglasung weist zusätzlich auf der raumseitigen Scheibe eine nicht sichtbare Metallbedampfung auf, die die Wärmestrahlung aus dem Zimmer wieder nach innen reflektiert. Dadurch wird gegenüber normalem Isolierglas eine um weitere 40 bis 50% verbesserte Dämmwirkung erzielt.

Rahmenmaterialien Holz und Kunststoff mit guten Dämmwerten

Für die Verglasung sind heute beim Neubau durch die EnEV 2002 als Mindeststandard U-Werte von max. 1,5 W/m^2K vorgeschrieben. Neben der Verglasung kommt es auch auf die Dämmwirkung des Rahmenmaterials an. Holz und Kunststoff sind die verbreitetsten Rahmenmaterialien und schneiden in der Dämmwirkung am besten ab. Die Investitionen beim Einsatz neuer Fenster mit Wärmeschutzverglasung belaufen sich auf circa 350 bis 500 €/m^2. Die Amortisationsdauer beträgt circa 15 bis 25 Jahre.

Da alle Maßnahmen der Wärmedämmung den Wärmebedarf des Gebäudes reduzieren, kann die Folge sein, dass ein Großteil der installierten Kesselleistung nicht mehr benötigt wird. Daher sollten Dämmmaßnahmen und eine eventuell geplante Heizkesselerneuerung nach Möglichkeit gemeinsam durchgeführt werden.

Empfohlene Maßnahmen

- Dämmung der Außenwände im Zuge anstehender Renovierungsmaßnahmen
- Austausch aller Fenster mit Einfachverglasung durch Fenster mit Wärmeschutzverglasung
- Bedarfsanpassung der Heizungsanlage nach Abschluss der Wärmedämmmaßnahmen

3.3 Energieoptimierung Nutzerverhalten

Schlüsselrolle häufig beim technischen Personal des Krankenhauses

Neben allen baulichen sowie technischen Anstrengungen zur Reduzierung des Energiebedarfes in Krankenhäusern spielt ein energiebewusstes Verhalten sämtlicher verantwortlicher Personen eine gewichtige Rolle bei der Energieeinsparung. Hierbei nimmt vor allem das technische Betriebspersonal des Krankenhauses eine Schlüsselrolle ein. Doch sollten auch die Verwaltungsspitze, das ärztliche Personal und das Pflegepersonal hinreichend motiviert und über die Wechselwirkungen zwischen Energieverbrauch und unbedachtem Umgang mit Energie informiert werden.

Kenntnisse über neue Techniken durch „gute" Einweisung, Information und Schulung

Die aufwendigste Technik und die beste Wärmedämmung verfehlen ihre Wirkung, wenn nicht parallel dazu die verantwortlichen Personen eingewiesen, informiert und geschult werden. Hier reicht häufig die technische Übergabe einer Anlage oder das inzwischen in der Allgemeinheit verankerte ökologische Bewusstsein nicht aus, um das mögliche Einsparpotenzial vollständig zu nutzen. Um eine heizungs-, lüftungs- oder klimatechnische Anlage optimal nutzen zu können, muss das Bedienpersonal ausführliche Kenntnis über die neue Technik erhalten. Das reicht von den Einstellparametern einer Heizkesselanlage bis hin zum manuellen Lüften von Räumen (s. Bsp. 3.5.2).

Verhaltensfehler

Typische Verhaltensfehler, die zur unnötigen Erhöhung des Energieverbrauchs führen, sind:

- zu hoch eingestellte Raumlufttemperatur bzw. zu niedrige Raumluftfeuchte
- falsche Bedienung der Regelanlagen
- falsch eingestellte Zeitschaltuhren
- zu hohe Brauchwassertemperaturen
- zu hohe Vorlauftemperaturen der Heizungsanlagen
- keine regelmäßigen Wartungs- und Kontrollarbeiten
- falsches Lüften der Räume
- keine Verbrauchskontrolle der Brauchwasserzapfstellen
- Beleuchtung der Räume trotz ausreichendem Tageslicht
- Betrieb von Lüftungsanlagen in nicht genutzten Räumen

Automatisierung von Regelungsvorgängen

Konkrete Verbesserungsmaßnahmen können dabei nicht nur in entsprechenden Informations- und Motivationsaktivitäten bestehen, sondern auch auf das Ziel gerichtet sein, den Energieverbrauch unabhängiger von der Bedienung durch die Anlagennutzer zu machen. Hier hat sich die Automatisierung von Regelungsvorgängen bewährt.

Anreize zur Stärkung des Energiebewusstseins

Zur Motivation der Belegschaft reichen Schlagworte wie „begrenzte Ressourcen" oder „zunehmende Umweltbelastung" nicht aus. Stattdessen ist es erforderlich, mit zusätzlichen Anreizen das Energiebewusstsein zu stärken. Denkbar wäre hier zum Beispiel, die erzielte Energiekosteneinsparung zumindest teilweise am Jahresende einem hausinternen Projekt zugute kommen zu lassen, mit dem sich die Krankenhausbelegschaft direkt identifizieren kann. Eine solche Maßnahme fördert in ausgeprägtem Maße die Motivation und führt zu einer kollegialen gegenseitigen Kontrolle, vor allem aber zur Selbstkontrolle. Wichtig ist die Rückkopplung im Bereich der Energiekosteneinsparung sowohl an das technische Betriebspersonal, aber auch an das allgemeine Krankenhauspersonal.

Erfolgskontrolle durch Verbrauchsdatenerfassung

Eine derartige Erfolgskontrolle erfordert eine aufgeschlüsselte Verbrauchsdatenerfassung in möglichst kurzen Abständen. Neben dem regelmäßigen Vergleich der Ist-Werte mit den Soll-Werten ist auch die Ermittlung der Kosten wichtig, um sie den entsprechenden Verbrauchsstellen zuordnen zu können. Die wichtigsten Verbrauchsmessstellen bzw. Messgeräte sind:

- Wärmemengenzähler
- Stromzähler
- Gaszähler
- Wasserzähler
- Betriebsstundenzähler

Softwaregestütztes Energiedatenmanagement

Nur eine regelmäßige Erfassung der Energieverbräuche ermöglicht den sinnvollen und effizienten Einsatz von Energiesparmaßnahmen. Die Verbrauchskontrolle sollte daher als Daueraufgabe verstanden werden. Der Einsatz von EDV (Stichwort: softwaregestütztes Energiemanagement - vgl. auch Kapitel 7.2.3.6) erleichtert diese „Routinearbeit" (s. Bsp. 3.5.1, 3.5.2, 3.5.11). Beispielsweise bietet die Energieagentur NRW im Rahmen ihres Weiterbildungsprogramms nordrhein-westfälischen Fortbildungseinrichtungen, Kommunen, Verbänden und anderen Einrichtungen, wie Krankenhäusern, unentgeltlich Unterlagen zu diesen Themen für Seminare bzw. sogenannte „In-House-Schulungen" an. Auch Referenten können auf Wunsch vermittelt werden.

Empfohlene Maßnahmen

- Information und Motivation des gesamten Personals zu energiesparendem Verhalten
- regelmäßige Verbrauchskontrolle mittels Strom- und Wärmemengenzählern an geeigneten Verbrauchsstellen (Gebäudeautomation/Energiemanagement)
- Automatisierung von Regelungsvorgängen

3.4 Gesetze, Verordnungen und Richtlinien

Der Energieverbrauch in Krankenhäusern hängt neben der technischen Ausstattung auch vom Betrieb der Anlagen ab. Hierbei spielt die Einstellung von Anlagenparametern und Werten, wie beispielsweise Raumtemperaturen, eine maßgebliche Rolle.

Richtlinien und Vorschriften als „Fahrplan“

In zahlreichen Richtlinien und Vorschriften sind technische Ausstattungen von Anlagen festgelegt, die einen sparsamen Umgang mit Energie bewirken sollen. Darüber hinaus sind Werte festgelegt, die für das Wohlbefinden von Patienten ausschlaggebend sind.

In der folgenden Tab. 3-1 ist eine Auswahl von Gesetzen, Vorschriften und Richtlinien aufgeführt, die unter Berücksichtigung der genannten Aspekte von Bedeutung sind. Auch im Sinne des sparsamen Umgangs mit Energie sollten diese berücksichtigt und eingehalten werden.

Titel	BGBl.	DIN	VDI	Stand
Verordnung über energiesparenden Wärmeschutz und energiesparende Anlagentechnik bei Gebäuden (Energieeinsparverordnung - EnEV 2002)				2002
Verordnung über einen energiesparenden Wärmeschutz bei Gebäuden (Wärmeschutzverordnung - WSchV 95)	Teil I S. 209			1995
Verordnung über energiesparende Anforderungen an heizungstechnische Anlagen und Brauchwasseranlagen (Heizungsanlagenverordnung)	Teil I			1994
Gesetz zur Einsparung von Energie in Gebäuden (Energieeinsparungsgesetz)	Teil I S. 1873			1976
Raumlufttechnische Anlagen in Krankenhäusern		1946 T4		1989
Regeln für die Berechnung des Wärmebedarfs von Gebäuden		4701		1983
Wärmeschutz im Hochbau		4108		1981
Heizenergie- und Stromverbrauchskennwerte			3807 Bl. 2	1998
Dampfbedarf in Wirtschaftsbetrieben			2067 Bl. 5	1982

Tab. 3-1 Übersicht über Gesetze, Verordnungen und Richtlinien zum energieeffizienten Einsatz in Krankenhäusern

3.5 Praxisbeispiele

In diesem Kapitel sind verschiedene Beispiele realisierter Energie- und Kosteneinsparmaßnahmen in Krankenhäusern unterschiedlicher Größen und Versorgungsstufen wiedergegeben.

Das Repertoire an Umsetzungsmaßnahmen umfasst im wesentlichen die in Kap. 3.1 bis 3.3 ausführlich dargestellten Optimierungsvorschläge aus den Bereiche Wärme, Kälte, raumlufttechnische Anlagen, Strom, Gebäudeautomation, Baukonstruktion und Nutzerverhalten.

Ferner wird ein Überblick über die energietechnische Ausstattung und Verbrauchsstruktur in den einzelnen Häusern gegeben. Teilweise - wie in dem ausführlicher behandelten Beispiel aus Kap. 3.5.11 - sind zusätzlich zu den genannten Einsparpotenzialen Amortisationsrechnungen für alternative Energiekonzepte vorgenommen worden. In Kap. 3.5.5 und 3.5.6 sind zwei Beispiele aus der Schweiz dargestellt, in denen neue Techniken wie Wärmepumpe oder Holzschnitzelfeuerung zur Anwendung kommen.

Abschließend ist in Tab. 3-10 eine Übersicht mit über 50 weiteren Beispielen aus der Praxis zusammengestellt. Die Auflistung enthält neben den Angaben zu den realisierten Maßnahmen auch die zuständigen Ansprechpartner, um weitere Informationen zu erlangen. Es ist zu betonen, dass es sich bei der Tabelle 3-10 um einen Auszug aus vielen erfolgreich realisierten Beispielen im Krankenhausbereich handelt und kein Anspruch auf Vollständigkeit erhoben wird.

3.5.1 St. Anna Krankenhaus, Duisburg

Träger: Malteser St. Anna gGmbH

Konzept & Realisierung: Planungsbüro Graw, Osnabrück

Allgemeine Eckdaten:

- Anzahl Betten: 355
- Versorgungsstufe:
  Allg. Krankenhaus der Akut- und Schwerpunktversorgung
- Nettogrundfläche: 27.250 m^2
- Baujahr: 1961
- Medizinische Fachabteilungen:
  Innere Medizin, Kinderheilkunde, Neanatologie, Zerebralparese, Chirurgie, Orthopädie, HNO-Heilkunde, Augenheilkunde, Frauenheilkunde und Geburtshilfe, Nuklearmedizin (Diagnostik), Radiologie, Intensivpflege interdisziplinär
- Medizinische Sondereinrichtungen:
  Therapiezentrum: ambulante orthopäd.-traumatolog. Rehabilitation, ambulante Notfallpraxis der niedergelassenen Ärzte, ambulanter Pflegedienst, Sozialpäd. Zentrum, Diabetikerschulung, Hospiz St. Raphael, Seniorenzentrum
- Neben- und Serviceeinrichtungen:
  Zentral- und Stationsküchen mit Speisesaal, Zentralsterilisation, Krankenpflegeschule, Lehrschule für Diätassistenten, Wohnheim, Sporthalle, Kapelle, Verwaltung, Shops

Auszeichnung

Erstes „Energiesparendes Krankenhaus" in NRW

Dem Malteser Krankenhaus St. Anna in Duisburg wurde bundesweit als zweites und in Nordrhein-Westfalen als erstes Krankenhaus der Titel „Energiesparendes Krankenhaus" verliehen. Das BUND-Gütesiegel „Energiesparendes Krankenhaus" wird seit Mai 2001 an Krankenhäuser vergeben, die ihren Energieverbrauch in den letzten drei Jahren um 25% gesenkt haben bzw. deren Verbrauchskennwerte deutlich unter dem Durchschnitt liegen.

Hintergrund

Chance zum ökologischen Umbau genutzt

Das Krankenhaus wurde in der Vergangenheit über mehrere kleine Heizzentralen versorgt. Die Erweiterung um ein Hospiz, ein Seniorenzentrum und einen neuen Bettentrakt erforderte den Ausbau der Energieversorgung. Anstatt die bestehenden ineffizienten Anlagen aufzustocken, wurde eine „große Lösung" gewählt, bei der ein komplett neues, unter ökologischen und ökonomischen Gesichtspunkten optimiertes Energiekonzept entwickelt und umgesetzt wurde.

Besondere Merkmale

Die wichtigsten Merkmale der Umstrukturierung sind

a) der Ersatz der dezentralen Anlagen durch den Neubau einer gemeinsamen Heizzentrale

b) die Verlegung eines Nahwärmenetzes

c) der Einsatz von Kraft-Wärme-Kopplung in zwei notstromfähigen Blockheizkraftwerken (BHKW)

d) der Einsatz einer neuen Gebäudeleittechnik und eines Energiemanagementsystems

Kraft-Wärme-Kopplung

Die beiden neuen gasbetriebenen Blockheizkraftwerke mit je 153 kW elektrischer bzw. 240 kW thermischer Leistung decken rund 80% des Eigenstrombedarfs von 2,7 Mio. kWh/a ab und tragen durch die gekoppelte Energieerzeugung (KWK-Technik) erheblich zur CO_2-Reduktion bei.

Notstromfähige BHKW

Durch die notstromfähige Auslegung der BHKWs konnte der eigentliche 350 kW_{el}-Notstromdiesel um circa 45% kleiner dimensioniert werden, gleichzeitig konnte die Betriebssicherheit verbessert und Kosten eingespart werden.

Lastmanagement per Notstromaggregat

Der Notstromdiesel kann gleichzeitig auch zur Stromspitzenabdeckung eingesetzt werden und somit das Stromprofil für den Reststromeinkauf verbessern. Es können so in großem Umfang Strombezugkosten eingespart werden. Diese Art der kostenoptimierten Anlagentechnik wurde erstmalig erfolgreich eingesetzt.

Integration eines Energiemanagementsystems

Es wurden drei alte Heizzentralen durch eine neue Energiezentrale im laufenden Betrieb umgerüstet. Durch das verwendete Energiemanagementsystem mit Visualisierung wird die Anlagentechnik transparent und führt insgesamt zu einem sicheren und wirtschaftlichen Betrieb. Eine weitere Optimierung während der Betriebsphase wird hierdurch wesentlich erleichtert.

Planungsleistungen

- Energiekonzept mit technischen Variantenvergleich
- Wirtschaftlichkeitsvergleich nach VDI 2067 mit Emissionsvergleich nach GEMIS
- HOAI-Leistungen nach dem Leistungsbild für technische Ausrüstung § 73 für alle Leistungsphasen

Neubau der Energiezentrale

Gebäude:

- Gebäudegröße: ca. 380 m^2

Kesselanlage:

- 2 bivalente Spitzenlastkessel á 1,9 MW (Erdgas/Heizöl)
- Heizung Vorlauf/Rücklauf 70/50°C

BHKW/Notstromanlage:

- 2 notstromfähige Erdgas-BHKW mit Synchrongenerator á 153 kW_{el} und 240 kW_{th}
- Diesel-Notstromaggregat 350 kW_{el}

Kälte:

- 400 kW_{th} (250 kW OP-Zentrale, 80 kW Eingriffsräume HNO, 55 kW Sterilisation)
- Vorlauf/Rücklauf 6/12 °C

Regelung:

- Aufbau eines Fernwirk- und Messnetzes zur Steuerung von Heizungs-, Dampf-, Kälte- und Trinkwarmwasseranlage, BHKW, Notstromaggregat; DDC-Steuerung über Bus-System mit Visualisierung in zentraler Leittechnik

Weitere Anlagen außerhalb der Energiezentrale

Dampf:

- 1 Dampfkessel mit 10 bar und 540 kg/h (Altbau);
  1 Schnelldampferzeuger mit 350 kg/h (Neubau)

Nahwärme:

- Nahwärmeübergabestation 1,8 MW (Altbau) + 1,55 MW (Neubau) + 300 kW (Verwaltung) + 100 kW (Schwimmbad) + 550 kW (Seniorenwohnheim)

Warmwasserbereitung:

- Einbindung dreier bestehender Warmwassererzeugungsanlagen aus den alten Heizzentralen in das neue Energiemanagementsystem

Realisierungszeiten

- Planung 2000 / Ausführung 2001 / Fertigstellung 2002

Zustand nach der energetischen Sanierung

⇒ jährliche Primärenergie-Einsparung:
5,1 Mio. kWh/a ***(- 25%)***

⇒ jährliche Energiekosten-Einsparung:
172.000 €/a ***(- 39%)***

⇒ jährliche CO_2-Einsparung:
770 t/a

⇒ Investitionsvolumen:
1,7 Mio. € (technische Anlagen)

Weitere Informationen zu diesem Projekt unter [3.8]. und [3.9]

3.5.2 Krankenhaus Flemmingstraße, Chemnitz

Träger: Klinikum Chemnitz gGmbH

Contractor: Landis & Staefa, Frankfurt

IST-Zustand

allgemein

- Anzahl Betten: 660
- Anzahl Gebäude: 15
- Bruttogrundfläche: 107.400 m²
- Fachkliniken: Chirurgie, Innere Medizin, Augenklinik, Klinik für Anästhesiologie und Intensivtherapie, Nuklearmedizin, Institut für bildgebende Diagnostik, Laboratoriumsmedizin, HNO-Klinik

energetisch

<u>Anschlussleistungen:</u>

- Leistung Fernwärme EVU: 10,7 MW
- Leistung Dampferzeugung: 1,0 MW
- Kälteleistung: 0,7 MW

<u>Verbräuche:</u>

- Wärmeverbrauch: 22,0 Mio. kWh/a
- Stromverbrauch: 7,0 Mio. kWh/a
- Wasserverbrauch: 82.000 m³/a

⇒ Energiekennziffern ***vor*** Sanierung:
205 kWh / m²·a (thermisch)
65 kWh / m²·a (elektrisch)

⇒ jährliche Energie- und Wasserkosten ***vor*** Sanierung:
3,8 Mio. DM/a

Einsparmaßnahmen

Energie allgemein:

- Einbau eines modernen, digitalen Energiemanagementsystems zur Minimierung des
  Heiz-, Kühl- und Strombedarfs (Energiecontrolling)
- Prozessvisualisierung und Verwaltung von 3.700 physikalischen Informationen
- Reduzierung von Energieverlusten bei Erzeugung, Bereitstellung und Verteilung durch optimierte und bedarfsangepasste Regelung
- Lastmanagement zur Lastspitzensenkung beim Bezug elektrischer Leistung

Klima / Lüftung:

- Differenzdruckregelung der zentralen Zuluft- / Abluftanlagen
- Optimieren der Regelungsparameter; Verbrauchsminimierung durch h,x-geführte Regelung bei der Klimatisierung
- Umrüstung von Ventilatoren auf Frequenzumformerbetrieb
- Einbau von Wärmerückgewinnungssystemen
- Integration in Gebäudeleitsystem

Gebäudeheizung:

- Außentemperatur- und zeitabhängige Regelung der Heizkreise
- elektronisch geregelte Umwälzpumpen
- Optimieren von Regelungsparametern
- Integration in Gebäudeleitsystem

Nichttechnische Maßnahmen:

- Schulung des technisches Personals zum energiebewussten Umgang

SOLL-Zustand

energetisch

⇒ Energiekennziffer ***nach*** Sanierung:
170 $kWh/m^2 \cdot a$, d.h. ***Einsparung*** *von* ***37%***

⇒ jährliche Energie- und Wasserkosten ***nach*** Sanierung:
2,8 Mio. DM/a, d.h. ***Einsparung*** *von* ***1 Mio. DM/a*** oder ***26%***; davon sofortige Beteiligung des Klinikums von rund 700.000 DM/a

⇒ jährliche CO_2-Einsparung ***nach*** Sanierung:
3.000 t/a

Finanzierung

Investitionskosten:	ca. 4 Mio. DM
Investor:	Landis & Staefa
Vertragsmodell:	Erfolgsbeteilung Klinikum
Vertragslaufzeit:	7 Jahre

Weitere Informationen zu diesem Projekt unter [3.10].

3.5.3 Krankenhaus in Berlin

Contractor: ROM-Contracting, Mettingen

Ansatzpunkt Energieeinsparung:

Optimierung der raumlufttechnischen Anlagen (RLT)

Räume: Labore, Verwaltungsbüros, Technikräume

Einsparmaßnahmen:

1) Energieoptimierte Einstellung der Raumluftparameter (Feuchte / Temperatur) gemäß den einschlägigen Richtlinien für raumlufttechnische Versorgung
2) Anpassung der Luftwechselzahl an tatsächliche Raumnutzung
3) Austausch alter Ventilatoren und Motoren durch neue mit verbessertem Wirkungsgrad
4) Umstellung der Leistungsregelung von Drosselprinzip auf Frequenzregelung

Vergleich SOLL- / IST-Zustand:

		IST	SOLL	Einsparung	
Volumenstrom	**[m³/a]**	503.000	288.000	215.000	**-42%**
Luftwechselzahl	**[-]**	15	9	6	**-40%**
Wärme	**[MWh/a]**	5.460	1.670	3.790	**-69%**
Kälte	**[MWh/a]**	3.880	1.200	2.680	**-69%**
Dampf	**[MWh/a]**	6.260	2.580	3.680	**-59%**
Strom	**[MWh/a]**	6.270	2.200	4.070	**-65%**

Tab. 3-2 Beispiel Jahresverbrauch RLT-Anlagen Labor

⇒ Gesamtreduktion der betrieblichen Energiekosten nach Optimierung: **- 35%**

Weitere Informationen zu diesem Projekt unter [3.11].

3.5.4 Krankenhaus Gerresheim, Düsseldorf

Contractor: Stadtwerke Düsseldorf

Allgemeine Eckdaten:

- Krankenhaus der Grund- und Regelversorgung
- 7-geschossiger Haupttrakt mit 430 Betten
- Baujahr 1971

Ansatzpunkt Energieeinsparung:

Optimierung der alten Kältezentrale

Räume: Labore, Verwaltungsbüros, Technikräume

Einsparmaßnahmen:

1) Erneuerung der alten sanierungsbedürftigen Kältemaschinen
2) Umstellung der Maschinenkühlung mit Brunnenwasser (Durchflusskühlung) auf Nasskühlung (Kreislaufkühlung)

Vergleich SOLL- / IST-Zustand:

	Alte Anlage	Neue Anlage
Kälteleistung [kW_{th}]	2 x 375	2 x 500
Baujahr	1971	1999
Typ	Kolben-verdichter	Schrauben-verdichter
Leistungszahl	ca. 3	ca. 5
Temperatur Kaltwasser	6/12 ° C	6/12 ° C
Kühlung	offen Brunnenwasser 192.000 m^3/a	geschlossen Nasskühlung 2 x 700 kW

Tab. 3-3 Eckdaten der Kälteversorgung vor und nach dem Umbau

Das Einsparpotenzial, das sich für das Krankenhaus ergibt, resultiert vor allem aus der um 66 % höheren Leistungszahl der Kältemaschinen und der Umstellung auf Nasskühlung, die die Abwasserkosten komplett entfallen lässt. Die gesamte Kostenersparnis für das Krankenhaus liegt bei ca. 200.000 DM/a.

Weitere Informationen zu diesem Projekt unter [3.12].

3.5.5 Bezirkskrankenhaus im Münstertal, Schweiz

Studie:
Impulsprogramm RAVEL (Rationelle Verwendung von Elektrizität) des Bundesamtes für Konjunkturfragen

IST-Zustand

allgemein

- Anzahl Betten: 20 (Hospital), 40 (Altersheim)
- Anzahl Mitarbeiter: 10
- Gebäude: 3 Stockwerke, 1.320 m ü.M.
- Bruttogrundfläche: 3.390 m^2
- Beheiztes Bauwerkvolumen: 8.916 m^3
- Medizinische Abteilungen:
  2 Behandlungsräume, Zahnarztpraxis (30%),
  OP in Zivilschutzanlage

energetisch

- Energiekosten:
  65.000 Schweizer Franken pro Jahr (50% Holzschnitzel, 50% Elektrizität); (1 SFr ≈ 0,65 €; Stand 06/03)

Energie	Jahr	Menge				Umrechnungsfaktor				Summe kWh	Anteil
Holzschnitt	1994	780 m^3				1.000 kWh/m^3				780.000	72 %
Heizöl	1994	10 m^3				10.000 kWh/m^3				100.000	9 %
Strom	1994	197.758 kWh				1				197.758	18 %
Strom	Jahr	Mittl. Leistung in kW				Energieverbrauch in kWh				1.077.758	100 %
		W-H	W-N	S-H	S-N	W-H	W-N	S-H	S-N		
	1992	33,8	10,8	25,0	7,8	98.688	15.805	72.978	11.355	198.826	101 %
	1993	35,5	13,6	30,2	9,2	103.538	19.850	88.313	13.403	225.104	114 %
	1994	31,5	10,2	26,9	8,5	91.835	14.925	78.525	12.473	197.758	100 %
Verbraucher	Leistung	Betriebsstunden / Tag				Energieanteil in kWh					
Küche	20,0 kW	4		4		14.560	0	14.560	0	29.120	15 %
Wäscherei	25,0 kW	6		6		27.300	0	27.300	0	54.600	28 %
Lüftung	4,0 kW	8		8		5.824	0	5.824	0	11.648	6 %
Apparate	6,5 kW	12		8		14.196	0	9.464	0	23.660	12 %
Licht	4,5 kW	6	3	2	3	4.914	2.457	1.638	2.457	11.466	6 %
Heizung	3,5 kW	16	8	8	4	10.192	5.096	5.096	2.548	22.932	12 %
Grundlast	5,0 kW	16	8	16	8	14.560	7.280	14.560	7.280	43.680	22 %

Tab. 3-4 Jahresverbräuche Wärme (1994) und Strom (1992 bis 1994) [3.13]

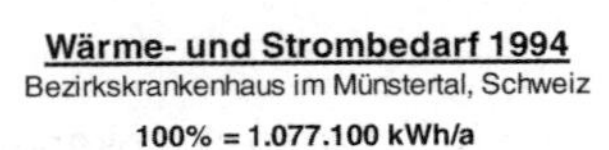

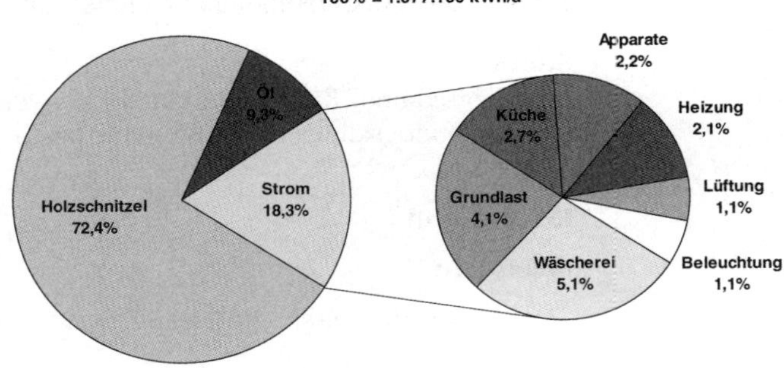

Abb. 3-6 Verteilung des Strombedarfs bezogen auf den Gesamtenergiebezug

Der Heizenergieverbrauch liegt mit 935 MJ/m^2a deutlich über dem Grenzwert von 340 MJ/m^2a. Der Anteil des Stroms am Gesamtenergiebedarf beträgt rund 18%, die anteiligen Bezugskosten für den Strom sind jedoch mit rund 50% wesentlich höher. Den größten Anteil am Stromverbrauch trägt die Wäscherei.

Vorgeschlagene Energiesparmaßnahmen

Heizung:

- Gebäude nach Wärmelecks untersuchen und sanieren
- Räume mit Thermostatventilen ausstatten
- Unterschiedliche Temperaturbereiche schaffen (z.B. Treppenhaus 18 °C)
- Ölheizung ganz abstellen (Notbetrieb von Hand auslösen)
- Luftzuführung für Heizraum von unten (der Heizraum sollte warm sein)
- Einsatz von Sonnenkollektoren prüfen (das Gebäude ist geeignet)

Küche:

- Energiesparkurs für Koch (z.B. RAVEL-Kurs für Heime)
- Einsatz energieeffizienter Geräte bei Neukauf (Combisteamer ...)
- Nutzung der Abwärme des Kältekompressors für Warmwasser

Wäscherei:

- Nutzung der Abwärme aus Abluft bzw. Abwasser zum Beispiel für die Warmwasservorwärmung
- Verwendung des letzten Spülwassers für den nächsten Waschgang
- Unterteilung des Raums (Wäscherei / Büglerei)
- Bei neuen Geräten auf Energieverbrauch und Warmwasseranschluss achten

Lüftung:

- Nutzung der Abwärme (Wärmetauscher)
- Volumenstrom optimal einstellen (automatische Regelung)

Allgemein:

- Die Wärmeschränke sollten über den Kühlschränken eingebaut sein
- Sparsamer Wasserverbrauch (Energiesparbrausen, Hinweisschilder ...)
- Stromzähler und Leistungsanzeige in der Wäscherei und Küche installieren
- Bei Neuanschaffungen Energieverbrauch berücksichtigen
- Benutzerverhalten (Lüften, Maschinen befüllen ...)

Weitere Informationen zu diesem Projekt unter [3.13].

3.5.6 Kantonsspital Obwalden, Sarnen / Schweiz

Schweizerisches Aktionsprogramm „Energie 2000“ (Ressort Spitäler)

Bei der betrachteten Anlage handelt es sich um ein Pilot- und Demonstrationsprojekt, welches vom Bund der Schweiz finanziell gefördert wurde. Die Besonderheit besteht in dem Wärmeverbundsystem, welches durch zwei mit Propangas betriebenen BHKW, einer elektrischen Wärmepumpe und zwei Zusatzheizkesseln versorgt wird. Neben dem Spital werden noch weitere Gebäude (Gemeindehaus, kommunale Gebäude, Schulhäuser, Kloster, Kollegium) mit Wärme beliefert. Das innovative Energiekonzept wurde im Rahmen des Spitalausbaus umgesetzt. Da in der Gegend kein Erdgas verfügbar ist, wird flüssiges Propangas eingesetzt, welches in einem unterirdischen Tank gelagert wird.

Neues Energieversorgungskonzept

- Nahwärmeverbund
  für Heizung und Warmwasserversorgung von 15 Gebäuden (nur Winterhalbjahr)
- 2 wärmegeführte BHKW (Propangasbetrieb)
  mit Magermotoren, Katalysator und Harnstoffeinspritzung
  therm. Leistung: 2 x 420 kW_{th}
  elektr. Leistung: 2 x 250 kW_{el}
- 2 Wärmepumpen (Elektrobetrieb)
  zur ganzjährigen Gebäudebeheizung und zur Kälteerzeugung im Sommer
  Wärmeleistung: 2 x 75 kW_{th}
  Kälteleistung: 2 x 50 kW_{th}
- 2 Zusatzheizkessel (Mischbetrieb Propangas / Heizöl)
  therm. Leistung: 2 x 1.850 kW_{th}

Weitere technische Daten

- Baujahr 1995
- gesamte installierte Wärmeleistung: 4.690 kW_{th}
- maximaler Wärmebedarf: 3.700 kW_{th}
- gesamte installierte Kälteleistung: 100 kW_{th}

- gesamte installierte elektr. Leistung: 500 kW_{el}
- Länge des Nahwärmenetzes: 660 m

Ziele des neuen Konzepts

- Sichere und wirtschaftliche Wärmeversorgung des Spitals und der angeschlossenen Gebäude
- Notstromversorgung des Spitals
- Verbesserung der Energieeffizienz
- Reduktion der Schadstoffemissionen

Wirtschaftlichkeit

- Gesamtinvestitionskosten für Wärmeverbund: 5,66 Mio. SFr (1 SFr ≈ 0,65 €; Stand 06/03)
- davon BHKW-Anlage: 1 Mio. Franken (incl. Notstromeinrichtung)
- spez. Investitionskosten BHKW: 2.000 SFr / kWel
- Kosten für Wartung und Unterhaltung: 60.000 SFr / a
- Brennstoffkosten: 225.000 SFr / a
- Wärmepreis: 5,7 Rp / kWh
- Strompreis: 13,8 Rp / kWh (Eigenbedarf); 8,6 Rp / kWh (Einspeisung)

Verbrauchswerte

Für die Wärme- und Elektrizitätserzeugung wurden im Jahr 580 t Propangas sowie 14 t Heizöl für die Zusatzfeuerung eingesetzt. Die Aufteilungen bei der Wärme- und Stromproduktion sowie beim Stromverbrauch sind in den Diagrammen der Abb. 3-7 dargestellt.

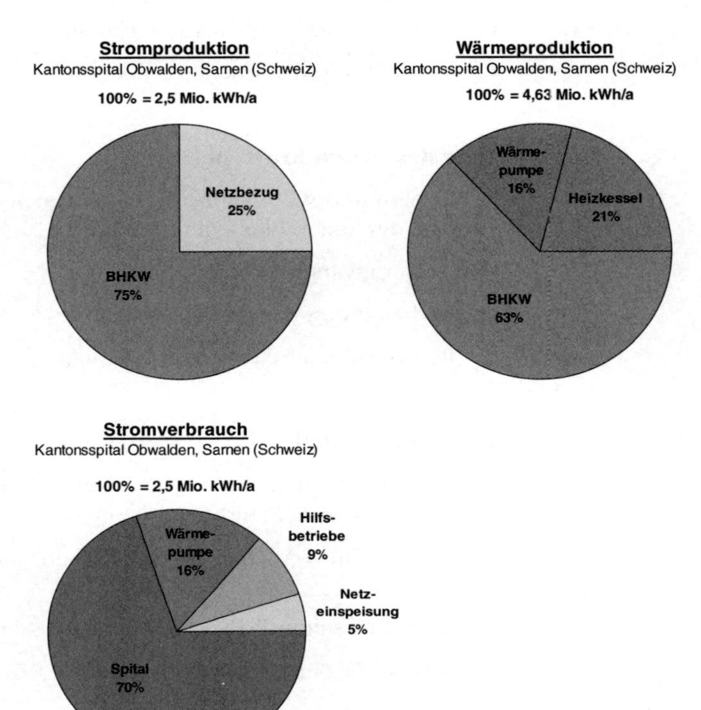

Abb. 3-7 Verteilung der Strom- und Wärmeproduktion sowie des Stromverbrauchs

---

Weitere Informationen zu diesem Projekt unter [3.14].

3.5.7 Allgemeines Krankenhaus Wandsbeck, Hamburg

Träger: Freie und Hansestadt Hamburg

Energiedienstleister: NEA
(Norddeutsche Energieagentur GmbH)

Allgemeine Eckdaten:

- Anzahl Betten: 524 (Krankenhaus), 102 (Geriatrie), 20 Therapieplätze (Tagesklinik)
- Versorgungsstufe III (Zentralversorgung)
- Medizinische Fachabteilungen:
  Notfallversorgung, medizinische und chirurgische Abteilungen, Neurologie, Handchirurgie, Gynäkologie und Geburtshilfe, Neantologie, Anästhesie, Pathologie, physikalische Therapie, Röntgenabteilung,
- Medizinische Sondereinrichtungen:
  Zentrallabor, Apotheke
- Alter der vorhandenen Wärmeerzeugungsanlage:
  25 Jahre
- Beginn der Sanierung: 1994

Energiekonzept

- Ausgliederung der Energielieferung an externen Energiedienstleister
- Totalsanierung der Wärme- und Dampfversorgung
- Einsatz einer modernen Wärmeerzeugungstechnik incl. BHKW mit verbesserten Wirkungsgraden
- Ersatz der vorhandenen Kompressionskältemaschine durch eine Absorptionskältemaschine (Kraft-Wärme-Kälte-Kopplung, KWKK)
- Reduktion des Heißwassernetzes von 180 °C auf 110 °C
- Optimierte Heizungsregelung

BHKW

- therm. Leistung: 950 kW_{th}
  elektr. Leistung: 530 kW_{el}
- durchschnittliche Deckungsbeiträge:
  - Wärmeleistung: 25 %
  - Wärmearbeit: 47 % - 68 %
  - elektr. Leistung: 50 %
  - elektr. Arbeit: 75 % (Winter: > 85 % / Sommer: 30 %)
- Betriebsstunden: 7.300 h/a
  Volllaststunden: 5.000 h/a
- Spitzenlastbetrieb gewährleistet (Wärmepufferspeicher vorhanden)
- Emissionswerte < 50 % TA-Luft durch Abgas-Katalysator und λ-Regelung

Absorptionskältemaschine

- Kälteleistung: 720 kW_{th}
  Kältearbeit: 750.000 kWh_{th}/a Kälte aus rund 1.100.000 kWh_{th}/a Wärme
- Grundlastversorgung (bis ca. 300 kW_{th}) über BHKW-Abgaswärmetauscher

Dampfkessel

- therm. Leistung: 1.100 kW_{th}
- Dampfleistung: 2 x 1,6 t/h

Brennwertkessel

- therm. Leistung: 4.700 kW_{th}

Wirtschaftlichkeit

- Sanierungskosten des gesamten Wärmenetzes: 1,2 Mio. DM
- Erneuerung der Wärmeversorgung: 5,5 Mio. DM

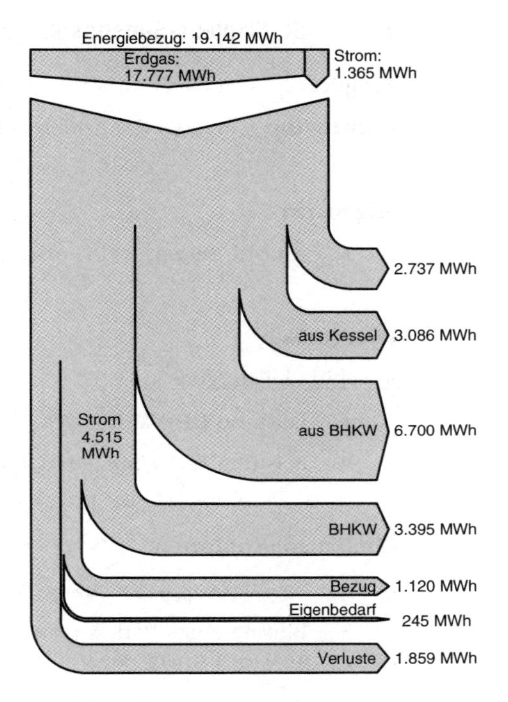

Abb. 3-8 Energieflussdiagramm des Allgemeinen Krankenhauses Wandsbek, nach [3.15]

⇒ Gesamtreduktion des Primärenergieverbrauchs nach Optimierung: **- 18,7%**

Weitere Informationen zu diesem Projekt unter [3.15].

3.5.8 St. Nikolaus-Stiftshospital, Andernach

Träger: St. Nikolaus-Stiftshospital GmbH

Contractor: Stadtwerke Andernach GmbH, RWE Energie AG

allgemein

- Anzahl Betten: 300 (Versorgungsstufe II)

energetisch

Anschlussleistungen:

- Leistung BHKW: 1,0 MW_{el}
- Leistung Kesselanlage: 8,0 MW_{th}

Einsparmaßnahmen

- Erneuerung Kesselanlage und Wärmeverteilungsnetz
- Einsatz eines BHKWs zur Kraft-Wärme-Kopplung und als Notstromaggregat
- Aufbau eines Wärmeversorgungsnetzes zur Nahwärmeversorgung von 350 Wohneinheiten in einem Neubaugebiet

Einsparpotenzial

⇒ Gesamtreduktion der betrieblichen Energiekosten nach Optimierung: **- 15%**

Im Jahre 1994 hat sich in Andernach ein Konsortium aus der Stadtwerke Andernach GmbH, der St. Nikolaus-Stiftshospital GmbH und der damaligen RWE Energie AG zusammengefunden, um im Rahmen eines Betreibermodells (Eigentum/Betrieb/Pacht) die komplette Wärmeversorgung des St. Nikolaus-Stiftshospitals (rund 300 Betten) sowohl wärme- als auch dampfseitig zu erneuern.

Um die Auslastung der in der letzten Ausbauphase des Projektes geplanten BHKW-Anlage zu erhöhen, wurde das angrenzende

Neubaugebiet „Hindenburgwall“ entlang des Rheinufers in das Wärmeversorgungskonzept eingebunden.

Die Umbau- und Erneuerungsmaßnahmen im St. Nikolaus-Stiftshospital fanden in zwei Ausbaustufen während des laufenden Krankenhausbetriebes statt. In der ersten Ausbaustufe wurde die komplette Wärmeschiene (Wärme/Dampf) des Krankenhauses erneuert und eine moderne Kesselanlage mit einer Leistung von 8 MW_{th} in das System integriert. Zeitgleich stand der Aufbau des Wärmeverteilungsnetzes für die Versorgung der ca. 350 Wohneinheiten des Neubaugebietes „Hindenburgwall“ an. Anschließend wurde in der zweiten Baustufe die BHKW-Anlage (1 MW_{el}) in dem hochwassersicheren Tiefkeller des Krankenhauses integriert und im Dezember 1998 in Betrieb genommen. Neben der Einspeisung in das öffentliche Stromnetz kann die Anlage auch Strom in das klinikeigene Netz liefern und so eine Notversorgung gewährleisten.

Durch die Umbau- und Erneuerungsmaßnahmen am Energieversorgungssystem des St. Nikolaus-Stiftshospitals zur Erhöhung der Versorgungssicherheit konnten zusätzlich die Energiekosten des Krankenhauses um rund 15% gesenkt werden. Des weiteren reduzierte sich auch der CO_2-Ausstoß durch den Einsatz der hoch effizienten KWK-Technologie und die Einbindung des Neubaugebietes in das Gesamtkonzept in erheblichem Maße.

Weitere Informationen zu diesem Projekt unter [3.16].

3.5.9 Rheinische Kliniken, Bonn

Träger: Landschaftsverband Rheinland (LVR)

Contractor: ROM-Contracting (Imtech), Mettingen

Allgemeine Eckdaten:

- Anzahl Betten: 790
- Anzahl Gebäude: 27
- Art der Einrichtung: Psychiatrisches Krankenhaus
- Abteilungen:
  Allgemeine Psychiatrie I, II und III, Suchtkrankheiten und Psychotherapie, Gerontopsychiatrie, Psychiatrie und Psychotherapie des Kindes- und Jugendalters, Neurologie, Kinderneurologisches Zentrum

Zustand vor der Sanierung

Die veralteten und überdimensionierten energietechnischen Anlagen belasteten den Landschaftsverband Rheinland als Träger des Krankenhauses jährlich mit Energiekosten von rund 1,53 Mio. €. Insbesondere die Wärmeversorgung mittels teurem Hochdruck-Dampf, die hohen Wärmeverteilungsverluste innerhalb des Geländes und ein fehlendes Energiemanagementsystem waren ursächlich für die hohen Energieverbräuche und -kosten.

Da dem Träger die notwendigen finanziellen Mittel für die überfällige Sanierung fehlten, wurde - nach Beratung durch die Energieagentur NRW - die komplette Finanzierung, Planung und Abwicklung über einen Contractor vorgenommen. Bei dem Projekt handelt es sich um eines der größten energetischen Krankenhaus-Sanierungen in Deutschland.

Anschlussleistungen:

- Leistung Dampferzeuger: 21 MW (3 Öl-/Gas-Dampfkessel)
- Kälteleistung: 1,9 MW (Absorptionskältemaschine)
- 36 Be- und Entlüftungsanlagen

⇒ jährliche Energiekosten ***vor*** Sanierung (1997):
1,53 Mio. €/a

Sanierungsmaßnahmen

Nach Durchführung einer umfangreichen Analyse 1997 wurden im darauffolgenden Jahr folgende Energieoptimierungsmaßnahmen umgesetzt:

Energieerzeugung:

- Bau einer neuen Energiezentrale für die Wärme-, Dampf- und Kälteversorgung
- Umrüstung der Wärmeversorgung von teurem Hochdruckdampf auf Warmwasser
- Integration zweier BHKWs zur gekoppelten Strom- und Wärmeerzeugung (660 kW_{el}/1.100 kW_{th})
- Einsatz einer neuen Absorptionskälteanlage (1.900 kW_{th})

Energieverteilung:

- Anpassung der Leitungsnetze von Hochdruckdampf auf Warmwasser
- Verminderung der Transportverluste durch Positionierung der Erzeugungsanlagen in der Nähe der Wärmeabnehmer

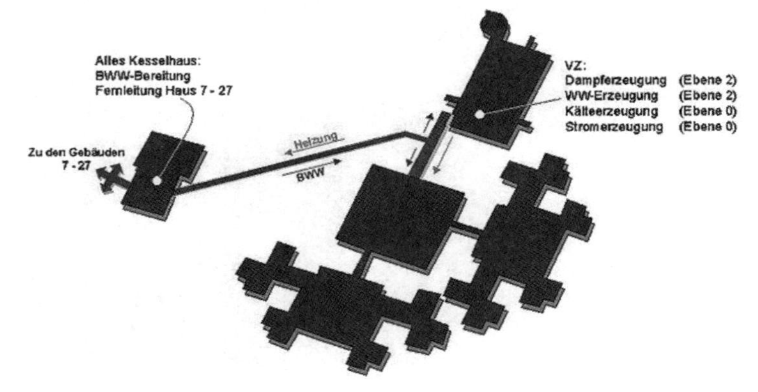

Abb. 3-9 Energieversorgungsanlagen nach der Sanierung [3.17]

Teilsanierung der RLT-Anlagen:

- Umrüstung auf mehrstufigen Ventilatorbetrieb
- Einrichtung von zentralen Wärmerückgewinnungsanlagen
- Optimierung der Luftverteilung
- Anpassung der Betriebsweise an den Nacht- und Wochenendbedarf
- vollautomatische DDC-Regelung

Sonstige Maßnahmen:

- Einführung eines zentralen Energiemanagementsystems
- Abdeckung des Thermal-Schwimmbades

Zustand nach der Sanierung

⇒ jährliche Primärenergie-Einsparung nach Sanierung:
5,8 Mio. kWh/a ***(- 25%)***

⇒ jährliche Energiekosten-Einsparung nach Sanierung:
510.000 €/a ***(- 33%)***

⇒ jährliche CO_2-Einsparung nach Sanierung:
4.800 t/a

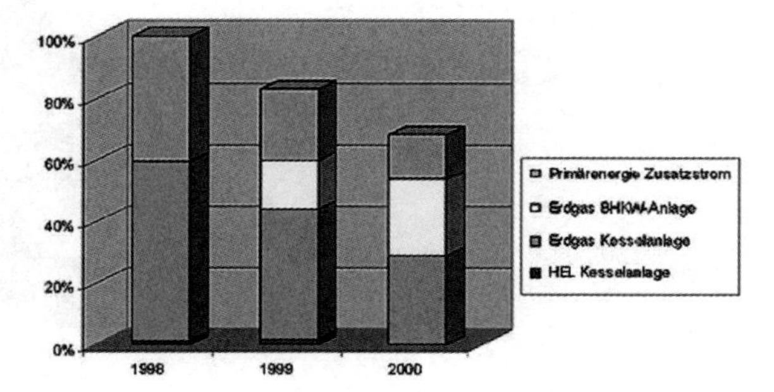

Abb. 3-10 Reduktion des Primärenergiebedarfs nach Durchführung der Maßnahmen [3.17]

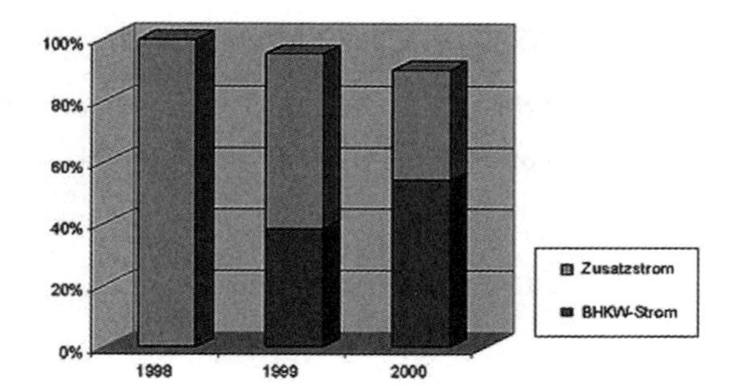

Abb. 3-11 Reduktion des Strombedarfs nach Durchführung der Maßnahmen [3.17]

Finanzierung

Investitionskosten: ca. 4,45 Mio. €

Investor:
ROM-Contracting (Finanzierung incl. zwei neuer Mitarbeiter, Planung, Installation, Betrieb, Wartung, Energielieferung und -controlling)

Erfolgsbeteilung Klinikum:
vertragliche Zusicherung der Energieeinsparungen

Vertragslaufzeit: 10 Jahre

Weitere Informationen zu diesem Projekt unter [3.18].

3.5.10 Hegau-Klinikum, Singen

Träger: Hegau-Klinikum GmbH Singen

Förderung: Förderprogramm „Solarthermie 2000“ des BMWA (Bundesministerium für Wirtschaft u. Arbeit)

Allgemeine Eckdaten:

- Anzahl Betten: 509
- Art der Einrichtung:
  Allgemeines Krankenhaus/Akutkrankenhaus (Zentralversorgung), Lehrkrankenhaus der Universität Freiburg

Energiesparmaßnahme

Im Rahmen einer 1998 begonnenen Sanierung der Heizzentrale wurde - zusätzlich zur Ertüchtigung des konventionellen Gaskessels - im Juli 2000 eine solarthermische Anlage installiert. Die 264 m^2 große Flachkollektoranlage wurde als sog. „Solar-Roof“ in das Dach der Heizzentrale integriert (s. Abb. 3-12). Zusätzlich zur Unterstützung der Warmwasserbereitung übernimmt sie damit die Funktion der Dachhaut.

Abb. 3-12 Dachintegrierte Solaranlage auf der Heizzentrale [3.18]

Die Solarwärmeeinspeisung wird über zwei Wärmetauscher in jeweils einem Belade- bzw. Entladekreis realisiert. Dabei wurden drei vorhandene Trinkwasserspeicher zu solaren Pufferspeichern umfunktioniert und vier neue Trinkwasserspeicher installiert (s. Schaltschema Abb. 3-13). Über einen dritten Wärmetauscher wird bei nicht ausreichendem solaren Angebot mittels konventionellen Gasheizkessel nachgeheizt. Eine Legionellenschaltung gewährleistet einmal täglich eine thermische Desinfektion des gesamten Brauchwasser-Speicherinhalts.

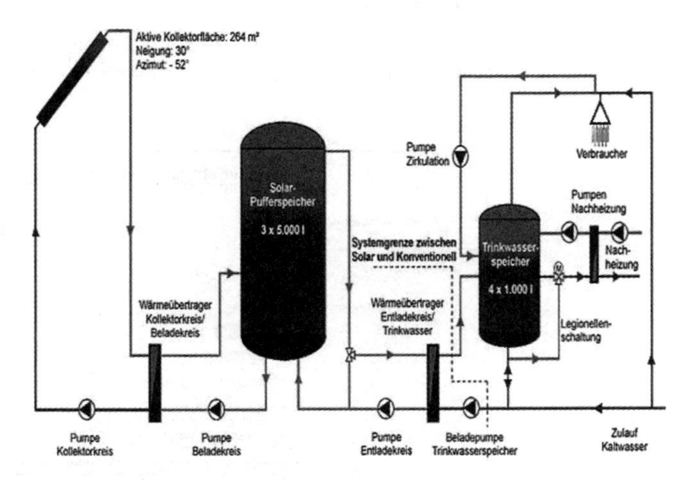

Abb. 3-13 Schema zur Integration der Solarwärmeeinspeisung [3.18]

Im Vorfeld der Planungen wurde über die Dauer einer Woche mittels Volumenstromzählern ein Zapfprofil erstellt, um die Menge und den zeitlichen Verlauf des Warmwasserbedarfs bestimmen zu können. Die Messungen ergaben einen durchschnittlichen Warmwasserbedarf (60°C) von ca. 20 m^3/d (= ca. 40 l pro Person und Tag) in der Woche und ca. 18 m^3/d am Wochenende.

Mit diesen Eingangsparametern wurden in einer Simulationsrechnung die Leistungsdaten der Solaranlage festgelegt:

Kollektorfläche:	264 m^2
Solarenergieertrag:	133.600 kWh/a
	≈ 506 kWh/(m^2·a)
Systemnutzungsgrad:	38,6 %

Durch die solar unterstützte Brauchwassererwärmung werden folgende Energie- und CO_2-Einsparungen realisiert:

⇒ jährliche Brennstoff-Einsparung nach Sanierung:
16.500 m^3/a Erdgas

⇒ jährliche CO_2-Einsparung nach Sanierung:
33 t/a

Finanzierung

Abb. 3-14 gibt einen Überblick über die spezifischen, auf die Kollektorfläche bezogenen Investitionskosten.

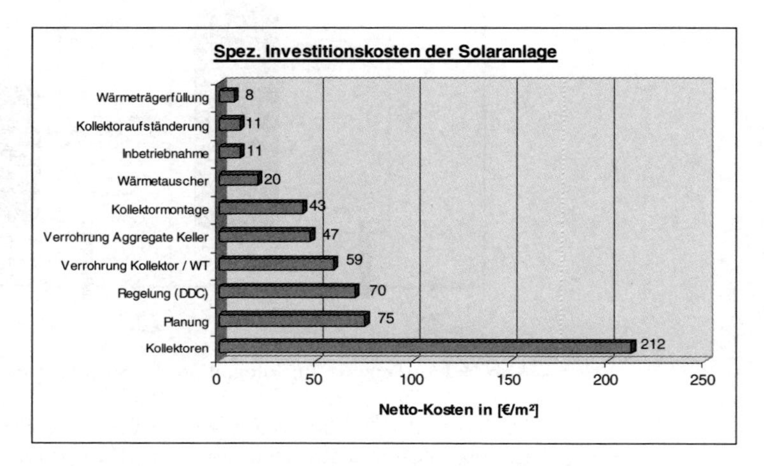

Abb. 3-14 Spezifische Investitionskosten der Anlagenkomponenten pro Quadratmeter Kollektorfläche, nach [3.18]

Über die Hälfte der Investitionssumme wurde aus dem Förderprogramm „Solarthermie 2000“ bestritten. Im Rahmen dieses vom Bundesministeriums für Wirtschaft u. Arbeit aufgelegten Programms werden in Deutschland 100 Solarthermische Großanlagen (Kollektorfläche > 100 m^2) an öffentlichen Gebäuden errichtet und evaluiert.

Investitionskosten:	ca. 170.000 € (ca. 645 €/m^2)
Nutzwärmekosten:	ca. 11,3 ct/kWh
Förderung:	60,5% der Investitionssumme über BMWA-Förderprogramm „Solarthermie 2000“

Weitere Informationen zu diesem Projekt unter [3.18].

3.5.11 Krankenhaus St. Franziskus, Münster

Träger: St. Franziskus-Hospital GmbH, Münster

Studie: EBE - Gesellschaft für Energieberatung mbH
im Auftrag des MVEL

IST-Zustand

allgemein

- Anzahl Betten: 599
- Versorgungsstufe II
- Anzahl Gebäude: 20
- Bruttogrundfläche: 57.000 m^2
- beheiztes Bauwerkvolumen: 180.570 m^3
- Medizinische Fachabteilungen:
  Innere Medizin, Kinderheilkunde, Neanatologie, Zerebralparese, Chirurgie, Orthopädie, HNO-Heilkunde, Augenheilkunde, Frauenheilkunde und Geburtshilfe, Nuklearmedizin (Diagnostik), Radiologie, Intensivpflege interdisziplinär
- Medizinische Sondereinrichtungen:
  Dialyseplätze (teilstationär), Labor, Apotheke
- Neben- und Serviceeinrichtungen:
  Zentral- und Stationsküchen mit Speisesaal, Zentralsterilisation, Krankenpflegeschule, Lehrschule für Diätassistenten, Wohnheim, Sporthalle, Kapelle, Verwaltung, Shops

energetisch

Jahresverbräuche 1996*	Verbrauch / Leistung	Preise	Kosten
Erdgas	2.203.527 kWh_{Ho}	1,86 Ct/kWh_{Ho}	41.026 €
	1.989.785 kWh_{Hu}	2,06 Ct/kWh_{Hu}	
Fernwärme	6.807.764 kWh	3,33 Ct/kWh	227.001 €
Anschlusswert	2.300 kW		
Dampf	1.588.353 kWh		
Strom	4.234.770 kWh	7,83 Ct/kWh	331.681 €
HT	3.036.330 kWh		
NT	1.198.440 kWh		
verrechnete Leistung	980 kW	127,31 €/kW	
Stadtwasser	89.709 m^3	1,22 €/m^3	109.253 €
Niederschlagswasser	17.701 m^2**	0,37 €/m^2	6.516 €
Abwasser	93.966 m^3	1,29 €/m^3	121.071 €

Tab. 3-5 Zusammenstellung der Verbräuche, Leistungen, Preise und Kosten aus dem Jahre 1996
* ohne Altenheim und Nebeneinrichtungen
** Bezugsfläche

Fernwärme:

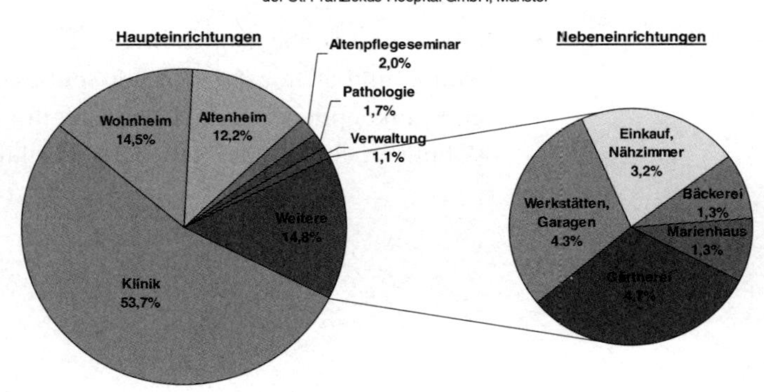

Abb. 3-15 Verteilung des Fernwärmebedarfs auf die Haupt- und Nebeneinrichtungen des Hauses
(Temperaturen Vorlauf/Rücklauf: 50° C/130 ° C)

Wasser und Abwasser (ohne Niederschlagswasser):

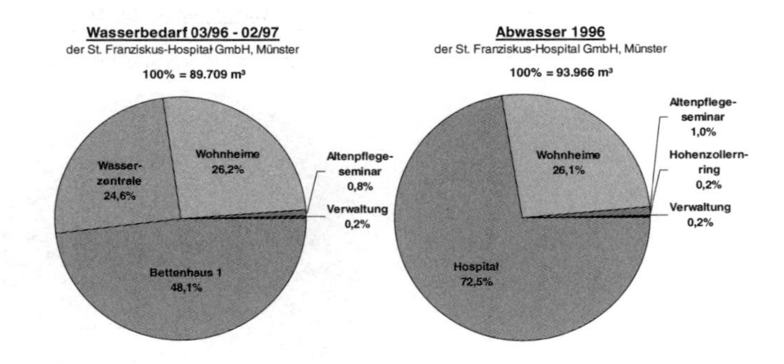

Abb. 3-16 Verteilung der Wasser- und Abwassermengen auf die Einrichtungen des Hauses (spez. Wasserbedarf: 149,8 m^3/Bett·a bzw. 1,57 m^3/m^2_{BGF})

spez. Wärmebedarf:

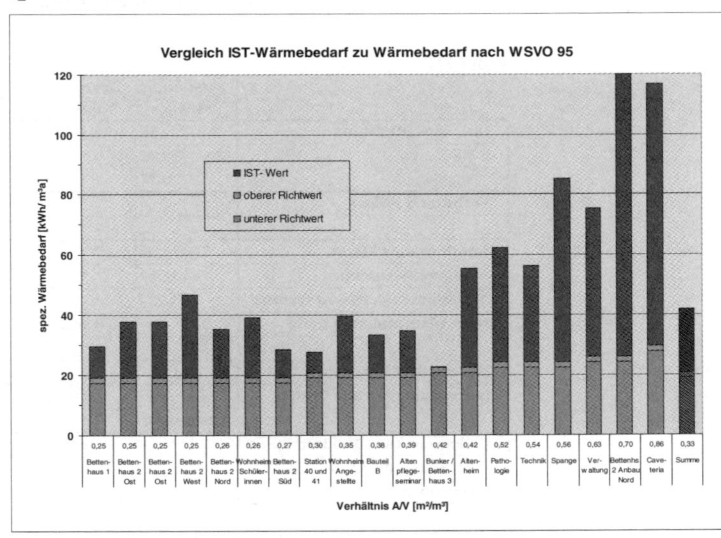

Abb. 3-17 Darstellung der IST- und Richtwerte für den Wärmebedarf von Gebäudeeinheiten abhängig von ihren Flächen-Volumen-Verhältnissen

Warmwasser:

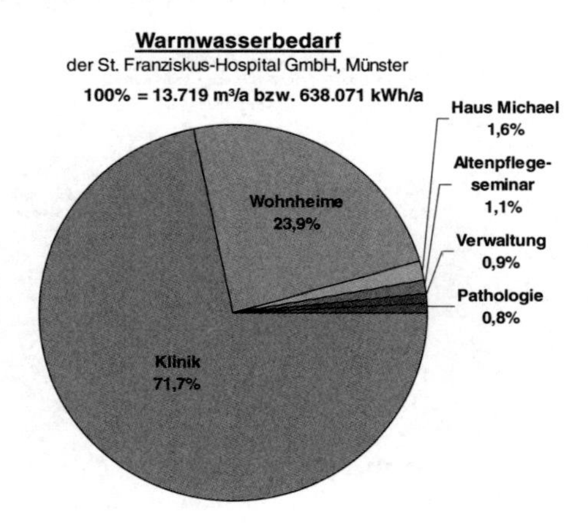

Abb. 3-18 Verteilung des Warmwasserbedarfs auf die Einrichtungen des Hauses (Klinik: Verbrauchsaufzeichnungen; übrige: Schätzwerte, abgeleitet aus der Literatur)

Dampf:

	Leistung / Menge	Druck / Temp.	Enthalpie	Energie
inst. Dampfleistung	2 x 0,8 t/h			
HD-Dampf	2 x 534 kW			
Reindampf	372 kW			
Verbrauch Erdgas				2.203.527 kWh_{Ho}/a
				1.989.785 kWh_{Hu}/a
Kondensatrückfluss	1.414 t/a	90 °C	377 kJ/kg	
Zusatzwassermenge	870 t/a	11 °C	46 kJ/kg	
Abschlamm- u. Absalzverluste	-23 t/a		500 kJ/kg	
Jahresdampfmenge netto	2.261 t/a	8 barÜ	2.529 kJ/kg	1.588.353 kWh/a
		175 °C		
Eigenbedarf Entgaser	-184 t/a		2.340 kJ/kg	
Jahresdampfmenge brutto	2.445 t/a			
	Auslastung			
Vollbenutzungsstunden	1.528 h/a	bezogen auf Bruttoerzeugung		
Jahresnutzungsgrad	79,8 %	bezogen auf Nettoerzeugung		
Auslastung	17,4 %	bezogen auf 8.760 h/a		

Tab. 3-6 Jahresbilanz Dampferzeugung

Dampferzeugung:

- 2 x 0,8 t/h Dampfleistung

Dampfverteilung:

- Küche Krankenhaus bzw. Mutterhaus (2,5 barÜ bzw. 1,2 barÜ)
- Desinfektionsanlage (0,5 barÜ)
- Raumluftbefeuchtung OP und Zentralsterilisation (Reindampf 2,5 barÜ)
- Beckenwassererwärmung
- Notversorgung Warmwassernetz

Systemverluste Erzeugung-Umwandlung-Verteilung:

- Dampfversorgung: < 35% (bezogen auf Brennstoffwärme Hu)
- Raumheizung und Brauchwarmwasser: < 5% (bezogen auf Fernwärmeeinspeisung)

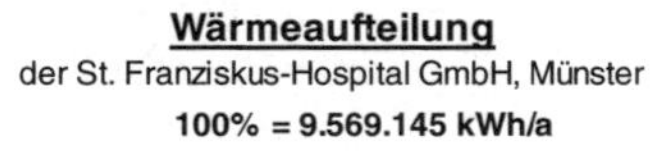

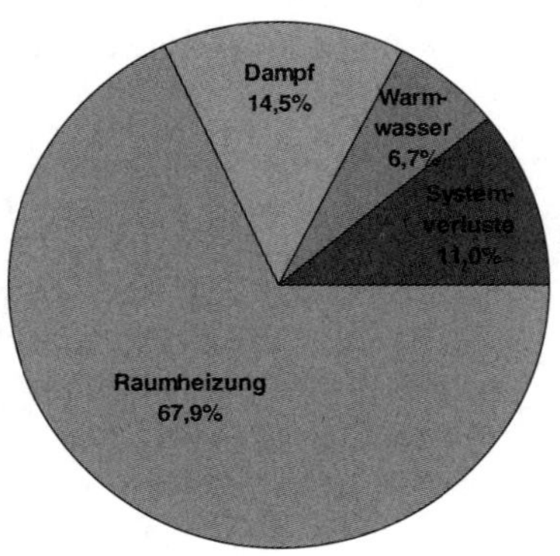

Abb. 3-19 Verteilung des Wärmebedarfs auf die Bereiche Raumheizung, Dampf und Warmwasser

spez. Verbrauch:

- Raumheizung: 10.851 kWh/ Bett a
- Warmwasser: 1.065 kWh/ Bett a

Kälte:

Kältebedarf:

- Raumklimatisierung
- Kühlung Lebensmittel
- Prosectur

Verbrauchsmengen:

- keine Verbrauchserfassung vorhanden
- gesamt installierte Volumenstromleistung der RLT-Anlagen: 80.000 m^3/h

  → überschlägige Berechnung des Kältebedarfs auf Basis der Kühlgradstunden (DIN 4710): ca. 88.700 kWh_{th} ≈ ca. 25.350 kWh_{el}
- gesamt installierte elektr. Leistung für Kühlräume und Kühlzellen: ca. 20 kW_{el}

  → überschlägige Berechnung des Kältebedarfs auf Basis von ca. 5.000 Vollaststunden: ca. 100.000 kWh_{el}

Druckluft/Vakuum:

Drucklufterzeugung:

- drei einstufige luftgekühlte Kolbenkompressoren ohne Wärmerückgewinnung
- zwei Kältetrockner
- zwei Druckluftspeicher á $1m^3$
- Druckniveau
  Erzeugung: max. 15 barÜ
  Hochdrucknetz: 8 barÜ
  Niederdrucknetz: 5,6 barÜ

Vakuumerzeugung:

- zwei Vakuumerzeuger
- ein Vakuumspeicher á 0,75 m^3

	K 1	K 2	K 3	V 1	V 2
Hersteller	Boge	Boge	Boge	Busch	Busch
Typ	S Km 25	SB Rm 625 S - 251000	S Rm 1375 - 35		
Liefermenge [m^3/min]	0,625	0,625	1,375		
elektr. Leistung [kW]	4	4	11	2,2	2,2

Tab. 3-7 Auflistung der installierten Druckluft- und Vakuumanlagen

Druckluftbedarf:

- Absaugungen in Bettenzimmern
- Automatische Außentüren
- Ventilsteuerung für Küchendampfverbraucher
- Schaufelradverstellung in Klimaanlagen
- Geräte in Operationsräumen

Vakuumbedarf:

- Geräte in Operationsräumen

Verbrauchsmengen Druckluft:

- keine Verbrauchserfassung vorhanden
- Stromverbrauchs-Kennwerte aus vergleichbaren Krankenhäusern:
  Grundlast: ca. 6 … 8 kWh/h
  Hauptlast: ca. 10 … 13 kWh/h
  Spitzenlast: ca. 19 kWh/h
- überschlägige Hochrechnung des Jahresenergieverbrauchs von 70.000 … 80.000 kWh/a

Strom:

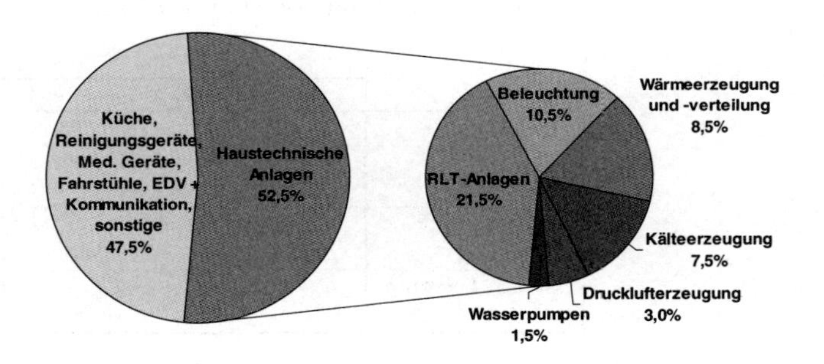

Abb. 3-20 Verteilung des Strombedarfs auf die haustechnischen und sonstigen Anlagen

Sicherheitsstromversorgung:

- Batterieanlage für OP-Bereich (Baujahr 1986) zur Versorgung der OP-Beleuchtung mit max. Unterbrechung von 0,5 s (DIN / VDE 0107)
- Notstromaggregate mit Gesamtleistung von 1.130 kW (Inselbetrieb), monatlicher Test

Gebäudeleittechnik (GLT):

- Installation 1995
- Schwerpunkt RLT-Anlage
- Hardware, Software, Bussystem: Fa. Johnson Control, Essen
  Sensoren, Aktoren: Fa. Microtrol, Krefeld

Energie-Controlling:

- Resümee:
  trotz vergleichsweise hohem Ausstattungsgrad an Verbrauchszählern ist die Effizienz des Energiecontrollings in punkto Transparenz, Verursachungs- und Verantwortungsprinzip nur unzureichend gewährleistet
- Ursachen:
  - Zählerstände werden nicht regelmäßig abgelesen bzw. notiert
  - Zähler besitzen keinen Impulsausgang, somit keine automatisierte elektronische Erfassung bzw. Verarbeitung der Daten möglich (wird z.Zt. nachgerüstet)
  - Differenzierungsgrad nicht ausreichend

Optimierungsansätze:

Spitzenlastoptimierung:

- ausgeprägte Leistungsspitze am frühen Mittag → Anstieg von ca. 350 kW (GL) auf ca. 1.050 kW
- für Lastmanagement geeignete Stromverbraucher: z.B. Küche (Kippbratpfanne, E-Herde, Dampfgarer)
- Lastmanagement wird derzeit installiert (Stand: 1996)
- Einbindung vorhandener Netzersatzanlagen wird geprüft

Optimierung der Kälteversorgung:

- Absorptions- statt Kompressionskältemaschine (Kraft-Wärme-Kälte-Kopplung in Verbindung mit einem BHKW)
- Kältespeicher
- Kälteverbundnetz für neuen OP-Trakt und Küche

Optimierung der Wärmeversorgung:

- Einsatz von Hochtemperatur-BHKWs bzw. vorhandener Netzersatzanlagen zur gekoppelten Strom-Wärmeversorgung
- Umstellung der zentralen Dampferzeugung auf Niederdruck
- Einsatz von elektr. Schnelldampferzeugern für spezielle Anwendungen (z.B. HD-Dampf für Sterilisationszwecke, Raumluftbefeuchtung für OP)

Wirtschaftlichkeit:

Die Wirtschaftlichkeit folgender Maßnahmen wurde analysiert:

1. Die Einzelmaßnahme „Brennwerttechnik“

Alternativ geschaltet hinter den vorhandenen Dampfkessel (nach Umrüstung auf Niederdruck) bzw. hinter ein neu zu errichtendes BHKW.

Die Tab. 3-8 zeigt, dass bei beiden Voraussetzungen, also sowohl beim Dampfkessel als auch beim BHKW, die Wärmerückgewinnung mittels Brennwerttechnik aus energetischer und aus wirtschaftlicher Sicht interessant ist. Die Amortisationszeiten liegen bei 6,5 bzw. 4,2 Jahren.

		EINZELMASSNAHMEN	
		1	2
		BWT hinter Dampfkessel	BWT hinter BHKW
Investitionen			
Investitionskosten	[DM]	37.000	65.000
Energetische Einsparungen			
Brennstoff (Erdgas)	[kWh_{Ho}/a]	300.581	681.818
Finanzielle Einsparungen			
Jährliche Kosten*	[DM/a]	4.841	8.417
Kapitaldienst	[DM/a]	4.910	8.626
Einsparung Brennstoffkosten	[DM/a]	10.550	23.932
Amortisationsdauer	**[a]**	**6,5**	**4,2**

* incl. Strom, Instandsetzung, betriebsgebundene Kosten

Tab. 3-8 Wirtschaftliche Bewertung der Einzelmaßnahme „Brennwerttechnik“ hinter Dampfkessel (1) bzw. hinter BHKW (2)

2. Das integrierte Energiekonzept

Hierbei wurden insgesamt sechs alternative Versorgungskonzepte gegenübergestellt.

Alternative 0

beschreibt den aufgewerteten IST-Zustand mit der notwendigen Erweiterung der Kälteanlage auf Basis konventioneller Kompressions-Kältemaschinen sowie geringfügige Verbesserungen durch erweiterte NT-Tarifzeiten beim Strombezug und Betrieb einer Leistungssteuerungsanlage.

Alternative 1

ist die optimierte Variante mit Umrüstung des Dampfkessels von Hochdruck auf Niederdruck und Einsatz eines Brennwerttechnik-Wärmetauschers. Alle Einsparungen und Amortisationszeiten wurden gegen diese Referenz-Alternative gerechnet.

Alternative 2

beinhaltet die Errichtung eines BHKWs zur Kraft-Wärme-Kopplung auf Niedertemperaturbasis (2.1 und 2.2) bzw. auf Hochtemperaturbasis (2.3 und 2.4) jeweils mit und ohne Einsatz einer Absorptions-Kältemaschine (Kraft-Wärme-Kälte-Kopplung).

		INTEGRIERTE KONZEPTE					
		0.1	**1.1**	**2.1**	**2.2**	**2.3**	**2.4**
		aufgewerteter IST-Zustand***	Umrüstung HD auf ND + BWT	BHKW mit BWT			
				Niedertemperatur		Hochtemperatur	
				ohne AKM	mit AKM	ohne AKM	mit AKM
Investitionen							
Investitionskosten	[DM]	351.000	524.000	1.388.730	1.575.730	1.488.170	1.675.170
Mehr-Investition*	[DM]	-173.000	0	864.730	1.051.730	964.170	1.151.170
Energetische Einsparungen*							
Erdgas für Heizkessel	[kWh_{Hu}/a]	-491.435	0	-65.224	-65.224	1.323.272	1.347.853
Erdgas für BHKW	[kWh_{Hu}/a]	0	0	-9.015.493	-9.414.591	-9.241.965	-9.673.936
Fernwärme	[kWh/a]	1.120	0	4.435.818	4.433.444	3.438.913	3.251.329
Fremdstrom	[kWh/a]	0	0	2.993.591	3.270.979	3.053.185	3.341.838
Finanzielle Einsparungen							
Jährliche Kosten**	[DM/a]	1.201.280	1.158.198	957.656	942.639	953.794	946.716
Jährliche Einsparungen*	[DM/a]	-43.082	0	200.542	215.559	204.404	211.482
Amortisationsdauer*	[a]	-	-	**4,3**	**4,9**	**4,7**	**5,4**

* gegenüber Alternative 1.1
** incl. Brennstoff, Fernwärme, Strom, Kapital, Instandsetzung, betriebsgebundene Kosten
*** incl. Zubau benötigter KKM, erweiterte NT-Tarifschaltzeiten für Strom, Betrieb Leistungssteuerungsanlage

Tab. 3-9 Wirtschaftliche Bewertung der integrierten Versorgungskonzepte im Vergleich zur Referenzalternative 1.1 „Umrüstung Hochdruck auf Niederdruck + Brennwert-Technik“

Wie aus der Tab. 3-9 zu ersehen ist, erschließen alle vier optimierten Varianten (Alternative 2) erhebliche energetische und finanzielle Einsparpotenziale gegenüber der Referenzalternative 1. In Hinblick auf die kurzen Amortisationszeiten zwischen 4,5 und 5,5 Jahren ist die Realisierung bei allen vier vorgeschlagenen Optimierungskonzepten sehr empfehlenswert.

Weitere Informationen zu diesem Projekt unter [3.19].

Nr.	Objekt	PLZ	Ort	Maßnahmen	Leistung bzw. Ertrag	Anzahl Module	Jahr
1	Herz- und Kreislaufzentrum Dresden	01307	Dresden	Installation und Betrieb von Sanitär-, Heizungs-, RLT- u. MSR-Technik			
2	Krankenhaus	07973	Greiz	BHKW	630 kW_{el}	3	1995
3	Krankenhaus	08626	Adorf / Oelsnitz	Notstromversorgung über BHKW; Absorptionskälteanlage	220 kW_{el}	2	1995
4	Klinikum Chemnitz	09116	Chemnitz	Energiemanagement + LM Optimierung RLT-Anlagen Optimierung Gebäudeheizung Schulung techn. Personal BUND-Zertifikat „Energiesparendes Krankenhaus"			1997
5	Krankenhaus Berlin-Lichtenberg	10365	Berlin	Sanierungen im Bereich Elektro, Heizung und Warm-/Abwasser; BUND-Zertifikat „Energiesparendes Krankenhaus"			seit 1995
6	Krankenhaus Berlin	1....	Berlin	Optimierung RLT-Anlagen			
7	Hubertus-Krankenhaus Berlin-Zehlendorf	14129	Berlin	Drehzahlregelung für Ventilatoren; Optimierung von Wärme-, Dampf- und Wassernetzen; Umrüstung Notstromdiesel zu BHKW; DDC-Anlage; BUND-Zertifikat „Energiesparendes Krankenhaus"	280 kW_{el} 300 kW_{th}	1	2001
8	Krankenhaus Waldfriede Berlin-Zehlendorf	14163	Berlin	Gebäudeleittechnik, Wasserspartechnik, neue Heizkessel, Optimierung RLT und Beleuchtung; Umstellung von Öl auf Gas; BUND-Zertifikat „Energiesparendes Krankenhaus"			2001
9	Krankenhaus	16831	Hohenelse	Notstromversorgung über BHKW	112 kW_{el}	1	1996
10	Allg. Krankenhaus Wandsbeck	22043	Hamburg	Ausgliederung der Energielieferung, Totalsanierung der Wärme- und Dampfversorgung, Kraft-Wärme-Kältekopplung (BHKW, Absorptions-KM), Reduktion des Heißwassernetzes von 180°C auf 110°C			1994
11	Allg. Krankenhaus Barmbeck	22307	Hamburg				
12	Krankenhaus	25826	St. Peter-Ording	Notstromversorgung über BHKW	50 kW_{el}	1	1994
13	Elbe-Jeetzel-Klinik	29451	Dannenberg	Schnelldampferzeuger; Optimierung Kälteanlagen; Pumpenaustausch; Decken-Wärmedämmung; DDC-Regelung; BUND-Zertifikat „Energiesparendes Krankenhaus"			2002
14	Psychiatrische Anstalt Klinikum Wahrendorff	31319	Köthenwald (Hannover)	Biologische Rezirkulation mit KWK (Biogasanlage mit Spezialfilter)	144 kW_{el}	1	2000
15	Krankenhaus Neustadt am Rübenberge	31535	Neustadt am Rübenberge	Einsparmaßnahmen bei der Wärme-, Dampf- und Stromversorgung; BUND-Zertifikat „Energiesparendes Krankenhaus"			2002
16	Johannes-Krankenhaus	33611	Bielefeld	Installation und Betrieb von Economizer für Dampfkessel (33 kW)			
17	Krankenhaus	34011	Rotenburg	BHKW	840 kW_{el}	4	1993
18	Krankenhaus	34576	Homberg / Efze	BHKW	224 kW_{el}	2	1996
19	Krankenhaus	35423	Lich	BHKW	112 kW_{el}	1	1996
20	Krankenhaus	35619	Braunfels	BHKW	224 kW_{el}	2	1996

Tab. 3-10 Auswahl von Projekten realisierter Energieeinsparmaßnahmen im Krankenhauswesen (nach PLZ sortiert, ohne Anspruch auf Vollständigkeit)

Betreiber	Telefon	Ansprechpartner	Quelle	Nr.
J. Wolfferts GmbH, Berlin o. Leipzig			C & W; 4/99	1
Köhler & Ziegler Anlagentechnik GmbH	(0 64 06) 91 03-0		Köhler & Ziegler	2
Köhler & Ziegler Anlagentechnik GmbH	(0 64 06) 91 03-0		Köhler & Ziegler	3
Klinikum Chemnitz gGmbH 09116 Chemnitz; Fa. Landis & Staefa (Contractor), Frankfurt	(0317) 33 33 24 60	Klinikum Chemnitz bzw. Dipl.-Ing. Ullrich Brickmann (Landis & Staefa GmbH)	C & W; 1/99 BINE-Info: www.energie-projekte.de BUND: www.energiesparendes-krankenhaus.de	4
	(030) 55 18-20 01	Herr Weise	BINE-Info: www.energie-projekte.de BUND: www.energiesparendes-krankenhaus.de	5
Fa. ROM Contracting, Mettingen			C & W; 1/99	6
HEWContract GmbH	(030) 81008-262 (030) 397412-14	Ev. Krankenhaus Hubertus; HEWContract GmbH	BINE-Info: www.energie-projekte.de BUND: www.energiesparendes-krankenhaus.de	7
	(030) 818 10-224 (0201) 2400-282	Krankenhaus Waldfriede; Johnson Controls JCI Regelungstechnik GmbH	BINE-Info: www.energie-projekte.de BUND: www.energiesparendes-krankenhaus.de	8
Köhler & Ziegler Anlagentechnik GmbH	(0 64 06) 91 03-0		Köhler & Ziegler	9
Norddeutsche Energieagentur NEA		Thomas Meyer NEA (Norddeutsche Energieagentur, Hamburg)	C & W; 1/99	10
HEW				11
Köhler & Ziegler Anlagentechnik GmbH	(0 64 06) 91 03-0		Köhler & Ziegler	12
Siemens/Landis & Staefa	(0 58 61) 83-0	Siemens/Landis & Staefa	BUND: www.energiesparendes-krankenhaus.de	13
		Bioscan AG	Neue Energie Heft 04/2001	14
	(0 50 32) 881100		BUND: www.energiesparendes-krankenhaus.de	15
Rosink Anlagen- u. Aparatebau GmbH 48529 Nordhorn	05921 88 20-0	Georg Bründermann (GF)	C & W; 6/96	16
Köhler & Ziegler Anlagentechnik GmbH	(0 64 06) 91 03-0		Köhler & Ziegler	17
Köhler & Ziegler Anlagentechnik GmbH	(0 64 06) 91 03-0		Köhler & Ziegler	18
Köhler & Ziegler Anlagentechnik GmbH	(0 64 06) 91 03-0		Köhler & Ziegler	19
Köhler & Ziegler Anlagentechnik GmbH	(0 64 06) 91 03-0		Köhler & Ziegler	20

Nr.	Objekt	PLZ	Ort	Maßnahmen	Leistung bzw. Ertrag	Anzahl Module	Jahr
21	Krankenhaus	36448	Bad Liebenstein	Notstromversorgung über BHKW	210 kW_{el}	1	1994
22	Stadtkrankenhaus Wolfsburg	38440	Wolfsburg	Wärme- und Kälterückgewinnung RLT-Anlagen (GSWT-Technologie)			
23	Universitätsklinik Magdeburg	39120	Magdeburg	MCFC-Hochtemperatur-Brennstoffzelle ("Hot Module") zur gekoppelten Strom- und Wärmeversorgung	250 kW_{el} 170 kW_{th}	1	2002
24	Krankenhaus Gerresheim	40625	Düsseldorf	Erneuerung der Kälteanlage des Krankenhauses durch die SW			
25	Ev. Krankenhaus Hattingen	45525	Hattingen	Studie IST-Situation, energetische Optimierungspotentiale			1998
26	Marienhospital Gelsenkirchen	45886	Gelsenkirchen	Energiekonzept mit 5 Versorgungsvarianten nach VDI 2067 und			2003
27	St. Anna Krankenhaus, Duisburg	47259	Duisburg-Huckingen	neue Energiezentrale; Nahwärmenetz; notstromfähige BHKW; Spitzenlast-Notstromaggregat; BUND-Zertifikat „Energiesparendes Krankenhaus“	153 kW_{el} 240 kW_{th}	2	2002
28	St. Franziskus-Hospital Münster	48145	Münster	Studie IST-Situation, energetische Optimierungspotentiale			1998
29	Kreiskrankenhaus Nordhorn	48527	Nordhorn	Installation und Betrieb von Economizer und Brennwerttechnik für Dampfkessel	133 kW_{th} 98 kW_{th}		
30	Rheinische Kliniken Bonn	53111	Bonn	BHKW Absorptionskälteanlage RLT-Sanierung Energiecontrolling	660 kW_{el}	2	1997
31	St. Josef Hospital Troisdorf	53840	Troisdorf	Wärme- und Kälterückgewinnung RLT-Anlagen (GSWT-Technologie)			1998
32	St. Nikolaus-Stiftshospital	56626	Andernach	Erneuerung Kessel und Wärmeverteilnetz BHKW in kombiniertem KWK- und Notstrombetrieb Nahwärmeversorgung Neubaugebiet	1.000 kW_{el}	1	1998
33	Gemeinschaftskrankenhaus Herdecke	58313	Herdecke	Energiemanagement			1996
34	St- Barbara-Klinik Hamm Heessen	59073	Hamm	Studie IST-Situation, energetische Optimierungspotentiale			1998
35	Städtisches Krankenhaus Gedern	61169	Gedern	Notstromversorgung über BHKW (Pilotanlage)	188 kW_{el}	2	1994
36	Krankenhaus	64653	Lorsch	Notstromversorgung über BHKW	112 kW_{el}	1	1997
37	Saarbrücker Winterbergkliniken	66119	Saarbrücken				
38	Psychiatrisches Zentrum Nordbaden	69168	Wiesloch	Holzhackschnitzel-Feuerung mit nachgeschaltetem Dampfmotor	300 kW_{el} 2.800 kW_{th}	1	2001
39	Katharinenhospital Stuttgart	70174	Stuttgart	Wärme- und Kälterückgewinnung RLT-Anlagen (GSWT-Technologie); Energiemanagement; Baumbepflanzung			1994
40	Krankenhaus	70794	Bonlanden	BHKW	40 kWe	1	1998
41	Klinikum Ludwigsburg	71640	Ludwigsburg	BHKW Absorptionskälteanlage	2.000 kW_{el} 1.500 $kW_{Kälte}$	3 2	1997

Tab.3-10 Auswahl von Projekten realisierter Energieeinsparmaßnahmen im Krankenhauswesen (Fortsetzung)

Betreiber	Telefon	Ansprechpartner	Quelle	Nr.
Köhler & Ziegler Anlagentechnik GmbH	(0 64 06) 91 03-0		Köhler & Ziegler	21
SEW	(02152) 91 560		SEW	22
IPF Heizkraftwerks-betriebsgesellschaft mbH	(0391) 67-01 (0391) 62 42 19 (07541) 90-2159	MTU Friedrichshafen GmbH	BINE-Info: www.energie-projekte.de	23
Stadtwerke Düsseldorf AG 40215 Düsseldorf	0211 821-0	Dipl.-Ing. Adreas Vorbeck Dipl.-Ing. Christiph Langel	C & W; 1/00	24
			Studie: EBE - Gesellschaft für Energieberatung mbH	25
	(0209) 172-3101 (0541) 33 503-33	St. Augustinus GmbH; Planungsbüro Graw,	Planungsbüro Graw, Osnabrück	26
	(0203) 755-1602 (0541) 33 503-33	Malteser St. Anna gGmbh (Pressestelle); Planungsbüro Graw, Osnabrück	Planungsbüro Graw, Osnabrück; BUND: www.energiesparendes-krankenhaus.de	27
St. Franziskus-Hospital GmbH, 48145 Münster	(0251) 935-0		Studie: EBE - Gesellschaft für Energieberatung mbH	28
Rosink Anlagen- u. Aparatebau GmbH 48529 Nordhorn	05921 88 20-0	Georg Bründermann (GF)	C & W; 6/96	29
Rheinische Kliniken Bonn Fa. ROM Contracting, Mettingen Energieagentur NRW, Wuppertal	(0202) 245 52-0 (0228) 5511	Michael Lindgens (Verwaltungsleiter Rh. Kl.) Gregor Schöler (Fa. ROM) Energieagentur NRW	Energieagentur NRW: www.ea-nrw.de BINE-Info: www.energie-projekte.de	30
SEW	(02152) 91 560		SEW	31
Stadtwerke Andernach GmbH St. Nikolaus-Stiftshospital GmbH RWE Energie AG	(0201) 820 32-23	Dipl.-Ing. Guido Czernik EST Gesellschaft für Energiesysteme mbH	EST GmbH, Essen	32
	(02330) 62-3512	Dipl.-Ing. Klaus Nockemann 58313 Herdecke	Wuppertal Institut Dipl.-Ing. Gerhard Wohlauf	33
			Studie: EBE - Gesellschaft für Energieberatung mbH	34
Köhler & Ziegler Anlagentechnik GmbH	(0 64 06) 91 03-0		Krankenhaustechnik / Köhler & Ziegler	35
Köhler & Ziegler Anlagentechnik GmbH	(0 64 06) 91 03-0		Köhler & Ziegler	36
				37
PZN, Wiesloch		PZN, Wiesloch Spillingwerk GmbH, Hamburg	Neue Energie Heft 02/01 BINE-Info: www.energie-projekte.de	38
Architekten Heinle, Wischer und Partner; SEW	(0711) 2020-0	Ministerium für Wirtschaft, Mittelstand und Technologie, Baden-Württemberg	Katharinenhospital Aktuell; Wuppertal Institut Dipl.-Ing. Gerhard Wohlauf	39
Köhler & Ziegler Anlagentechnik GmbH	(0 64 06) 91 03-0		Köhler & Ziegler	40
GWE - Gesellschaft für wirtschaftliche Energieversorgung mbH & Co. KG		Dipl.-Ing. Karl-Ekkehard Sester	Haus der Technik, Essen	41

Nr.	Objekt	PLZ	Ort	Maßnahmen	Leistung bzw. Ertrag	Anzahl Module	Jahr
42	Diakonie-Krankenhaus	74523	Schwäbisch Hall	Übernahme des krankenhauseigenen Dampfturbinenheizkraftwerkes durch SW (Contracting) u. Ausbau zu GuD-Kraftwerk			
43	Stadtklinik Baden-Baden	76532	Baden-Baden	thermische Solaranlage	> 100 m^2 144.000 kWh_{th}/a		2000
44	Hegau-Klinikum, Singen	78224	Singen	Modernisierung Heizzentrale, dachintegrierte Solarkollektoranlage zur Warmwasserbereitung	264 m^2 133.600 kWh/a		2000
45	Klinikum der Universität Freiburg	79106	Freiburg	Modernisierung und Betrieb der RLT-Anlagen durch Sulzer Infra; solare Adsorptionskälteanlage	70 kW_{th}		
46	Universitätsklinikum Freiburg	79106	Freiburg i. Breisgau	Solar betriebene Adsorptionskältemaschine	90 m^2 70 $kW_{Kälte}$		
47	Klinikum Rosenheim	83022	Rosenheim	Absorptionskälteanlagen (Wärmequelle: Prozessdampf)	1.010 $kW_{Kälte}$	2	1972 1992 1994
48	Kreiskrankenhaus Immenstadt	87509	Immenstadt	Biomasseheizwerk (Holzhackschnitzel); Nahwärmenetz für Krankenhaus, Hallenbad, Sporthalle + 3 Schulgebäude	1.200 kW_{th}	1	1996
49	Universitätsklinik Ulm	89075	Ulm	Modernisierung und Betrieb der RLT-Anlagen durch Sulzer Infra			
50	Klinikum Kulmbach	95326	Kulmbach	BHKW mit Abhitzekessel			1997
51	Rhön-Klinikum	97616	Bad Neustadt/ Saale	Hochtemperatur-Brennstoffzellen-kraftwerk (Hot Module) mit Auskopplung von Hochdruckdampf (600°C)	250 kW_{el} 170 kW_{th}	1	2001
52	Bezirkskrankenhaus im Münstertal	CH		Holzschnitzel-Heizung vorhanden, Maßnahmenkatalog zur Energieeinsparung (Studie)			1994
53	Kantonsspital Obwalden	CH 6060	Sarnen	Nahwärmeverbundsystem mit propangasbetriebenem BHKW, elektrischer Wärmepumpe und Zusatzheizkesseln	500 kW_{el} 990 kW_{th} 100 $kW_{Kälte}$	2 x BHKW 2 x WP	1995

Tab.3-10 Auswahl von Projekten realisierter Energieeinsparmaßnahmen im Krankenhauswesen (Fortsetzung)

Betreiber	Telefon	Ansprechpartner	Quelle	Nr.
Stadtwerke Schwäbisch Hall 74523 Schwäbisch Hall	0791 401-0		C & W; 3/98	**42**
		Fachhochschule Offenburg ZfS - Rationelle Energietechnik GmbH, Hilden	KMA Heft 07/2001 BINE-Info: www.energie-projekte.de	**43**
Hegau-Klinikum GmbH Singen	(0 77 31) 89-1750	Herr Greuter (Techn. Leiter)	BINE Info, Fachinformationszentrum Karlsruhe GmbH, Bonn www.energie-projekte.de	**44**
Sulzer Infra Baden GmbH, 76185 Karlsruhe; Fraunhofer Institut für Solare Energiesysteme (ISE)	0721 56 05-0		C & W; 3/99; Neue Energie 1/2000	**45**
		Fraunhofer Institut für Solare Energiesysteme ISE	Neue Energie Heft 01/2000	**46**
Klinikum Rosenheim 83022 Rosenheim	(08031) 36 39 01	Dipl.-Ing. (FH) R. Gaar	ASUE e.V. Hamburg	**47**
Stadtwerke Immenstadt	(08323) 91 41 63 (09421) 960-300	C.A.R.M.E.N., Centrales Agrar-Rohstoff-Marketing- und Entwicklungs-Netzwerk e.V.	BINE-Info: www.energie-projekte.de	**48**
Sulzer Infra Würtemberg GmbH, 89077 Ulm	0731 935 06-0		C & W; 3/99	**49**
Clayton of Belgium N.V.			techn. Zeichnung Clayton	**50**
		MTU Friedrichshafen	Daimler Chrysler Hightech Report 2001	**51**
	CH + 0041-1- 311 20 10	Gloor Engineering, Sufers / Oerlikon Journalisten, Zürich	Internet www.energie.ch	**52**
Kanton Obwalden CH 6060 Sarnen Schweiz	CH +41-220 01 71 (Pauli AG) CH +62 834 03 03 (Infoenergie)	Dr. Eicher und Pauli AG, Jürg Weilenmann Hischmattstraße 16 CH 6003 Luzern	Faltblatt „Gute Lösungen“ 3/98 der INFOENERGIE Nordwestschweiz	**53**

Inhaltsverzeichnis

4 Fragebogenaktion

Zielsetzung: Transparenz und Standortbestimmung

Im Rahmen des Teilprojekts „Energetisches Benchmarking für Krankenhäuser" sind im Jahr 2001 bundesweit rund 1.800 deutsche Krankenhäuser angeschrieben und aufgefordert worden, einen zweiseitigen Energie-Fragebogen auszufüllen und einzusenden. Ziel dieser Befragung war es, energetische Kennwerte (Benchmarks) innerhalb eines möglichst großen Datenpools generieren zu können. Dies dient zum einen dazu, einen Überblick über die Bandbreite der spezifischen Energieverbräuche und -kosten in deutschen Krankenhäusern zu erhalten und zum anderen, den teilnehmenden Krankenhäusern eine erste Standortbestimmung des eigenen Objektes zu ermöglichen.

Im Kapitel 4.1 wird über die Eckdaten und das Mengengerüst der Fragebogenaktion berichtet.

Der eingesetzte Fragebogen ist Gegenstand der Beschreibungen in Kapitel 4.2 und ist dort komplett abgebildet.

Ausführlich werden anschließend im Kapitel 4.3 die verschiedenen Auswertungen und Darstellungen der Befragungsaktion dokumentiert. Neben den Definitionen der Bezugsgrößen zur Kennwertbildung werden ergänzend die Herleitungen der einzelnen Auswertungen dem geneigten Leser detailliert beschrieben. Eine Musterauswertung befindet sich im Anhang.

4.1 Rücklaufquote

Größter Datenpool zum Thema Energie

Die Resonanz auf die Fragebogenaktion übertraf erfreulicherweise alle Erwartungen. Nach dem Start der Aktion im Januar 2001 sind innerhalb von 12 Wochen **629 Fragebögen** aus den Bilanzjahren 1999 und 2000 von fast **400 Krankenhäusern** eingegangen. Die Rücklaufquote der Aktion (s. Tab. 4-1) liegt somit bei rund 22%. Eine Aufschlüsselung der teilgenommenen Krankenhäuser nach Versorgungsstufen (Kategorien I bis V) liefert Abb. 5-1 im nächsten Kapitel.

Pool 1999	Pool 2000	Summe der Krankenhäuser (Teilnahme 1999 und/oder 2000)	Summe Fragebögen
265 KH	364 KH	392 KH	629 FB

Tab. 4-1 Verteilung der Krankenhäuser auf die Jahre 1999 und 2000

Somit konnte der deutschlandweit größte Datenpool zum Thema Energie im Krankenhaus geschaffen werden.

Individuelle Auswertungen

Mit der Teilnahme an der anonymisierten Fragebogenaktion erhielt jedes Krankenhaus die Möglichkeit, mit Hilfe einer Kurzauswertung seine eigene Position in energetischer Hinsicht aufgezeigt zu bekommen. Innerhalb des Projektes wurden somit 629 individuelle Auswertungen von infas erarbeitet und den beteiligten Krankenhäusern zur Verfügung gestellt (s. Anhang).

4.2 Fragebogen

In dem Fragebogen werden die Jahresverbräuche und -kosten für alle eingehenden Brennstoff-, Strom-, Wasser- und Abwassermengen sowie weitere Prozessdaten für hauseigene Wäscherei, Sterilisation und Küche abgefragt.

Relevante Daten der Erhebung

Der zweiseitige Fragebogen ist auf den folgenden beiden Seiten, mit den Daten eines fiktiven Musterhauses ausgefüllt, dargestellt. Im einzelnen werden folgende Daten erfasst:

Stammdaten
Name und Anschrift des Krankenhauses, Ansprechpartner

Bezugsdaten
Bettenzahl, Berechnungstage, Belegungstage, Nettogrundfläche, Gesamtkosten des Krankenhauses

Wärmeenergie
Kosten und Verbräuche von Erdgas, Heizöl, Fernwärme und sonstigen Brennstoffen

Elektroenergie
Kosten und Verbräuche Fremdstrom und Eigenstrom, Leistungsspitze, Angaben zum Blockheizkraftwerk (BHKW)

Wasser und Abwasser
Kosten und Mengen von fremdbezogenem und eigengefördertem Wasser sowie Abwasser

Angaben zur Korrektur des Heizwärmebedarfs
Angaben zu prozessbedingten Verbräuchen in hauseigener Wäscherei, Sterilisation und Küche

Technischer Dienst
Anzahl Mitarbeiter technischer Dienst, Medizintechnik und gesamtes Krankenhaus, Personal- und Sachkosten für Instandhaltung der technischen Anlagen

Hinweis:

In der Umfrage aus dem Jahr 2000 wurden ursprünglich sämtliche Kostenwerte in DM abgefragt. Um die Aktualität zu gewährleisten, wurden jedoch bei der Auswertung die angegebenen DM-Beträge mit dem gesetzlichen Umrechnungsfaktor 1,95583 in Euro-Beträge umgewandelt.

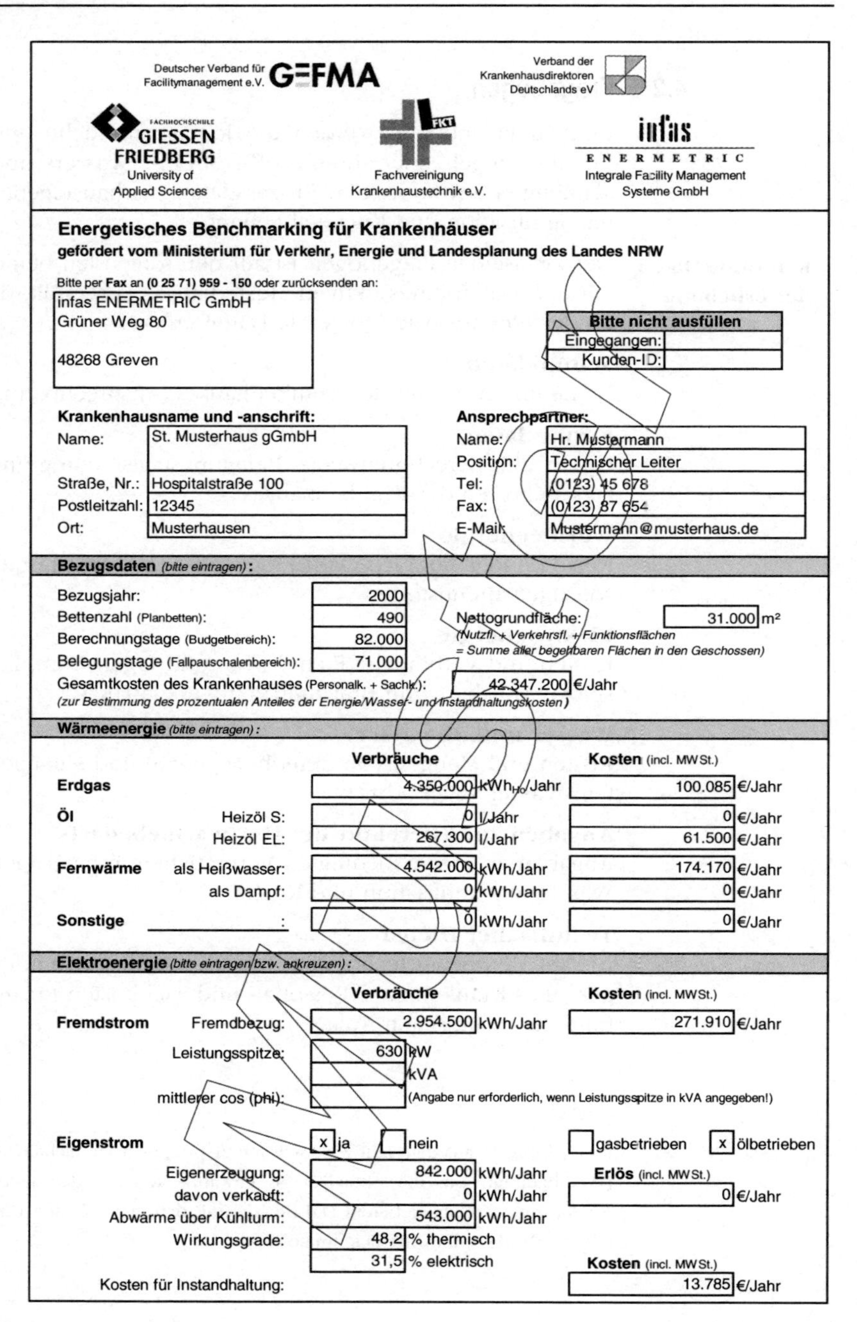

Energetisches Benchmarking für Krankenhäuser

gefördert vom Ministerium für Verkehr, Energie und Landesplanung des Landes NRW

Bitte per **Fax** an **(0 25 71) 959 - 150** oder zurücksenden an:

infas ENERMETRIC GmbH
Grüner Weg 80

48268 Greven

Bitte nicht ausfüllen	
Eingegangen:	
Kunden-ID:	

Krankenhausname und -anschrift:		**Ansprechpartner:**	
Name:	St. Musterhaus gGmbH	Name:	Hr. Mustermann
		Position:	Technischer Leiter
Straße, Nr.:	Hospitalstraße 100	Tel:	(0123) 45 678
Postleitzahl:	12345	Fax:	(0123) 87 654
Ort:	Musterhausen	E-Mail:	Mustermann@musterhaus.de

Bezugsdaten *(bitte eintragen)* **:**

Bezugsjahr:	2000
Bettenzahl (Planbetten):	490
Berechnungstage (Budgetbereich):	82.000
Belegungstage (Fallpauschalenbereich):	71.000
Nettogrundfläche: *(Nutzfl. + Verkehrsfl. + Funktionsflächen = Summe aller begehbaren Flächen in den Geschossen)*	31.000 m²
Gesamtkosten des Krankenhauses (Personalk. + Sachk.):	42.347.200 €/Jahr

(zur Bestimmung des prozentualen Anteiles der Energie/Wasser- und Instandhaltungskosten)

Wärmeenergie *(bitte eintragen)* **:**

		Verbräuche	**Kosten** (incl. MWSt.)
Erdgas		4.350.000 kWh_{Ho}/Jahr	100.085 €/Jahr
Öl	Heizöl S:	0 l/Jahr	0 €/Jahr
	Heizöl EL:	267.300 l/Jahr	61.500 €/Jahr
Fernwärme	als Heißwasser:	4.542.000 kWh/Jahr	174.170 €/Jahr
	als Dampf:	0 kWh/Jahr	0 €/Jahr
Sonstige	______________:	0 kWh/Jahr	0 €/Jahr

Elektroenergie *(bitte eintragen bzw. ankreuzen)* **:**

		Verbräuche	**Kosten** (incl. MWSt.)
Fremdstrom	Fremdbezug:	2.954.500 kWh/Jahr	271.910 €/Jahr
	Leistungsspitze:	630 kW	
		kVA	
	mittlerer cos (phi):	(Angabe nur erforderlich, wenn Leistungsspitze in kVA angegeben!)	

Eigenstrom [x] ja [ ] nein [ ] gasbetrieben [x] ölbetrieben

		Erlös (incl. MWSt.)
Eigenerzeugung:	842.000 kWh/Jahr	
davon verkauft:	0 kWh/Jahr	0 €/Jahr
Abwärme über Kühlturm:	543.000 kWh/Jahr	
Wirkungsgrade:	48,2 % thermisch	
	31,5 % elektrisch	**Kosten** (incl. MWSt.)
Kosten für Instandhaltung:		13.785 €/Jahr

Fortsetzung:

Energetisches Benchmarking für Krankenhäuser

gefördert vom Ministerium für Verkehr, Energie und Landesplanung des Landes NRW

Wasser / Abwasser *(bitte eintragen bzw. ankreuzen):*

[x] Fremdbezug [ ] Eigenförderung

	Verbräuche	Kosten (incl. MWSt.)
Wasserbezug	53.200 m³/Jahr	73.440 €/Jahr
Eigenförderung	0 m³/Jahr	0 €/Jahr

[x] Abwasser-Einleitung [ ] eigene Abwasser-Aufbereitung

Abwasser	54.800 m³/Jahr	86.860 €/Jahr

Angaben zur Korrektur des Heizwärmeverbrauchs *(bitte eintragen bzw. ankreuzen):*

Hauseigene Wäscherei [ ] ja [x] nein

Wäscheaufkommen: t/Jahr Dampfverbrauch: t/Jahr

Warmwasserverbrauch: m³/Jahr Kaltwasserverbrauch: m³/Jahr

Hauseigene Sterilisation und Dampfdesinfektion [x] ja [ ] nein

Sterilisationsaufkommen: 9.820 STE/Jahr

Aufbereitete Betten pro Jahr: 15.184 Betten/Jahr (nur Dampfdesinfektion)

Art der Dampferzeugung: [ ] Elektro-Dampferzeuger [x] brennstoffbeheizter Dampferzeuger

Hauseigene Küche [x] ja [ ] nein

Wie werden die Kochstellen betrieben? (Mehrfachnennung möglich)

[x] elektrisch [ ] mit Dampf [x] mit Gas

Anzahl der Mittagessen: 3.420 Mittagessen/Woche

Technischer Dienst *(zur Berechnung von Instandhaltungs-Kennwerten):*

Anzahl Mitarbeiter (Vollkräfte)

Instandhaltung technischer Anlagen: 10 Medizintechnik: 2 gesamtes Krankenhaus: 720

(ohne Bautechnik und Medizintechnik)

Personalkosten **Kosten**

für Mitarbeiter Instandhaltung techn. Anlagen *und* Medizintechnik: 504.800 €/Jahr

Sachkosten **Kosten** (incl. MWSt.)

für Instandhaltung techn. Anlagen *und* Medizintechnik: 689.200 €/Jahr

in den Sachkosten enthaltene Sonderkosten: 231.100 €/Jahr

(einmalige, größere Instandsetzungen)

Alle im Verlauf der Bearbeitung bzw. Nachhaltung ausgetauschten Informationen und Unterlagen über die erhobenen Daten werden von der infas ENERMETRIC GmbH absolut vertraulich behandelt. Die infas ENERMETRIC GmbH ist berechtigt, diese zum Zwecke der Projektdurchführung an eventuell hieran beteiligte Partner weiterzugeben, die ihrerseits zu absoluter Verschwiegenheit verpflichtet sind. Die Weitergabe von Informationen und Unterlagen an sonstige Dritte ist nur mit vorheriger schriftlicher Zustimmung der Vertragsparteien zulässig.

4.3 Auswertung

Mehrstufige Plausibilitäts-prüfung

Alle eingehenden Fragebögen sind vor der Eingabe in die Datenbank auf Plausibilität und Vollständigkeit geprüft und gegebenenfalls ist Rücksprache mit dem zuständigen Ansprechpartner des Krankenhauses gehalten worden. Teilweise sind unplausible Daten erst durch die Kennwertbildungen im Vergleich mit anderen Häusern erkannt worden, so dass zu einem späteren Zeitpunkt evtl. erneut Nachfragen vorgenommen werden mussten.

Bezugsgrößen

3 Bezugsgrößen zur Kennwert-bildung

Aus den im Fragebogen erhobenen Verbrauchsmengen und Kosten wurden die eigentlichen Kennwerte gebildet, indem die Angaben mit Hilfe der drei Bezugsgrößen

- **Anzahl Planbetten [-]**
- **Nettogrundfläche NGF [m^2_{NGF}]**
- **Pflegetage [Pd/a]**

normiert wurden.

Nettogrund-fläche

Als *Nettogrundfläche (NGF)* ist dabei nach DIN 277 die Summe aller begehbaren Flächen (Nutzfläche + Funktionsfläche + Verkehrsfläche) in den Geschossen eines Gebäudes definiert. Sie ergibt sich aus der Bruttogrundfläche (BGF) abzüglich der für das Mauerwerk notwendigen Konstruktionsfläche (KF). Abb. 4-1 verdeutlicht die Zusammenhänge der Flächen am Beispiel eines Bürogebäudes.

Pflegetage und Fallzahlen

Die *Pflegetage* ergeben sich aus der Jahressumme der Berechnungstage (Budgetbereich) und Belegungstage (Fallpauschalenbereich).

Hinweis: Mit Einführung der DRGs werden in den zukünftigen Benchmarks die Fallzahlen anstelle der Pflegetage eine wichtige Bezugsgröße bilden (ab Benchmarking der Daten des Jahres 2003).

Durch die Erweiterung des Benchmarkings um die Flächen- und Pflegetage-Kennwerte ist zusätzlich ein Vergleich möglich, der neben der reinen Bettenzahl auch die Auslastung der Häuser sowie die Größe der Gebäudeflächen berücksichtigt.

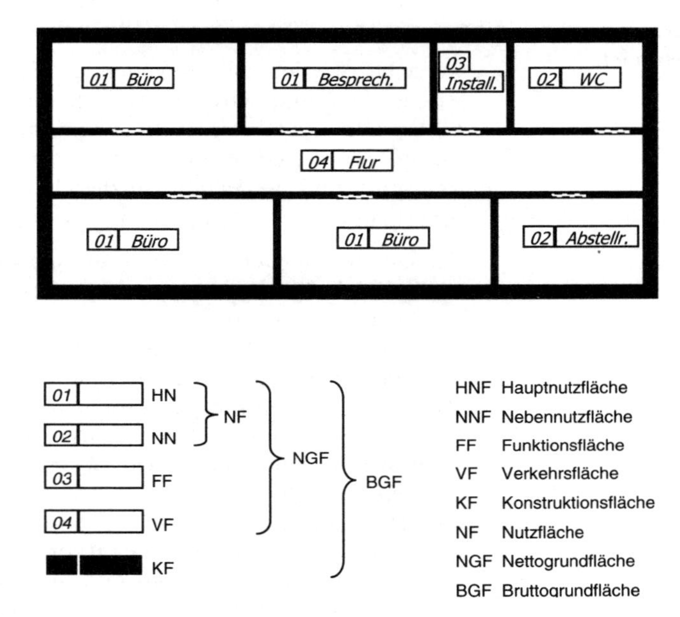

Abb. 4-1 Definition von Gebäudeflächen nach DIN 277 [4.1]

Witterungs- und Prozessbereinigung der Wärme

Witterungsbereinigung zur korrekten Vergleichbarkeit

Vor der eigentlichen Kennwertbildung ist bei der Wärme eine lokale und zeitliche Witterungsbereinigung erforderlich, so dass sowohl Häuser an verschiedenen Standorten als auch die Bilanzjahre untereinander vergleichbar werden.

Zu diesem Zweck mussten zunächst die reinen Heizwärmeverbräuche ermittelt werden, indem der prozessbedingte Wärmebedarf in der hauseigenen Wäscherei, Sterilisation und Küche mittels empirischer Kennwerte abgezogen wurde. Bei einem evtl. vorhandenen BHKW wurde nur derjenige Brennstoffanteil berücksichtigt, der zu Heizzwecken ausgekoppelt wird.

Bereinigter Wärmeenergieverbrauch

Abb. 4-2 zeigt die Vorgehensweise bei der Ermittlung des witterungsbereinigten Wärmeenergieverbrauchs.

1. Zunächst werden alle eingehenden Brennstoffströme (Erdgas, leichtes und schweres Heizöl, sonstige Brennstoffe) in kWh_{Hu} (Heizwert) umgerechnet und zur Gesamtprimärenergie aufaddiert. Die Fernwärme wird dabei aufgrund der beim Transport und Verteilung anfallenden Verluste mit einem Aufschlag von 25% bewertet ($\eta_{Fernwärme}$ = 0,8).
2. Die Gesamtprimärenergie wird um den Brennstoffbedarf des BHKWs (abzüglich der ausgekoppelten Nutzwärme) sowie um den Prozesswärmebedarf der hauseigenen Wäscherei, Sterilisation und Küche bereinigt. Die *Wäschereianteile* werden entweder direkt berechnet (sofern im Fragebogen der „Dampf- und Warmwasserverbrauch“ angegeben ist) oder aber indirekt mittels empirischer Kennwerte aus dem „Jährlichen Wäscheaufkommen“. Die *Wärmeanteile für Sterilisation und Dampfdesinfektion* werden - bei brennstoffbeheiztem Dampferzeuger - aus den Angaben „Sterilisationseinheiten pro Jahr“ und „Aufbereitete Betten pro Jahr“ ermittelt. Der der *hauseigenen Küche* zurechenbare Wärmeverbrauch ergibt sich schließlich - ebenfalls über empirische Kennwerte - aus der „Anzahl der Mittagessen pro Woche“. Die Art der Kochstellenversorgung („elektrisch“, „mit Dampf“ oder „mit Gas“) wird dabei gesondert berücksichtigt.
3. Der so erhaltene prozessbereinigte Primärenergiebedarf wird mit dem Witterungsfaktor (s.u.) lokal und zeitlich witterungsbereinigt. Anschließend werden dem Wärmeverbrauch die - nicht witterungsbereinigten - Anteile aus der Sterilisation und der Küche wieder zugerechnet.

Einflussfaktoren Küche, Sterilisation und Wäscherei

Wie zu erkennen ist, gehen somit zwar die Verbräuche von hauseigener Sterilisation und Küche mit in den Vergleich der Krankenhäuser untereinander ein, der Energiebedarf der hauseigenen Wäscherei wird jedoch herausgerechnet. Dass diese Vorgehensweise seine Berechtigung hat, wird aus Abb. 5.3 in Kapitel 5 ersichtlich: Lediglich noch rund 13% der Häuser betreiben eine eigene Wäscherei, wohingegen über 80% bzw. über 90% über eine eigene Sterilisationsabteilung bzw. Küche verfügen.

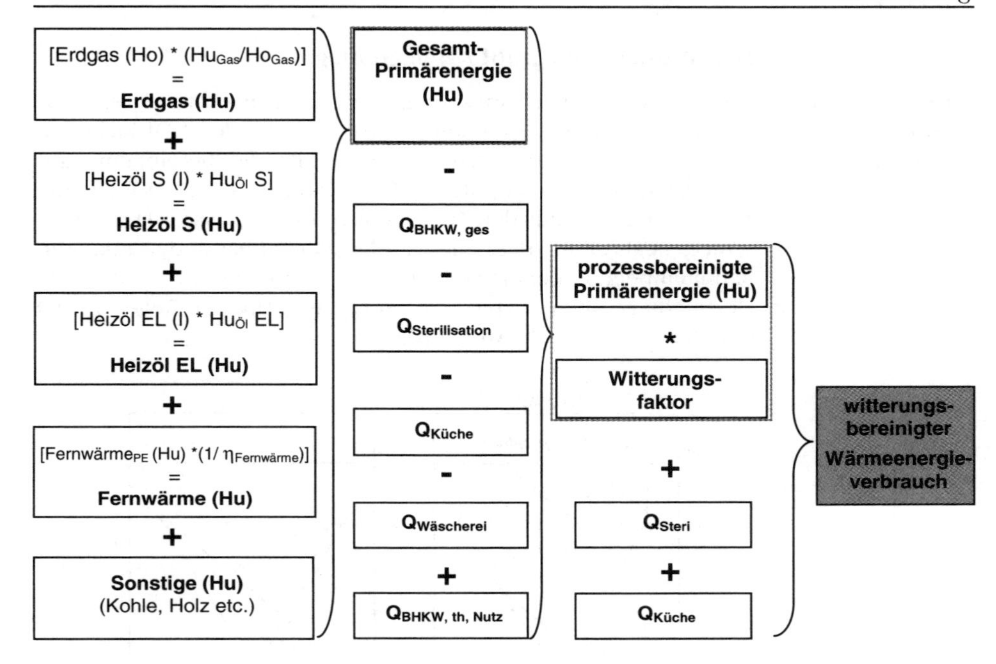

Abb. 4-2 Schema zur Herleitung des witterungsbereinigten Wärmeverbrauchs

Bei der soeben beschriebenen Witterungsbereinigung wird keine Unterscheidung zwischen Wärmebedarf für Raumwärme (witterungsabhängig) und Wärmebedarf für Warmwasserbereitung (witterungsunabhängig) vorgenommen. Da bei den untersuchten Häusern keine differenzierten Angaben über diese beiden Wärmeanteile vorliegen, wird diese Ungenauigkeit bei der Bildung des Wärme-Kennwertes in Kauf genommen. Der Warmwasserbedarf beträgt jedoch im allgemeinen nur rund 10% des Heizwärmebedarfs, so dass der entstehende Fehler vernachlässigbar klein ist [2.13].

Definition Gradtagzahl / Heizgradtage

Gradtagszahl und Heizgradtage

Die eigentliche Witterungsbereinigung kann nach zwei verschiedenen Verfahren vorgenommen werden. In der VDI-Richtlinie 2067 Blatt 1 [4.2] und Blatt 2 [4.3] erfolgt die Bereinigung auf Grundlage der Gradtagzahlen (Gt), während die VDI-Richtlinie 3807 Blatt 1 [4.1] auf den Heizgradtagen (G_{15}) basiert. Der Unterschied liegt darin, dass die Gradtagzahl anhand der mittleren Raumtemperatur beheizter Räume (in der Regel 20º C) und die Heizgradtage mittels Heizgrenztemperatur (in der Regel 15 ºC) ermittelt werden (vgl. Abb. 4-3).

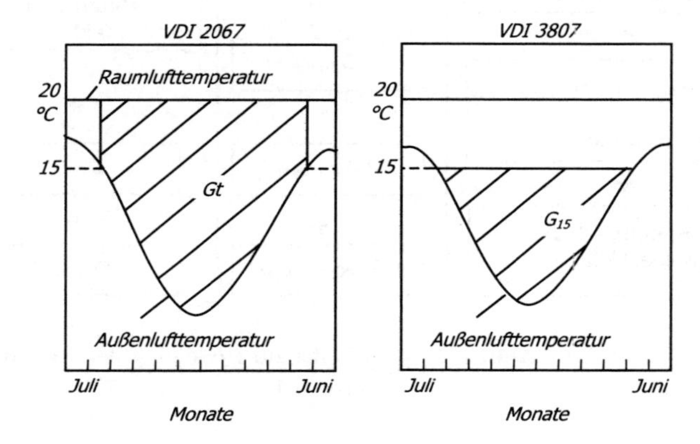

Abb. 4-3 Unterschied zwischen „Gradtagzahl Gt“ nach VDI 2067 und „Heizgradtage G15“ nach VDI 3807 [4.1]

Methode der Heizgradtage als Basis der Untersuchung

Bei der vorliegenden Untersuchung wurde die Witterungsbereinigung nach der Methode der Heizgradtage vorgenommen. Im Gegensatz zur Verwendung der Gradtagzahlen werden auf diese Weise Wärmegewinne aus Sonneneinstrahlung und inneren Wärmequellen mit berücksichtigt.

Die Heizgradtage sind definiert als die Summe der täglichen Differenzen zwischen der Heizgrenztemperatur von 15 ºC und der mittleren Außentemperatur, sofern diese unter 15º C liegt:

$$G_{15} = \sum_{n=1}^{z} (15°C - t_{m,n})$$

G_{15}: Heizgradtage im Jahr [K*d/a]

$t_{m,n}$: mittlere Außentemperatur des Heiztages n [ºC]

z: Anzahl der Heiztage im Jahr [d/a]

Wenn die Gradtagzahlen bekannt sind, können die Heizgradtage auch mit folgender Formel hergeleitet werden:

$$G_{15} = Gt - 5°C \cdot z$$

Gt: Gradtagzahl im Jahr [K*d/a]

Räumliche und zeitliche Abhängigkeit der Witterungsbereinigung

Die Witterungsbereinigung kann räumlich und/oder zeitlich durchgeführt werden. Bei der Berechnung des *lokalen Bereinigungsfaktors* f_{lokal} werden die Heizgradtage des langjährigen Mittels am Referenzstandort auf die Heizgradtage des langjährigen Mittels am betrachteten Standort bezogen. Als Referenzstandort gilt der Ort Würzburg mit einem langjährigen Mittel von G_{15m} = 2.524 K·d/a, welches annähernd dem gewichteten Mittel Deutschlands entspricht.

$$f_{lokal} = \frac{G_{15m(Würzburg)}}{G_{15m(Standort)}}$$

$G_{15m(Würzburg)}$: mittlere Heizgradtage am Referenzstandort Würzburg mit 2.524 K·d/a

$G_{15m(Standort)}$: mittlere Heizgradtage am betreffenden Standort [K·d/a]

Der *zeitliche Korrekturfaktor* $f_{zeitlich}$ ergibt sich aus dem Quotienten der Heizgradtage des langjährigen Mittels zu den aktuellen Heizgradtagen am jeweils betrachteten Standort:

$$f_{zeitlich} = \frac{G_{15m(Standort)}}{G_{15(Standort)}}$$

$G_{15m(Standort)}$: mittlere Heizgradtage am betreffenden Standort [K·d/a]

$G_{15(Standort)}$: aktuelle Heizgradtage am betreffenden Standort [K·d/a]

Die in der vorliegenden Untersuchung angewandte zeitliche *und* räumliche Witterungsbereinigung wurde mit dem Gesamtkorrekturfaktor

$$f_{gesamt} = f_{lokal} \cdot f_{zeitlich} = \frac{G_{15m(Würzburg)}}{G_{15(Standort)}}$$

vorgenommen. Dazu ist die Kenntnis der aktuellen Heizgradtags-Werte an den entsprechenden Standorten erforderlich. Für Krankenhäuser, deren Heizgradtags-Werte nicht verfügbar waren, wurden die Werte der nächsten und vergleichbaren Wetterstation für die Berechnungen angesetzt. Jedes der 364 Häuser wurde so nach seiner Postleitzahl einem dieser Standorte mit bekanntem Heizgradtags-Wert zugewiesen.

Prozessbereinigung Strom

Anteile der Elektroenergie

Die Gesamtelektroenergie besteht aus der Summe von fremdbezogenem Strom sowie selbstgenutzten Anteil des BHKW-Stroms.

Wäscherei als Abzugsfaktor

Bei der Bildung der Elektroenergie-Kennwerte wird keine Witterungs- jedoch eine Prozessbereinigung vorgenommen. Wie bei der Wärme werden lediglich die Anteile aus der Betriebseinheit „Hauseigene Wäscherei" herausgerechnet. Die in der Wäscherei benötigte Strommenge wird mittels empirischer Kennwerte aus den Fragebogen-Angaben zum jährlichen Wäscheaufkommen berechnet. Die Herleitung der prozessbereinigten Elektroenergie ist in Abb. 4-4 schematisch dargestellt.

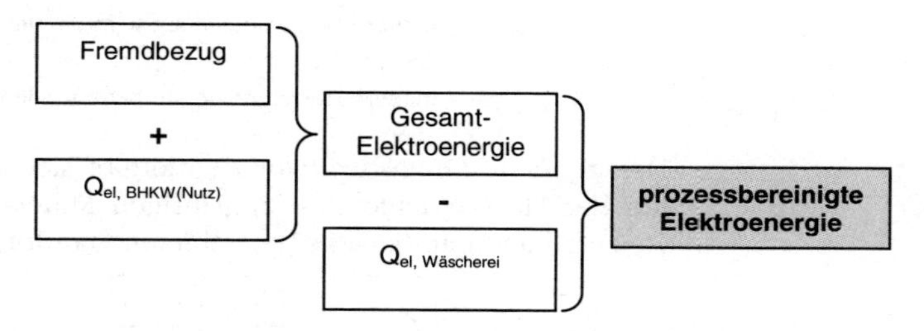

Abb. 4-4 Herleitung der prozessbereinigten Elektroenergie

Prozessbereinigung Wasser und Abwasser

Berücksichtigung der Wäscherei

Die Ermittlung der Kennwerte beim Wasser und Abwasser geschieht analog zur Ermittlung der Stromkennwerte (s. Abb. 4-5). Hier werden die Wasserverbräuche in der Wäscherei über die Angaben aus dem Fragebogen „Warmwasserverbrauch", „Kaltwasserverbrauch" und „Dampfverbrauch" (Annahme: 50% Kondensatrückfluss) hergeleitet. Liegen diese Angaben nicht vor, muss die in der Wäscherei benötigte Wassermenge wieder mittels empirischer Kennwerte aus dem jährlichen Wäscheaufkommen näherungsweise berechnet werden.

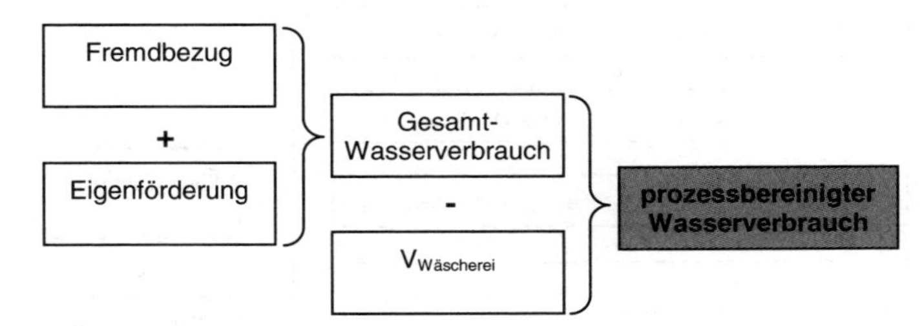

Abb. 4-5 Herleitung des prozessbereinigten Wasserverbrauchs

CO_2-Emissionen

Komplexes Verfahren zur Bestimmung der CO_2-Emissionen

Die Herleitung der CO_2-Emissions-Kennwerte ist aufgrund der unterschiedlichen Emissionsfaktoren[1] der zum Einsatz kommenden Brennstoffe, durch die Berücksichtigung der Kraft-Wärme-Kopplung (BHKW) sowie aufgrund der vorgenommenen Prozess- und Witterungsbereinigung sehr komplex. Unter anderem ist eine Unterscheidung zwischen wärmebedingten (Abb. 4-6) und strombedingten (Abb. 4-7) Emissionen erforderlich. In den folgenden Abbildungen sollen daher die Wege der Herleitung nur schematisch skizziert werden.

[1] Die Emissionsfaktoren basieren auf GEMIS 3.

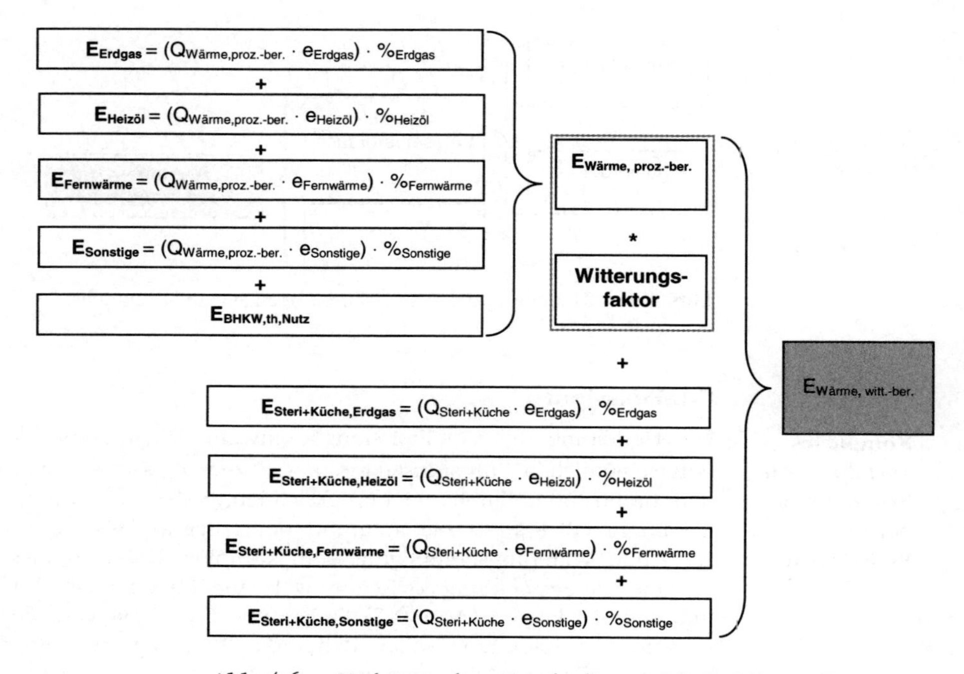

Abb. 4-6 Herleitung der wärmebedingten CO_2-Emissionen $E_{Wärme}$ (e = spez. CO_2-Emissionsfaktoren in t_{co2} pro kWh)

Wie aus den Abb. 4-6 und Abb. 4-7 zu erkennen ist, werden beim BHKW diejenigen CO_2-Anteile, die aus der thermischen Nutzung resultieren, den wärmebedingten Emissionen zugerechnet, während die Stromerzeugungsanteile incl. der Umwandlungsverluste den strombedingten Emissionen zugerechnet werden.

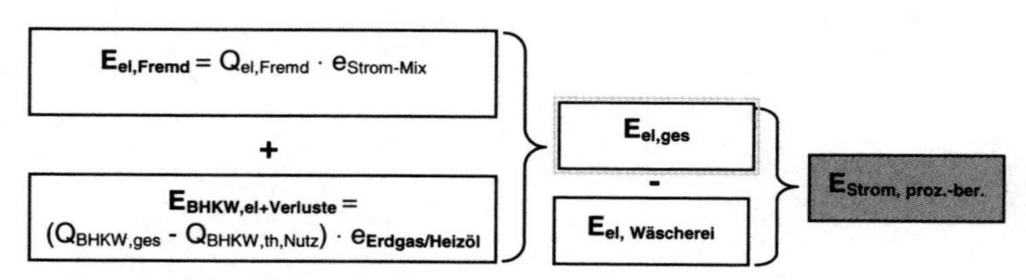

Abb. 4-7 Herleitung der strombedingten CO_2-Emissionen E_{Strom} (e = spez. CO_2-Emissionsfaktoren in t_{co2} pro kWh)

Musterauswertung

Kennwertbildung und Gegenüberstellung

Gemäß den beschriebenen Methodiken sind für jedes Krankenhaus jeweils für **Wärme, Strom, Wasser, Abwasser** und **CO_2-Ausstoß** Kennwerte pro Bett, pro Nettogrundfläche und pro Pflegetag gebildet und dem **Kategorie-** sowie dem **Gesamtdurchschnitt** (arithmetisches Mittel) gegenübergestellt worden.

Individuelle Auswertung

Jedes teilnehmende Krankenhaus hat eine individuelle Auswertung in der Form erhalten, wie sie beispielhaft anhand eines fiktiven Musterhauses im Anhang dargestellt ist.

Mit Hilfe der individuell erstellten Benchmarkprofile haben die an der Umfrage beteiligten Krankenhäuser die Möglichkeit, eigene Schwachstellen zu erkennen und ggf. erste Ansatzpunkte für eine Energieoptimierung abzuleiten.

Um die Übersicht zu erleichtern, wurden für die Kennwerte einheitliche Farbkennzeichnungen gewählt.

Erläuterungen zur Auswertung

Im folgenden werden stichwortartig einige Erläuterungen zu den Inhalten und Besonderheiten der Auswertung gegeben:

Seite 1:

- Allgemeine Hinweise zur Auswertung
- Angabe der Anzahl der ausgewerteten Krankenhäusern im Gesamtpool 2000 und innerhalb der jeweiligen Bettenkategorie

Seite 2:

- Zusammenstellung der relevanten Eckdaten des Hauses (Bettenkategorie, Bezugswerte, Kostenangaben)

Seite 3:

- Grafische Darstellung der Verteilung des Energieverbrauchs und der Energie-, Wasser- und Abwasserkosten

! Die Kosten für Eigenstrom setzen sich aus den Instandhaltungskosten und den Brennstoffkosten (in den Kosten für Erdgas bzw. Heizöl enthalten!) zusammen.

Seite 4, 5 und 6:

- Grafische Darstellung der Wärmeverbrauchs-, der Stromverbrauchs- und der Wasserverbrauchs-Kennwerte pro Bett, pro Fläche NGF und pro Pflegetag (Herleitung s.o.)

Seite 7:

- Grafische Darstellung der bettenbezogenen Verbrauchskennwerte für Wärme, Strom und Wasser aller ausgewerteten Krankenhäuser in Form einer Punkteschar

Seite 8:

- Grafische Darstellung der CO_2-Emissions-Kennwerte pro Bett, pro Fläche NGF und pro Pflegetag (Herleitung s.o.)

Seite 9 und 10:

- Zusammenfassende Darstellung der Mehr- bzw. Minderverbräuche, der Mehr- bzw. Minderkosten sowie der Mehr- bzw. Minderemissionen gegenüber den Kategorie-Durchschnittswerten und gegenüber den 25%-Quartilswerten

! Die Differenz-Berechnungen basieren auf den spezifischen Kennwerten pro Bett und Jahr.

! Der 25%-Quartilswert ist als das arithmetische Mittel aus den 25% Besten innerhalb der Kategorie definiert und kann als anzustrebender Zielwert interpretiert werden.

Anmerkung: Die Musterauswertung enthält in ihrer Anlage noch weitere Kennwerte und Vergleichsparameter. Diese sind aus Gründen der Übersichtlichkeit in dieser Publikation nicht dargestellt.

Inhaltsverzeichnis

5 Ergebnisse der Fragebogenaktion

In diesem Kapitel sind die Ergebnisse der Fragebogenaktion aus dem Bilanzjahr 2000 zusammengefasst.

Struktur der Krankenhäuser

Einleitend wird in Kap. 5.1 eine Übersicht über die Struktur der an dem Projekt beteiligten Häuser gegeben. Dies beinhaltet die Verteilung der Krankenhäuser auf die einzelnen Versorgungsstufen (Kategorie I bis V), die Art der eingesetzten Energieträger (Erdgas, Heizöl, Fernwärme, Sonstige) sowie die Struktur der betriebseigenen Einrichtungen (BHKW, Wäscherei, Sterilisation, Küche).

Grafische Darstellung der Ergebnisse

In Kap. 5.2 wird zunächst die Gesamtheit der Verbrauchskennwerte aller an der Umfrage beteiligten Häuser in den Bereichen Wärme, Strom und Wasser jeweils in Form einer Punkteschar dargestellt. Auf diese Weise kann die Ausprägung der Streuung der Werte veranschaulicht werden. Zusätzlich zu den Verbrauchskennwerten sind die prozentualen Anteile der Kosten für Energie, Wasser und Abwasser an den Gesamtkosten sowie die CO_2-Emissionen in der gleichen Form dargestellt.

Tabellarische Darstellung der Ergebnisse

In Kap. 5.3 sind schließlich die Kategorie- und die Gesamt-Mittelwerte in Form von Tabellen wiedergegeben. Zusätzlich zu den in Kap. 5.2 behandelten Verbrauchsgrößen werden auch durchschnittliche Energie- und Wasserpreise abgebildet sowie Mittelwert-Angaben über die Bezugsgrößen gemacht. Ferner sind die bettenbezogenen durchschnittlichen Verbrauchskennwerte für Energie und Wasser unter Angabe ihrer Standardabweichung grafisch aufgetragen. Bei den Bettenkennwerten für Wärme, Strom und Wasser werden zusätzlich zu den arithmetischen Mittelwerten auch die unteren Quartilswerte angegeben.

5.1 Versorgungsstruktur

20% der Betten Deutschlands erfasst

Die im Bilanzjahr 2000 untersuchten 364 Häuser sind im Mittel mit 315 Betten und in der Summe mit 114.700 Betten ausgestattet. Von den deutschlandweit rund 2.240 Krankenhäusern wurden demnach mit der vorliegenden Umfrage 16,2% bezogen auf die Gesamthäuserzahl bzw. 20,1% bezogen auf die Gesamtbettenzahl erfasst.

5 Kategorien bei der Auswertung

Aufgrund der stark abweichenden Versorgungsstruktur von kleinen und großen Krankenhäusern war es unumgänglich, die Häuser entsprechend ihrer Bettenzahl in verschiedene Kategorien (Versorgungsstufen) einzuteilen. Abb. 5-1 zeigt die Verteilung der am Projekt beteiligten Häuser auf die fünf Kategorien.

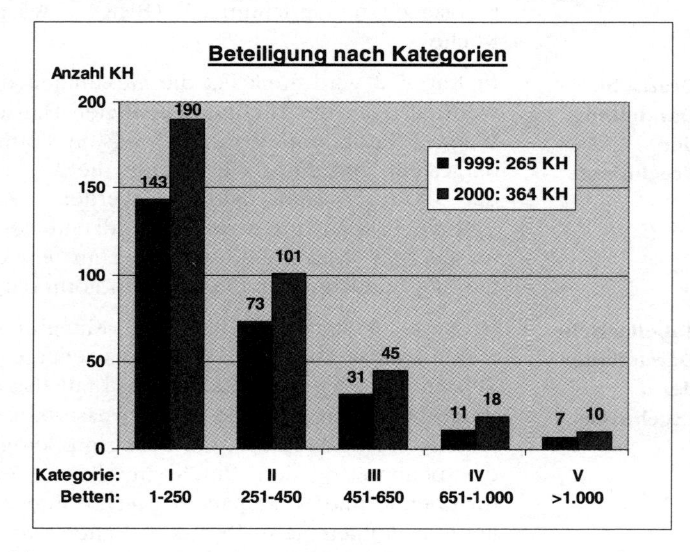

Abb. 5-1 Verteilung der Krankenhäuser auf die Kategorien I bis V (1999 und 2000)

Abdeckung der Wärmeversorgung durch Erdgas bei 60%

Abb. 5-2 gibt einen Überblick über die Wärmeversorgungsstruktur in den untersuchten Häusern. Demnach beziehen mit 83,2% fast doppelt so viele Einrichtungen den Brennstoff Erdgas gegenüber dem Bezug von Heizöl mit 42,3%. 22,5% der Häuser werden mit Fernwärme und lediglich 1,6% mit sonstigen Brennstoffen wie Kohle oder Holz versorgt.

Hoher Anteil an bivalenter Energie-versorgung

Interessant ist ein Vergleich des prozentualen Anteils der Häuser, die mit einem bestimmten Wärmeträger versorgt werden, zu dem prozentualen Verbrauch dieses Mediums insgesamt. Wie in Abb. 5-2 zu erkennen ist, verfügen beispielsweise rund 83% über den Energieträger Erdgas, während hingegen nur 59% des Gesamtwärmebedarfs über Erdgas gedeckt wird. Noch augenfälliger ist dies beim Heizöl, wo zwar über 40% der Häuser einen Heizölverbrauch aufweisen, jedoch der Energieträger insgesamt nur einen Deckungsbeitrag von 8% liefert.

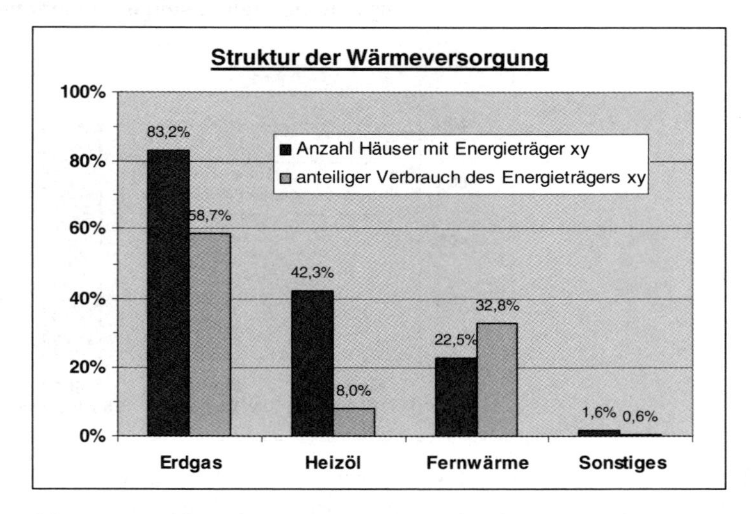

Abb. 5-2 Struktur der Wärmeversorgung bei den untersuchten Krankenhäusern

Insbesondere beim Heizöl ist dieser Umstand dadurch zu erklären, dass einige Häuser ihre Kessel im Gas/Öl-Kombibetrieb fahren und nur ihren Spitzenbedarf mit Heizöl decken. Ferner werden Notstromaggregate häufig mit Öl betrieben, aufgrund ihrer geringen Laufzeiten ist jedoch deren Ölbedarf unbedeutend. Dem gegenüber ist die Auslastung des Energieträgers Fernwärme sehr viel besser. Dort sind die Verhältnisse umgekehrt: Obwohl nur 22,5% der Häuser Fernwärme beziehen, wird rund ein Drittel des Gesamtprimärenergiebedarfs aller untersuchten Häuser über Fernwärme bereitgestellt.

Sterilisation und Küche in Eigenregie

Betrachtet man in der vorliegenden Untersuchung die betrieblichen Einrichtungen in den Krankenhäusern, so fällt auf, dass lediglich rund 13% der Häuser eine Wäscherei in Eigenregie betreiben (s. Abb. 5-3). Während sich dort der Trend zum Outsourcing weiter fortsetzt, ist nach wie vor der Großteil aller Häuser mit betriebseigenen Sterilisationseinrichtungen (80,2%) und Küchen (92,9%) ausgestattet.

KWK-Anlagen in 9% aller Einrichtungen

Rund 9% der Häuser betreiben eine Kraft-Wärme-Kopplungs-Anlage (KWK-Anlage) und erzeugen ihren eigenen Strom in Blockheizkraftwerken (BHKW).

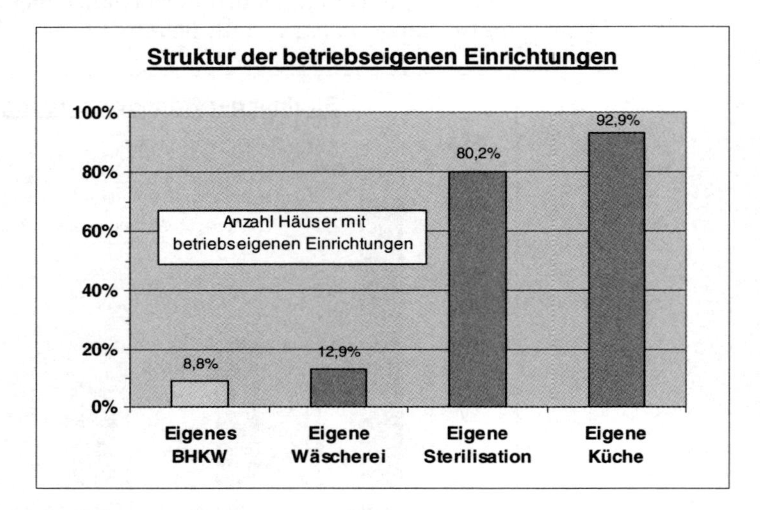

Abb. 5-3 Struktur der betrieblichen Einrichtungen bei den untersuchten Krankenhäusern

5.2 Grafische Darstellung der Kennwerte (Punkteschar)

5.2.1 Wärmeverbräuche

3 Bezugsgrößen als Basis der Auswertung

Die Verbrauchskennwerte werden in Abhängigkeit von der Bettenzahl jeweils für die drei Bezugsgrößen „Anzahl Planbetten“, „Nettogrundfläche NGF“ und „Anzahl Pflegetage“ aufgetragen (Kap. 5.2.1.1). Die fünf hervorgehobenen Werte in der Punkteschar markieren jeweils die durchschnittliche Bettenanzahl und die durchschnittlichen Verbrauchskennwerte innerhalb der Kategorien I bis V (Grafik 1, 2 und 3).

Darstellung je Kategorie

Zur besseren räumlichen Auflösung der Punktehaufen werden in Kap. 5.2.1.2 die Bettenkennwerte außerdem jeweils in einem einzelnen Diagramm pro Kategorie dargestellt (Grafik 1a bis 1e). Darüber hinaus wird in einem sechsten Diagramm (Grafik 1f) eine Trendlinie wiedergegeben, die aus den fünf Kategorie-Mittelwerte hergeleitet wurde.

Für die Bereiche Strom und Wasser bzw. Abwasser ist die Präsentation der Ergebnisse analog zur Wärme aufgebaut. Lediglich bei den Kosten- und CO_2-Kennwerten ist die Darstellung jeweils auf ein Punkteschar-Diagramm sowie ein Trendlinien-Diagramm beschränkt.

Alle Trend-Diagramme sind in Kap. 6.1 nochmals gesondert zusammengefasst.

5.2.1.1 Wärme-Kennwerte pro Bett, pro NGF und pro Pflegetag

Die *bettenbezogenen Kennwerte* liegen im Mittel zwischen 23.000 (Kat. I) und 48.000 kWh/(Bett·a) (Kat. V) und zu 96,2% unterhalb von 45.000 kWh/(Bett·a).

Die *flächenbezogenen Kennwerte* befinden sich zu 94,5% unterhalb 600 kWh/(m^2_{NGF}·a), die *pflegetagbezogenen Kennwerte* zu 95,6% unterhalb 150 kWh/Pd.

Wie in Grafik 1, Grafik 1f und Grafik 3 gut zu erkennen ist, steigen die spez. Verbräuche *pro Bett* und *pro Pflegetag* mit zunehmender Bettenzahl deutlich an. Der Grund dafür liegt vermutlich in der zunehmenden Spezialisierung der Kliniken mit wachsender Bettenzahl.

Gleichzeitig nimmt die Nettogrundfläche pro Planbett ebenfalls zu (vgl. Tab. 5-1), so dass der *flächenbezogene* spez. Brennstoffbedarf über alle Kategorien nahezu konstant bleibt (Grafik 2).

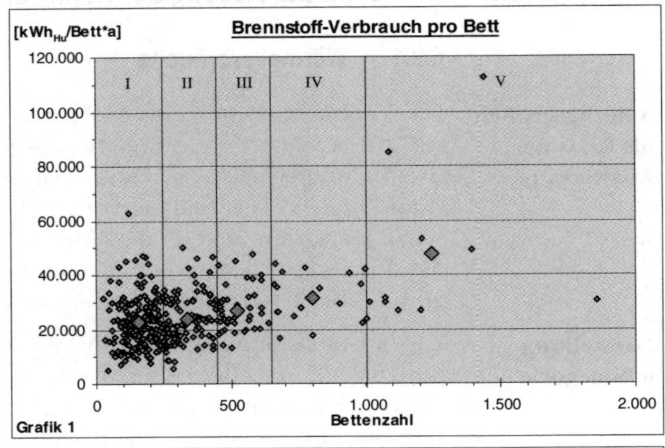

Grafik 1

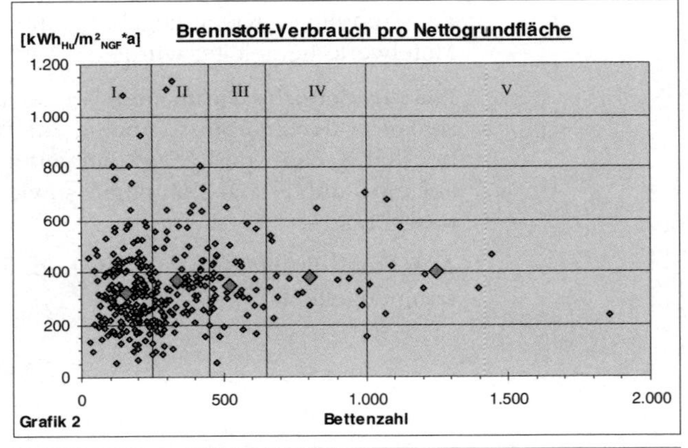

Grafik 2

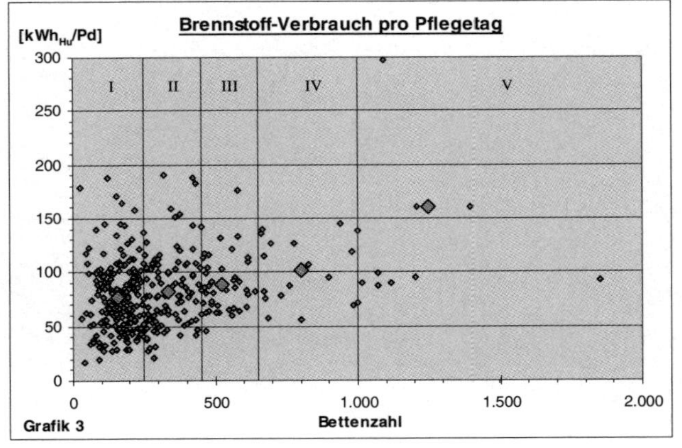

Grafik 3

5.2.1.2 Wärme-Kennwerte pro Bett nach Kategorien

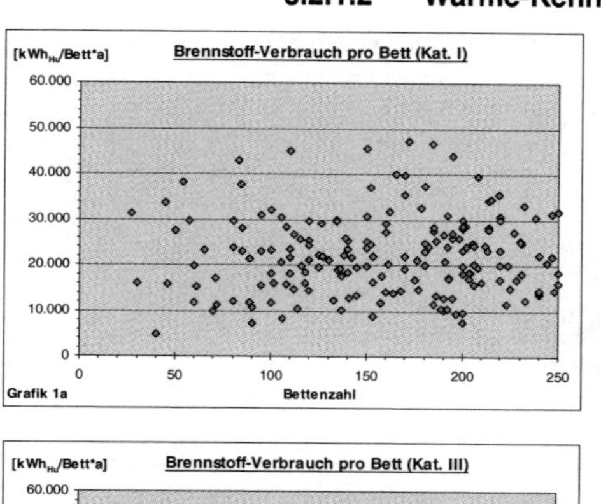

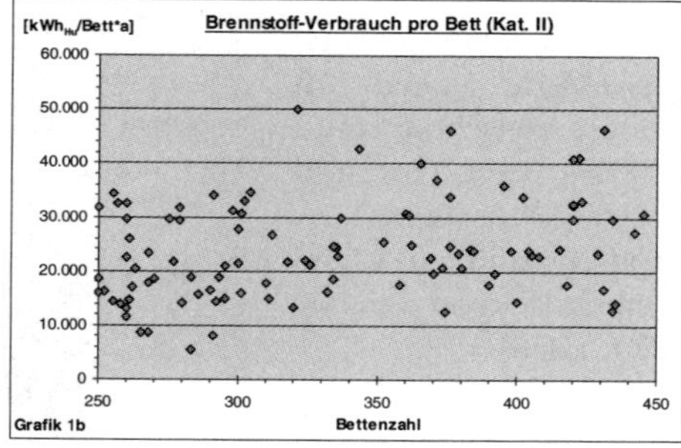

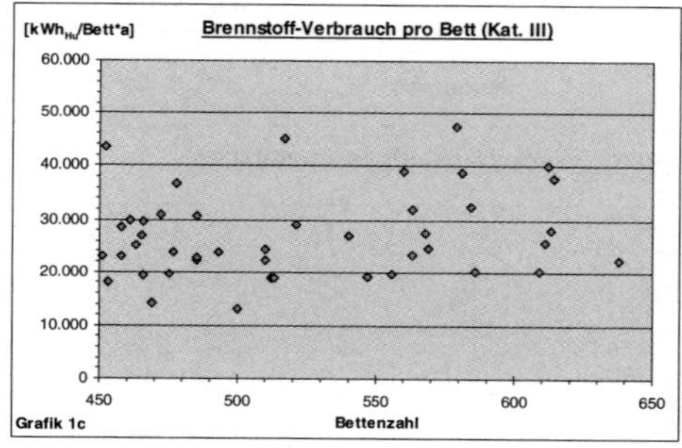

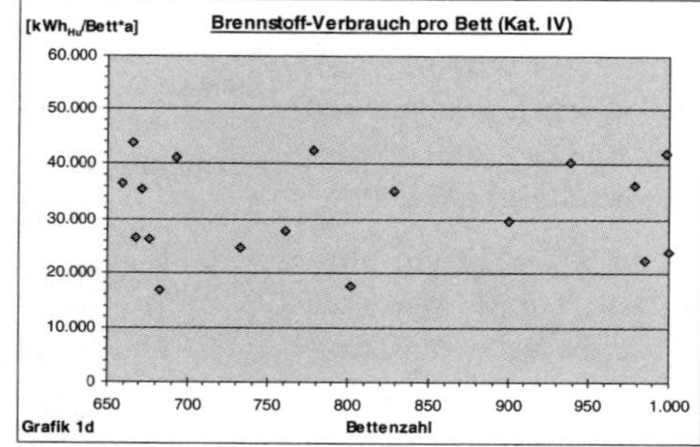

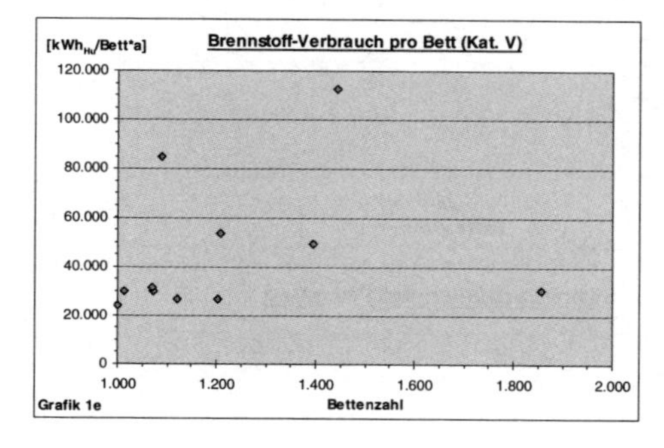

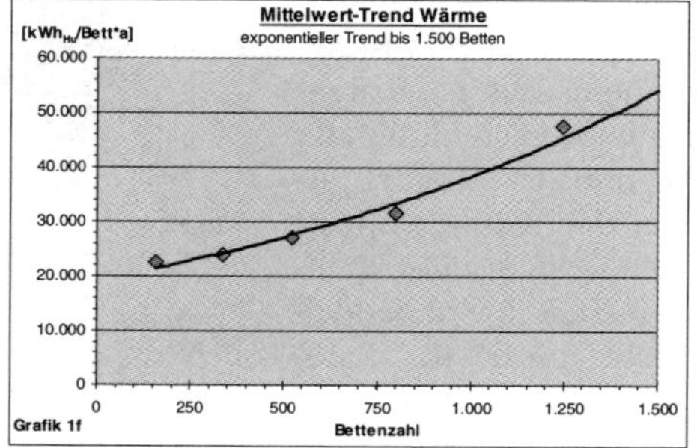

5.2.2 Stromverbräuche

Für die Darstellung der Stromverbrauchskennwerte gilt sinngemäß das in Kap. 5.2.1 zu den Wärmekennwerten Gesagte.

5.2.2.1 Strom-Kennwerte pro Bett, pro NGF und pro Pflegetag

Die *bettenbezogenen Kennwerte* liegen im Mittel zwischen rund 7.000 (Kat. I) und 13.000 kWh/(Bett·a) (Kat. V) und zu 97,5% unterhalb von 15.000 kWh/(Bett·a).

Die *flächenbezogenen Kennwerte* befinden sich zu 93,7% unterhalb 200 kWh/(m^2_{NGF}·a), die *pflegetagbezogenen Kennwerte* zu 96,4% unterhalb 50 kWh/Pd.

Beim Strom ist ein ähnlicher Trend wie bei der Wärme festzustellen: Die spez. Verbräuche *pro Bett* und *pro Pflegetag* steigen hier ebenfalls mit zunehmender Bettenzahl deutlich an (Grafik 4 und 6). Anders als bei der Wärme verläuft der Anstieg der Kategoriemittelwerte jedoch eher linear als exponentiell (Grafik 4f).

Der *flächenbezogene* spez. Strombedarf weist hingegen keine einheitliche Tendenz auf, sondern bleibt näherungsweise konstant (Grafik 5).

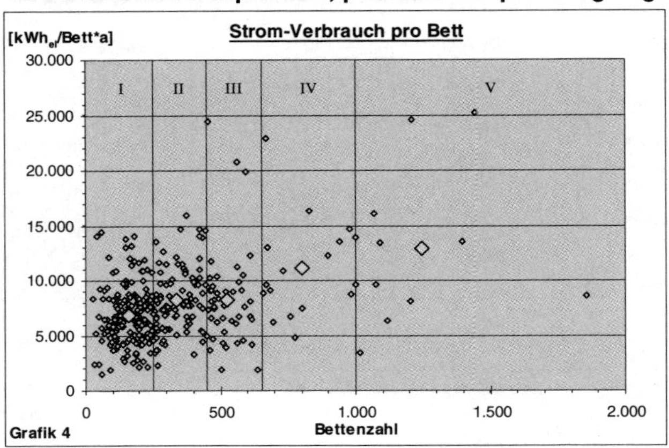

Grafik 4

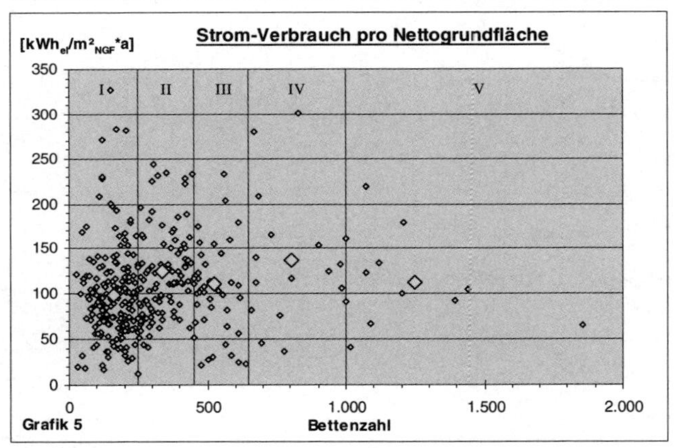

Grafik 5

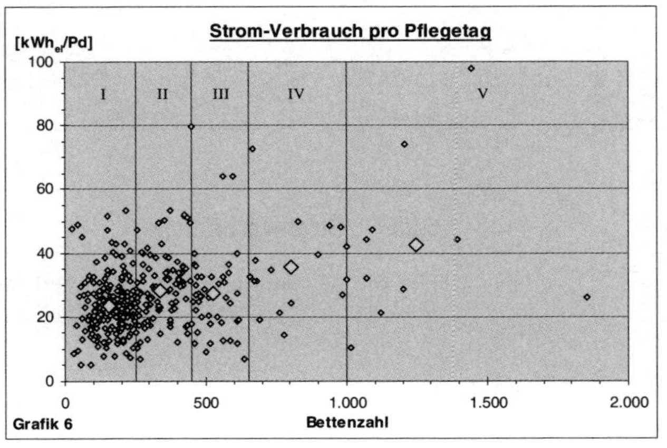

Grafik 6

5.2.2.2 Strom-Kennwerte pro Bett nach Kategorien

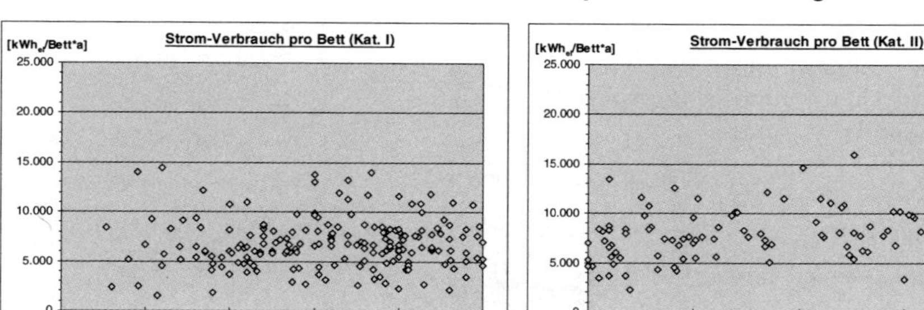

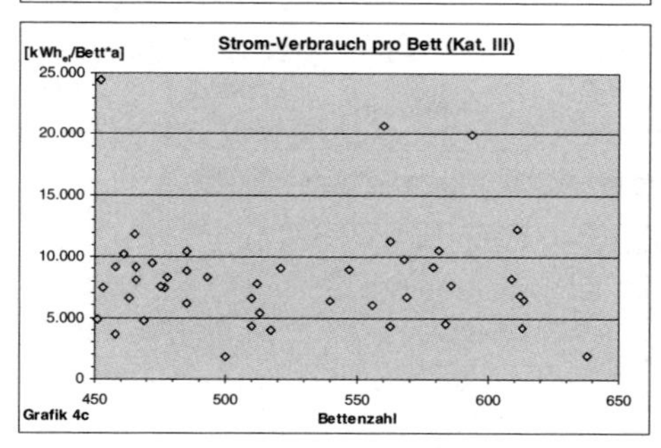

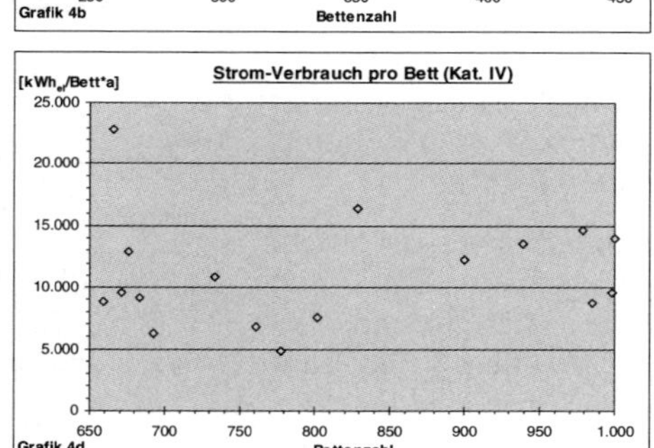

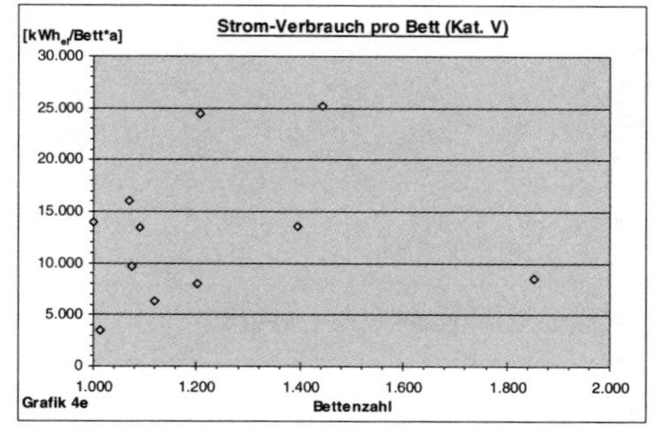

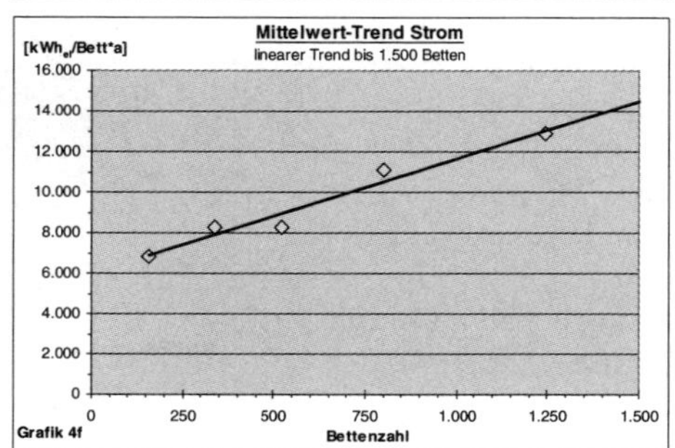

5.2.3 Wasserverbräuche

Für die Darstellung der Wasserverbrauchskennwerte gilt sinngemäß das in Kap. 5.2.1 zu den Wärmekennwerten Gesagte.

5.2.3.1 Wasser-Kennwerte pro Bett, pro NGF und pro Pflegetag

Die *bettenbezogenen Kennwerte* liegen im Mittel zwischen rund 110 (Kat. I) und 140 m^3/(Bett·a) (Kat. IV) und zu 95,1% unterhalb von 200 m^3/(Bett·a).

Die *flächenbezogenen Kennwerte* befinden sich zu 94,2% unterhalb von 3,0 $m^3/(m^2_{NGF} \cdot a)$, die *pflegetagbezogenen Kennwerte* zu 93,4% unterhalb 0,6 m^3/Pd.

Beim Wasser ist - im Unterschied zu den spez. Mittelwerten bei der Energie - die Tendenz ansteigender Verbrauchskennwerte mit zunehmender Bettenanzahl nicht so stark ausgeprägt. Die spez. Verbräuche *pro Bett* und *pro Pflegetag* scheinen nur langsam gegen einen Grenzwert anzuwachsen (Grafik 7, 7f und 9).

Der *flächenbezogene* Wasserbedarf ist hingegen mit zunehmender Bettenzahl eher rückläufig. Dort überwiegt offensichtlich der Einfluss des anwachsenden Kennwerts „Nettogrundfläche pro Planbett" (Grafik 8 u. Tab. 5-1).

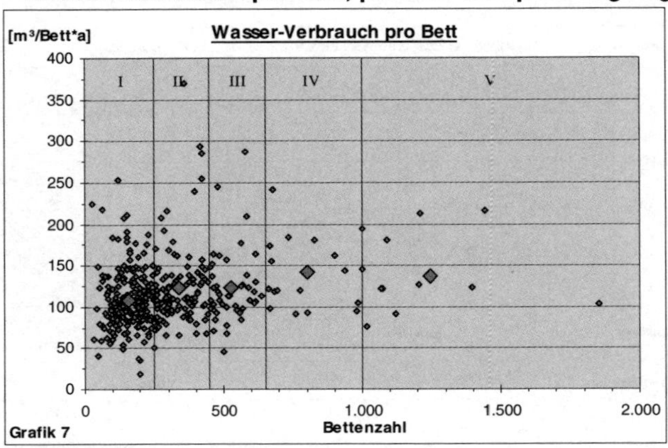

Grafik 7

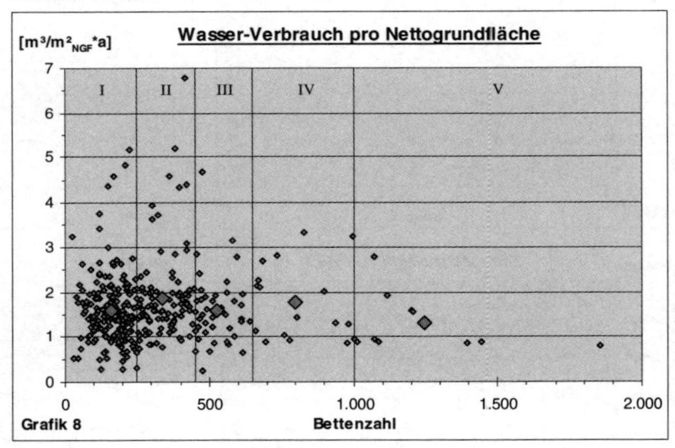

Grafik 8

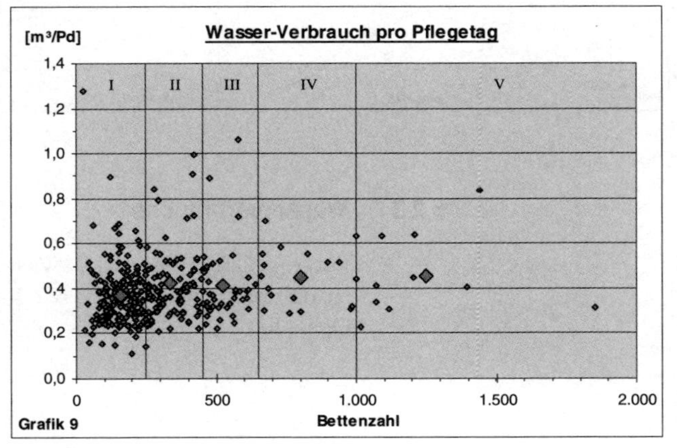

Grafik 9

5.2.3.2 Wasser-Kennwerte pro Bett nach Kategorien

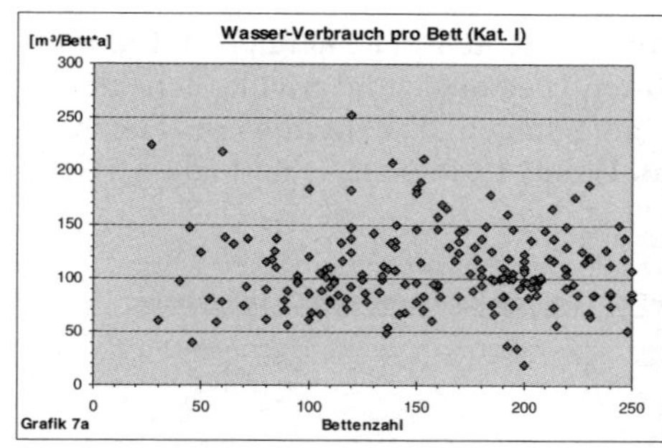

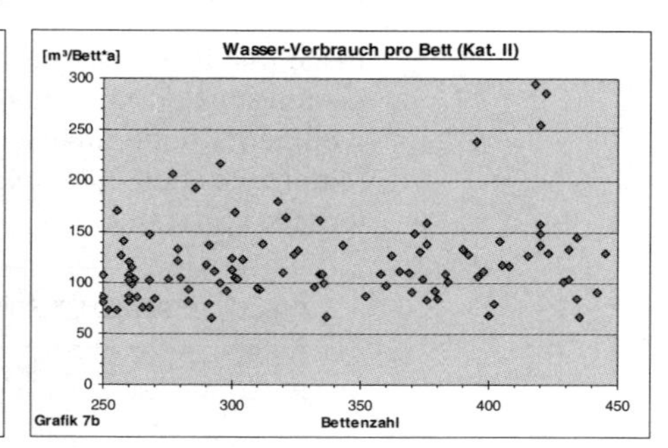

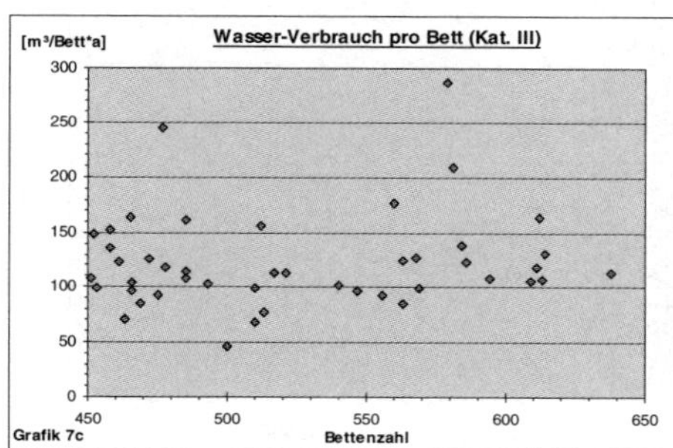

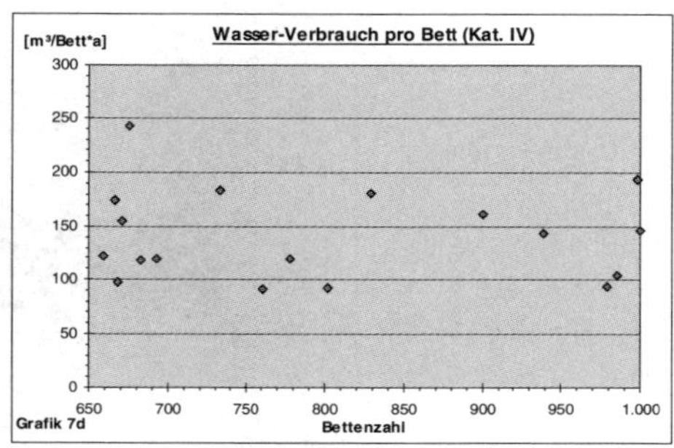

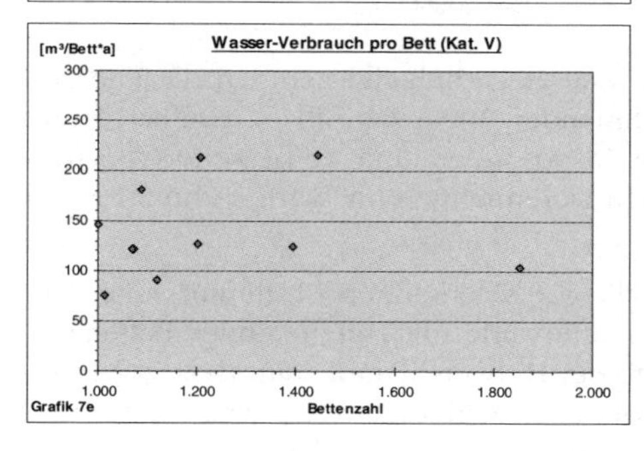

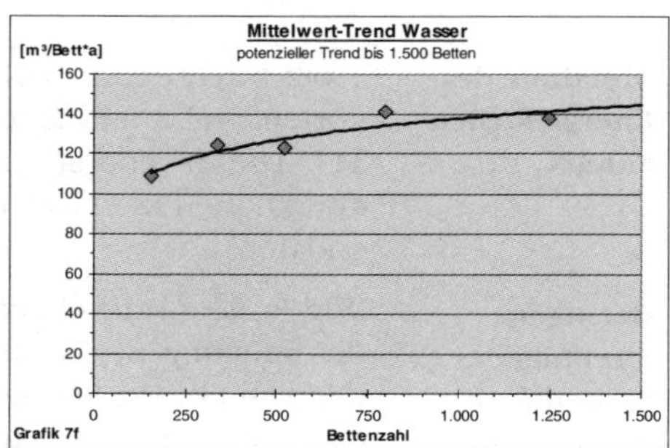

5.2.4 Kosten für Energie und Wasser

In Grafik 10 ist der prozentuale Anteil der Energie- und Wasserkosten an den Gesamtkosten (Personal- und Sachkosten) der jeweiligen Krankenhäuser aufgetragen. Die Kennwerte liegen im Mittel zwischen 2,7% (Kat. I) und 1,9% (Kat. V) und zu 94,2% unterhalb von 4,0%.

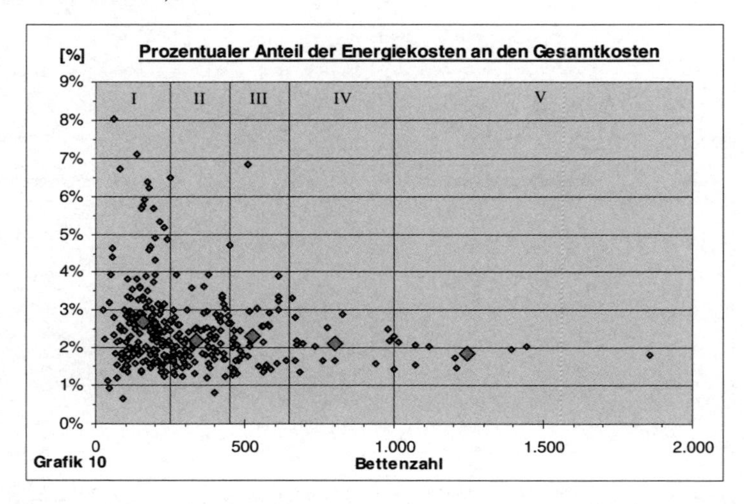

Grafik 10

Abnahme des Energiekostenanteils

Trotz wachsender spez. Energieverbräuche nehmen die Energiekostenanteile mit zunehmender Bettenzahl ab (s. Grafik 10 und 11). Diese Tendenz ist insbesondere mit verbesserten Bezugskonditionen bei größeren Liefermengen für Wärme und Strom zu erklären.

Geringere Streuung der Kostenkennwerte bei großen Einrichtungen

Wie in Grafik 10 ebenfalls gut zu erkennen ist, nimmt außerdem die Streuung der Kostenkennwerte mit zunehmender Bettenzahl deutlich ab. Dies könnte ein Hinweis darauf sein, dass insbesondere bei kleineren Häusern die Verhandlungsspielräume für verbesserte Bezugskonditionen bei Energie und Wasser noch nicht ausgeschöpft sind.

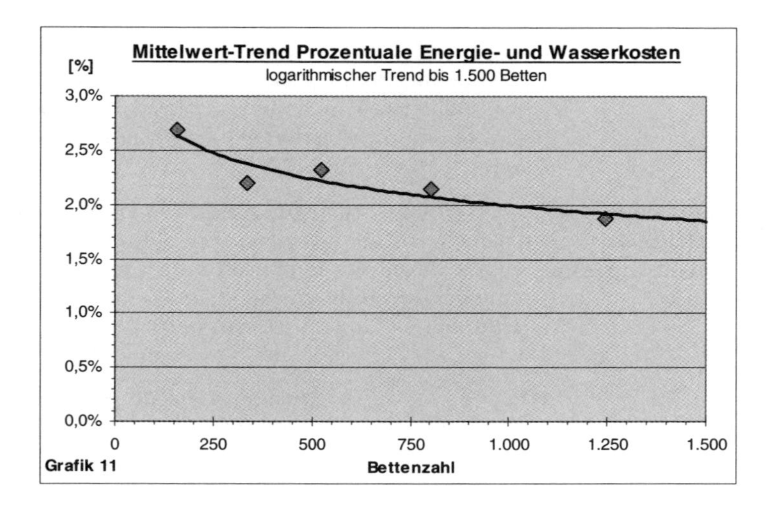

Grafik 11

5.2.5 CO_2-Emissionen

Steigender CO_2-Kennwert bei zunehmender Bettenzahl

Da der CO_2-Ausstoß mit dem Brennstoff- und Strombedarf korreliert, steigt er erwartungsgemäß mit zunehmender Bettenanzahl in etwa gleichem Maße an. Der Zuwachs der mittleren Kennwerte beträgt von Kat. I (10,2 t_{CO2}/(Bett·a)) bis zu Kat. V (22,2 t_{CO2}/(Bett·a)) 117%. Insgesamt liegen 95,9% aller Werte unterhalb von 20,0 t_{CO2}/(Bett·a).

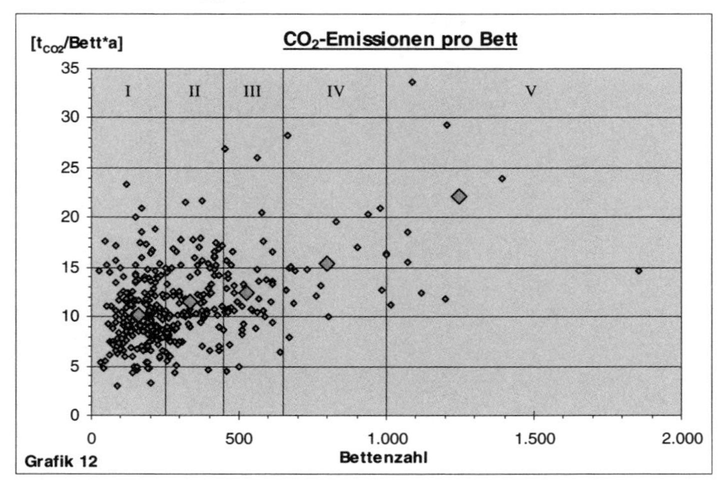

Grafik 12

In Grafik 12 und Grafik 13 ist die Summe aus wärme- und strombedingten Emissionen aufgetragen. Der Anteil der brennstoffbedingten Emissionen beträgt dabei rund 55%, während die dem Strom zurechenbaren Emissionen mit 45% zu Buche schlagen.

Energiemengenverhältnis Wärme zu Strom 3 zu 1

Das Verhältnis der eingesetzten Energiemengen in kWh beträgt dagegen 76% (Wärme) zu 24% (Strom). Obwohl die Sekundärenergie Strom nur einen Anteil von knapp einem Viertel am Gesamtenergieverbrauch hat, trägt sie somit dennoch zu fast der Hälfte der Gesamtemissionen bei.

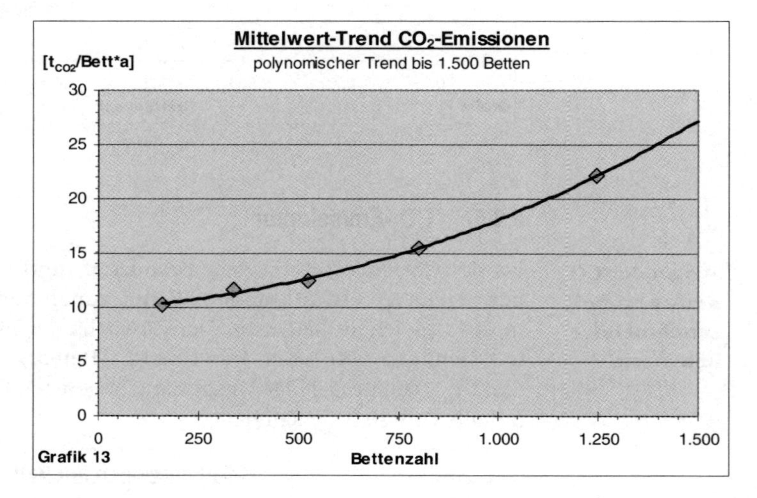

Grafik 13

Grafik 13 zeigt den zunehmenden Trend der spezifischen CO_2-Emissionen für die Mittelwerte der fünf Kategorien.

5.3 Tabellarische Darstellung der Mittel- und Quartilswerte

In diesem Kapitel sind - aufgeschlüsselt nach Kategorien - die durchschnittlichen Bezugskennwerte, die Energie- und Wasserkennwerte, die Kostenkennwerte sowie die CO_2-Emissionskennwerte tabellarisch dargestellt.

Arithm. Mittelwert und Quartilswert als relevante Größen

Neben dem arithmetischen Mittel sind bei den bettenbezogenen Verbrauchskennwerten zusätzlich die 25%-Quartile angegeben. Darunter ist der Mittelwert der 25% niedrigsten Kennwerte innerhalb der jeweiligen Kategorie zu verstehen. Der Quartilswert wird von der VDI-Richtlinie 3807 als anzustrebender Zielwert interpretiert.

Die bettenbezogenen Verbrauchskennwerte sind unter Angabe ihrer Standardabweichung (= Maß für die Streuung um den Mittelwert) innerhalb der einzelnen Kategorien grafisch aufgetragen.

Energiepreise als Durchschnittswerte

Die Tabellen für Wärme, Strom und Wasser enthalten außerdem Angaben zu den Bezugskonditionen von Energie und Wasser (Durchschnittspreise).

Energiepreise nach Postleitzahlen

Am Ende des Kap. 5.3 sind die Bezugskonditionen zusätzlich nach Postleitzahlbereichen aufgeschlüsselt, um die regionale Verteilung des Preisgefüges deutlich zu machen (s. Tab. 5-9).

Preisentwicklung von 1999 bis 2001

Eine weitere Tabelle am Ende des Kapitels zeigt die Preisentwicklung für Energie, Wasser und Abwasser für die Jahre 1999, 2000 und 2001 (s. Tab. 5-10).

5.3.1 Bezugsgrößen

Steigende Flächenanteile je Bett bei zunehmender Krankenhausgröße

Tab. 5-1 zeigt die Veränderungen der mittleren Bezugsgrößen

- Anzahl Planbetten [-]
- Nettogrundfläche NGF pro Planbett [m^2_{NGF}/Bett]
- Bettenauslastung = $\frac{Pd/a}{365d/a \cdot Bettenzahl}$ [%]

zwischen den einzelnen Kategorien. Während die Bettenauslastung mit rund 83% nahezu konstant bleibt, steigt die Nettogrundfläche je Planbett von 80,1 m^2_{NGF}/Bett (Kat. I) auf 124,2 m^2_{NGF}/Bett (Kat. V) an. Dieser Anstieg ist für den in Kap. 5.2 beschriebenen Effekt verantwortlich, dass die betten- und die pflegetagbezogenen Verbrauchskennwerte mit zunehmender Bettenzahl ansteigen, die flächenbezogenen Werte hingegen annähernd konstant bleiben.

Nr.	Betten-Kategorie	Anzahl Häuser	durchschnittliche Anzahl Betten	Fläche je Planbett	Betten-Auslastung
			-	m_{NGF}^2/Bett	%
I	**1 - 250**	**190**	159	80,1	82,8
II	**251 - 450**	**101**	337	72,9	81,0
III	**451 - 650**	**45**	524	89,1	83,9
IV	**651 - 1.000**	**18**	801	91,2	85,9
V	**über 1.000**	**10**	1.247	124,2	84,7
I...V	**Gesamt**	**364**	315	81,1	82,6

Tab. 5-1 Mittlere Kennwerte für die Bezugsgrößen (Kat. I bis V)

5.3.2 Wärmekennwerte

Heizöl knapp vor Gas

Die günstigste Kilowattstunde Wärme konnte im Gesamtdurchschnitt des Bilanzjahres 2000 mit leichtem Heizöl (HEL) zu einem Preis von 3,10 Ct/kWh$_{Hu}$ eingekauft werden. Erdgas war mit 3,26 Ct/kWh$_{Hu}$ nur geringfügig teurer. Das Preisniveau für die Endenergie „Fernwärme" liegt rund 50% bei Heißwasser bzw. 60% bei Dampf über dem Primärenergiepreis für Heizöl (s. Tab. 5-2).

Große Preisschwankungen bei Heizöl, geringere Abweichungen bei Gas

Die Preisschwankungen der Kategorie-Durchschnittswerte gegenüber den Gesamt-Durchschnittswerten sind bei Heizöl mit -19% bis +24% besonders ausgeprägt und uneinheitlich. Die Kategorie-Gaspreise variieren dagegen nur zwischen -7% und +6%. Einzig bei Fernwärme ist ein klarer Trend zu abnehmenden Preisen bei zunehmender Bettenzahl zu erkennen. Dabei ist zu erwähnen, dass insbesondere die großen Krankenhäuser prozentual häufig und in großen Mengen Fernwärme beziehen. So werden nur 11% der Häuser aus Kat. I mit durchschnittlich 3,07 Mio. kWh/a Fernwärme versorgt, während es bei Kat. V 70% mit durchschnittlich 46,03 Mio. kWh/a sind.

Massiver Preisanstieg

Interessant ist ein Vergleich der 2000er-Wärmepreise mit dem Bilanzjahr 1999. Gegenüber dem Vorjahr sind die durchschnittlichen Bezugskosten für Heizöl um 38,0%, für Erdgas um 32,2% und für Fernwärme um 9,3% (Heißwasser) bzw. 6,7% (Dampf) gestiegen.

Nr.	Betten-Kategorie	Anzahl Häuser	Ø Wärme-Preise			
			Heizöl EL (Heizwert)	Gas (Heizwert)	Fernwärme Heißwasser	Fernwärme Dampf
			Ct/kWh$_{Hu}$	Ct/kWh$_{Hu}$	Ct/kWh	Ct/kWh
I	1 - 250	190	3,21	3,32	5,05	5,63
II	251 - 450	101	2,96	3,24	4,62	4,94
III	451 - 650	45	3,14	3,08	4,52	5,26
IV	651 - 1.000	18	2,51	3,05	4,35	4,05
V	über 1.000	10	3,84	3,45	4,03	4,86
I...V	Gesamt	364	3,10	3,26	4,63	5,03

Tab. 5-2 Mittlere Kennwerte für die Wärme-Preise (Kat. I bis V)

Die durchschnittlichen Wärmepreise sind in Tab. 5-9 detailliert nach Postleitzahlbereichen aufgeschlüsselt.

In Tab. 5-3 sind die mittleren Wärmeverbrauchskennwerte der einzelnen Kategorien wiedergegeben, welche bereits in den Punkteschar-Grafiken 1, 2 und 3 in Kap. 5.2.1 aufgetragen und diskutiert wurden. Bei den Betten-Kennwerten sind zusätzlich die 25%-Quartilswerte (= Mittel aus den jeweils 25% niedrigsten Werten) angegeben.

Nr.	Betten-Kategorie	Anzahl Häuser	Spez. Wärme-Verbrauch pro Bett Ø	Spez. Wärme-Verbrauch pro Bett 25%-Quartil	pro m² NGF Ø	pro Pflegetag Ø
			kWh/(Bett·a)	kWh/(Bett·a)	kWh/(m²·a)	kWh/Pd
I	1 - 250	190	22.613	15.981	321,9	76,6
II	251 - 450	101	23.991	17.264	365,9	82,2
III	451 - 650	45	27.031	20.760	344,4	88,7
IV	651 - 1.000	18	31.561	24.990	378,9	101,4
V	über 1.000	10	47.556	29.784	402,4	160,7
I...V	Gesamt	364	24.670	17.579	341,9	83,2

Tab. 5-3 Mittel- und Quartils-Kennwerte für die Wärme-Verbräuche (Kat. I bis V)

Wärmeverbrauchskennwert pro Bett steigt mit der Bettenzahl

Der bereits erwähnte starke Anstieg der Bettenkennwerte und die ausgeprägte Streuung der Werte innerhalb der Kat. V werden in Abb. 5-4 nochmals verdeutlicht.

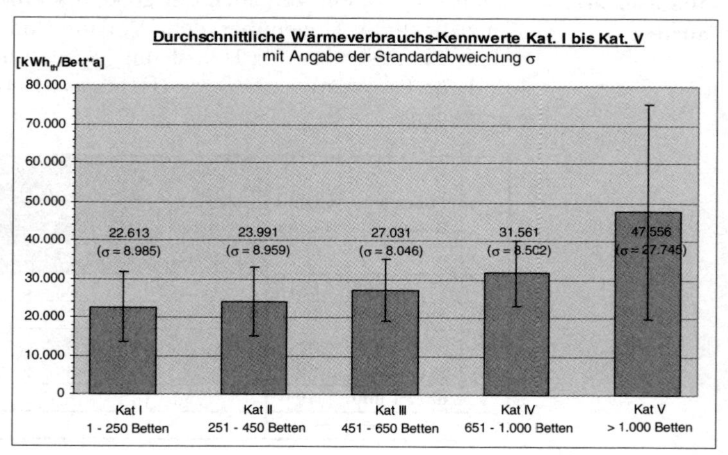

Abb. 5-4 Mittlere Wärmeverbrauchs-Kennwerte pro Bett mit Angabe der Standardabweichung σ (Kat. I bis V)

5.3.3 Stromkennwerte

Bei den Stromkennwerten sind zusätzlich zu den Verbräuchen und Preisen Angaben über spez. Leistungsspitzen und über die mittleren Vollbenutzungsstunden als ein Maß für die Auslastung im Strombezug gemacht.

5.3.3.1 Stromverbrauch und Preise

In Tab. 5-4 sind die mittleren Preise, die mittleren Stromverbrauchskennwerte sowie - bei den Bettenkennwerten - die 25%-Quartile der einzelnen Kategorien wiedergegeben.

Stromverbrauchskennwert pro Bett steigt mit der Bettenzahl

Die Verbrauchskennwerte wurden bereits in Kap. 5.2.2 (Grafik 4, 5 und 6) behandelt. Abb. 5-5 veranschaulicht abermals den Anstieg der Bettenkennwerte und der Streuung der Werte mit zunehmender Bettenzahl. Auffällig ist, dass von Kat. I zu Kat. V die Quartilswerte mit +55% nicht in dem gleichen Maße ansteigen wie die Mittelwerte mit +88%. D.h. es gibt auch in den oberen Kategorien Häuser mit relativ günstigen Verbrauchskennwerten.

Nr.	Betten-Kategorie	Anzahl Häuser	Ø Preis Fremd-Bezug	Spez. Strom-Verbrauch			
				pro Bett		pro m² NGF	pro Pflegetag
				Ø	25%-Quartil	Ø	Ø
			Ct/kWh	kWh/(Bett·a)	kWh/(Bett·a)	kWh/(m²·a)	kWh/Pd
I	1 - 250	190	8,54	6.862	5.199	99,3	23,2
II	251 - 450	101	7,48	8.257	6.493	124,6	28,2
III	451 - 650	45	7,59	8.249	6.120	111,6	27,4
IV	651 - 1.000	18	8,05	11.099	8.717	137,4	35,6
V	über 1.000	10	7,35	12.876	8.048	112,7	42,5
I...V	Gesamt	364	8,07	7.786	5.731	110,1	26,2

Tab. 5-4 Durchschnittliche Preise und spezifische Verbräuche von Strom (Kat. I bis V)

Uneinheitliches Bild bei Strompreisen

Die Strompreise fallen zwar insgesamt von Kat. I bis Kat. V um 14%, das Preisgefälle ist jedoch nicht - anders als zu erwarten wäre - durchgängig. So steigen die durchschnittlichen Bezugskosten beim Übergang von Kat. II nach III und beim Übergang von Kat. III nach IV jeweils wieder leicht an. Ein Erklärungsansatz für die relativ schlechten Bezugskonditionen in Kat. IV sind die geringen Vollbenutzungsstunden (vgl. Tab. 5-5).

BHKW beeinflusst Konditionen für Reststrombezug stark

Überdurchschnittlich hohe Strombezugspreise ergeben sich u.a. dann, wenn der Grundlastbedarf durch ein eigenes BHKW gedeckt wird und nur die Lastspitzen aus dem Netz bezogen werden. Dieser Effekt kann dann vereinzelt zu unerwartet hohen Strompreisen in großen Krankenhäusern führen, wie dies beispielsweise im Postleitzahlbereich 9 in Kat. IV der Fall ist (s. Tab. 5-9).

Preisreduzierung

Anders als bei der Wärme haben die Strompreise im Bilanzjahr 2000 gegenüber dem Vorjahr um 11,7% im Gesamtdurchschnitt nachgegeben.

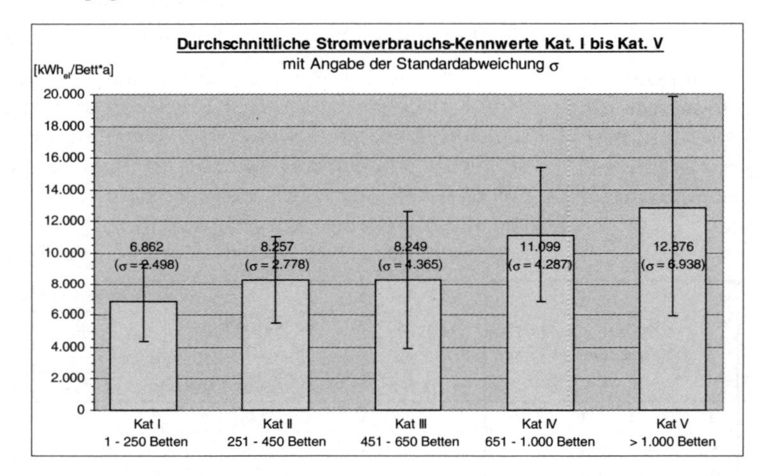

Abb. 5-5 Mittlere Stromverbrauchs-Kennwerte pro Bett mit Angabe der Standardabweichung σ (Kat. I bis V)

5.3.3.2 Leistungsspitze

Große Krankenhäuser mit hohen Spitzen

Das gemittelte Leistungsmaximum aller untersuchten Häuser liegt bei rund 1,8 kW$_{el}$/Bett (Tab. 5-5). Die größeren, spezialisierteren Kliniken weisen demgegenüber mit durchschnittlich +22% (Kat. IV) bzw. +41% (Kat. V) deutlich erhöhte Bezugsspitzen auf.

Vollbenutzungsstunden als Maß für die Auslastung

Die Vollbenutzungsstunden sind definiert als Quotient von Jahresstrommenge zu Leistungsmaximum und können - rein theoretisch - bis zu 8.760 h/a betragen. Sie sind ein Maß dafür, wie gut die Auslastung des Strombezugs ist. Mit Ausnahme von Kat. IV wird die durchschnittliche Auslastung mit zunehmender Bettenzahl immer besser. Insgesamt erhöhen sich die Vollbenutzungsstunden von der ersten bis zur fünften Kategorie um über 27%.

Nr.	Betten-Kategorie	Anzahl Häuser	Ø Vollbenutzungsstunden	Ø spez. Leistungsspitze		
				pro Bett	pro m² NGF	pro Pflegetag
			h/a	W/Bett	W/m²	W/Pd
I	1 - 250	190	3.756	1.813	26,7	6,12
II	251 - 450	101	4.567	1.746	25,7	5,97
III	451 - 650	45	4.671	1.681	21,2	5,54
IV	651 - 1.000	18	4.207	2.224	28,3	7,17
V	über 1.000	10	4.785	2.571	24,1	8,38
I...V	Gesamt	364	4.145	1.823	25,8	6,13

Tab. 5-5 Mittlere Kennwerte für die Vollbenutzungsstunden und die spez. Leistungsspitzen beim Strom (Kat. I bis V)

5.3.4 Wasserkennwerte

Tab. 5-6 listet die Preise für Wasser und Abwasser sowie die Wasserverbrauchs-Kennwerte auf.

Regionaler Einfluss auf Wasserpreis maßgeblicher als Krankenhausgröße

Der durchschnittlich zu entrichtende Preis für eingeleitetes Abwasser liegt mit 2,06 €/m³ fast ein Drittel höher als der mittlere Bezugspreis für Wasser von 1,57 €/m³. Sowohl die mittleren Wasser- als auch die mittleren Abwasserpreise tendieren innerhalb der fünf Kategorien uneinheitlich. Der Einfluss regionaler Strukturen führt zu sehr großen Schwankungen in den Bezugs- und Einleitungskonditionen und ist in diesem Fall bedeutender als die Krankenhausgröße bzw. die Menge des bezogenen Wassers. Die Bandbreite der regionalen Unterschiede verdeutlicht Tab. 5-9.

Konstante Konditionen

Gegenüber dem Bilanzjahr 1999 blieben die Wasser- (+0,8%) bzw. Abwasserpreise (-0,1%) nahezu konstant.

Geringe Zunahme der Verbrauchskennwerte pro Bett

Die mittleren Kategorie-Verbrauchskennwerte pro Bett, pro Nettogrundfläche und pro Pflegetag sind in den Grafiken 7, 8 und 9 (Kap. 5.2.3) aufgetragen. Wie aus Abb. 5-6 zu erkennen ist, steigen die Bettenkennwerte mit zunehmender Bettenzahl nicht so stark an wie es bei der Wärme oder dem Strom der Fall ist. Eine Zunahme der Streuung (Standardabweichung) ist nicht feststellbar.

Nr.	Betten-Kategorie	Anzahl Häuser	Ø Preise		Spez. Wasser-Verbrauch			
			Fremd-Bezug	Abwasser-Einleitung	pro Bett		pro m² NGF	pro Pflegetag
					Ø	25%-Quartil	Ø	Ø
			€/m³	€/m³	m³/(Bett·a)	m³/(Bett·a)	m³/(m²·a)	m³/Pd
I	**1 - 250**	**190**	1,58	2,13	108,8	84,2	1,58	0,37
II	**251 - 450**	**101**	1,60	1,98	123,9	95,1	1,87	0,42
III	**451 - 650**	**45**	1,42	2,06	122,8	98,5	1,59	0,41
IV	**651 - 1.000**	**18**	1,55	1,87	141,0	107,4	1,79	0,45
V	**über 1.000**	**10**	1,78	1,86	137,3	103,6	1,31	0,45
I...V	**Gesamt**	**364**	1,57	2,06	117,1	91,5	1,66	0,39

Tab. 5-6 Durchschnittliche Preise und spezifische Verbräuche von Wasser (Kat. I bis V)

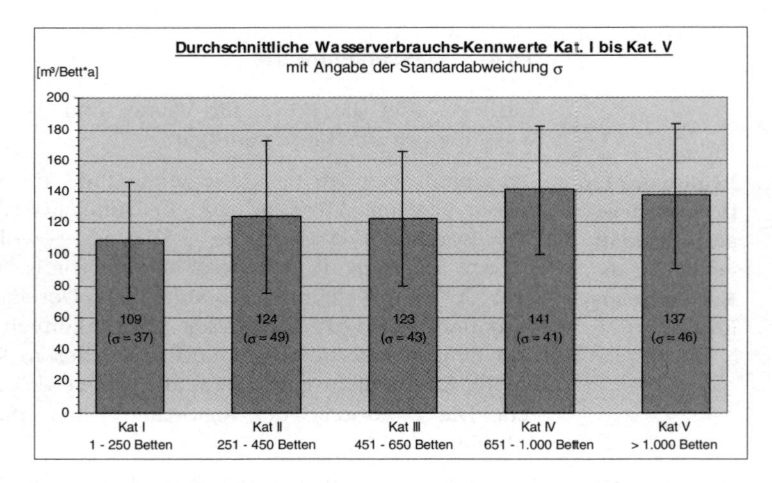

Abb. 5-6 Mittlere Wasserverbrauchs-Kennwerte pro Bett mit Angabe der Standardabweichung σ (Kat. I bis V)

5.3.5 Kostenkennwerte

Die summierten Kosten für Wärme, Strom, Wasser und Abwasser betragen im Mittel 2,5% jeweils bezogen auf die Gesamtkosten (Personal- und Sachkosten) der Häuser.

Stark steigende Kosten pro Bett von Kat. I bis V

Insbesondere aufgrund der höheren spezifischen Energieverbräuche in den großen Krankenhäusern nehmen auch die aufzuwendenden spez. Kosten von 1.717 €/(Bett·a) (Kat. I) bis 2.708 €/(Bett·a) (Kat. V) stark zu (s. Tab. 5-7). Dennoch fallen - wie bereits in Kap. 5.2.4 beschrieben - die prozentualen Kostenanteile an den Gesamtkosten von 2,7% in Kat. I auf 1,9% in Kat. V (s. Grafik 10).

Ca. 80.000 € Gesamtkosten pro Bett und Jahr

Die Gesamtkosten selber betragen im Durchschnitt über alle Kategorien rund 80.400 €/(Bett·a). Die Zuwachsrate der mittleren spez. Gesamtkosten von Kat. I (70.400 €/(Bett·a)) nach Kat. V (139.700 €/Bett·a)) liegt mit rund 98% in der Größenordnung der Zuwachsraten bei den spez. Energieverbräuchen pro Bett (+110% bei Wärme und +88% bei Strom), jedoch deutlich über der Zuwachsrate beim spez. Wasserbedarf (+26%).

Nr.	Betten-Kategorie	Anzahl Häuser	Ø spez. Kosten für Energie u. Wasser			
			prozentual an Gesamtkosten	pro Bett	pro m² NGF	pro Pflegetag
			%	€/(Bett·a)	€/(m²·a)	€/Pd
I	1 - 250	190	2,7%	1.717	24,84	5,80
II	251 - 450	101	2,2%	1.821	27,81	6,23
III	451 - 650	45	2,3%	1.838	24,09	6,07
IV	651 - 1.000	18	2,1%	2.231	27,69	7,19
V	über 1.000	10	1,9%	2.708	25,23	9,01
I...V	Gesamt	364	2,5%	1.814	25,72	6,12

Tab. 5-7 Spezifische Kosten für die Summe aus Energie- und Wasserkosten (Kat. I bis V)

5.3.6 CO_2-Emissionen

Starker Anstieg der CO_2-Emissionen pro Bett von Kat. I bis V

Wie aus Tab. 5-8 ersichtlich ist, steigen sowohl die betten- als auch die pflegetagbezogenen CO_2-Emissionen von Kat. I nach Kat. V um über 100% an. Bei den flächenbezogenen Werten ist der Anstieg - ähnlich wie bei den spez. Energieverbräuchen - mit +30% nicht ganz so drastisch.

11,45 t CO_2 pro Bett und Jahr

Im Gesamtdurchschnitt resultieren aus den Wärme- und Stromverbräuchen der untersuchten Krankenhäuser 11,45 t_{CO2} pro Bett und Jahr.

[M. Faßbach]

Im Vergleich dazu emittiert ein Drei-Personen-Haushalt mit einem Jahresstrombedarf von 3.500 kWh und einem Heizwärmebedarf von 15.000 kWh Erdgas (entsprechend 150 kWh pro Quadratmeter und Jahr bei einer beheizten Wohnfläche von 100 m^2) rund 2,0 t_{CO2} pro Person und Jahr.

Nr.	Betten-Kategorie	Anzahl Häuser	Ø spez. CO_2-Emissionen pro Bett t/(Bett·a)	Ø spez. CO_2-Emissionen pro m² NGF kg/(m²·a)	Ø spez. CO_2-Emissionen pro Pflegetag kg/Pd
I	1 - 250	190	10,24	147,0	34,7
II	251 - 450	101	11,55	175,6	39,5
III	451 - 650	45	12,37	161,3	40,9
IV	651 - 1.000	18	15,47	193,4	49,6
V	über 1.000	10	22,21	190,7	74,6
I...V	Gesamt	364	11,45	160,2	38,6

Tab. 5-8 Mittlere Kennwerte für die wärme- und strombedingten CO_2-Emissionen (Kat. I bis V)

Die bettenbezogenen Kennwerte sind in Kap. 5.2.5 in Form einer Punkteschar grafisch dargestellt (Grafik 12).

PLZ-Bereich	Kat.	Anzahl	Heizöl EL (Heizwert)	Gas (Heizwert)	Fernwärme (Heißwasser)	Fernwärme (Dampf)	Strom-Bezug	Wasser-Bezug	Abwasser-Einleitung
			Ct/kWh_{Hu}	Ct/kWh_{Hu}	Ct/kWh	Ct/kWh	Ct/kWh_{el}	€/m³	€/m³
0	I	19	3,13	3,80	7,32	6,72	10,28	2,14	2,87
	II	6	3,71	3,79	5,70		8,61	2,23	2,39
	III	5	3,17	3,46	5,46		8,04	1,55	2,43
	IV	<3							
	V	3	4,48	4,07	4,19	4,32	8,58	2,42	2,19
1	I	19	4,14	3,29	3,35		12,08	1,70	2,88
	II	4	3,01	3,00	4,52		8,53	1,58	2,45
	III	<3							
	IV	<3							
	V	<3							
2	I	11	3,73	3,50	4,13	4,66	8,57	1,22	1,98
	II	6	2,57	3,12	4,28		7,31	1,18	2,07
	III	5		3,06	4,68	6,59	8,18	1,46	2,31
	IV	<3							
	V	<3							
3	I	19	3,50	3,25	5,00		8,91	1,55	2,46
	II	14	3,64	3,32	5,31	4,04	7,82	1,45	2,07
	III	5	2,60	3,45		3,42	7,53	1,66	1,95
	IV	4	1,93	2,87	3,66	3,01	7,34	1,57	2,57
	V	<3							
4	I	19	3,56	3,08			7,97	1,46	2,09
	II	18	3,49	3,03	4,46	5,45	6,97	1,52	1,83
	III	9	3,07	2,85	3,84	4,78	6,53	1,40	1,50
	IV	<3							
	V	<3							
5	I	19	3,03	3,43	4,17		7,73	1,69	1,81
	II	19	3,05	3,10	4,88	5,87	6,98	1,45	2,10
	III	10	4,06	2,92		4,73	8,92	1,52	2,25
	IV	<3							
	V	<3							
6	I	19	2,81	3,70		5,37	8,67	2,18	2,29
	II	10	2,74	3,50	5,05	4,48	7,09	1,58	1,90
	III	<3							
	IV	3	3,90	3,36	4,62	4,42	6,90	2,14	1,78
	V	<3							
7	I	19	2,53	3,22			8,01	1,54	1,95
	II	12	2,73	2,93	3,28	4,89	7,79	1,89	1,92
	III	<3							
	IV	3	2,00	2,99	3,43		6,39	1,73	1,55
	V	<3							
8	I	19	2,51	3,34	5,58	3,60	8,35	1,08	1,53
	II	8	2,40	3,25	3,99		7,05	1,37	1,55
	III	<3							
	IV	<3							
	V	<3							
9	I	19	3,32	3,04	4,61		7,32	1,42	1,80
	II	4	2,40	3,96	4,43		9,38	2,46	1,64
	III	7	2,45	2,89			6,62	1,18	1,74
	IV	3	1,65	2,86			12,27	1,23	1,62
	V	<3							

Tab. 5-9 Preise für Energie, Wasser und Abwasser nach Postleitzahlbereichen

Nr.	Betten-Kategorie	Bilanz-jahr	WÄRME Heizöl EL (Heizwert)	WÄRME Gas (Heizwert)	WÄRME Fernwärme Heißwasser	WÄRME Fernwärme Dampf	STROM Fremd-Bezug	WASSER Fremd-Bezug	WASSER Abwasser-Einleitung
			Ct/kWh_{Hu}	Ct/kWh_{Hu}	Ct/kWh	Ct/kWh	Ct/kWh	€/m³	€/m³
I	1 - 250	2001	3,39	4,61	7,17	6,23	8,66	1,48	2,01
		2000	3,21	3,32	5,05	5,63	8,54	1,50	2,13
		1999	2,27	2,51	4,26	5,27	9,67	1,56	2,11
II	251 - 450	2001	3,22	4,12	5,66	5,94	7,90	1,59	2,26
		2000	2,96	3,24	4,62	4,94	7,48	1,60	1,98
		1999	2,26	2,50	4,29	5,56	8,67	1,55	2,10
III	451 - 650	2001	3,68	3,94	4,98	k.A.	7,76	1,61	1,99
		2000	3,14	3,08	4,52	5,26	7,59	1,42	2,06
		1999	1,94	2,29	4,25	4,56	8,40	1,53	1,90
IV	651 - 1.000	2001	3,56	3,79	5,69	4,50	8,13	1,73	2,25
		2000	2,51	3,05	4,35	4,05	8,05	1,55	1,87
		1999	2,44	2,16	4,21	3,12	8,11	1,47	1,85
V	über 1.000	2001	3,37	4,25	5,07	6,39	8,50	1,90	2,27
		2000	3,84	3,45	4,03	4,86	7,35	1,78	1,86
		1999	2,77	2,61	3,57	3,77	8,08	1,79	1,76
I...V	Gesamt	2001	3,42	4,22	5,93	5,41	8,20	1,58	2,12
		2000	3,10	3,26	4,63	5,03	8,07	1,57	2,06
		1999	2,25	2,47	4,24	4,71	9,14	1,56	2,06

Tab. 5-10 Preisentwicklung für Energie, Wasser und Abwasser in den Jahren 1999 bis 2001

5.4 Vergleich mit VDI-Richtlinie / ages-Studie

Vergleich mit der ages-Studie 1999

In diesem Kapitel wird ein Vergleich der aktuell ermittelten Kennwerte (infas-Studie 2003) mit Kennwerten aus früheren Veröffentlichungen vorgenommen. Dass dieser Vergleich in erster Linie nicht mit den VDI-Kennwerten aus der Richtlinie 3807 [2.6], sondern mit den Daten der ages-Studie 1999 [2.12] vorgenommen wird, hat zwei Gründe: Zum einen stimmen die VDI-Werte mit den Werten der ages-Studie aus dem Jahre 1996 [2.8] überein, so dass mit den 1999-Werten auf aktuelleres Datenmaterial zurückgegriffen werden kann. Zum anderen waren in der VDI-Richtlinie statt arithmetischer Mittelwerte Modalwerte angegeben. Bei geringem Stichprobenumfang und bei Verteilungen, die stark von einer Normalverteilung abweichen, erweist sich deren Aussagekraft jedoch als problematisch (vgl. Kap. 2.4.2 und 2.4.6).

ages-Studie 1996 als Basis der VDI-Richtlinie

In der ages-Studie 1996 (bzw. auch in der VDI-Richtlinie) wurden Daten von rund 240 Krankenhäusern veröffentlicht, die sich *„überwiegend auf die Verbräuche in den Jahren 1993 bis 1995“* beziehen, also nicht aus ein und demselben Bilanzjahr stammen.

Die ages-Studie 1999 hat einen Datenpool von 285 Häusern ebenfalls aus mehreren Bilanzjahren.

Abweichungen teilweise erheblich

Der Vergleich der infas-Kennwerte mit den Kennwerten aus der ages-Studie 1999 zeigt, dass die bettenbezogenen Verbrauchswerte zum Teil erheblich voneinander abweichen (s. Tab. 5-11).

Nr.	Betten-Kategorie	Anzahl Häuser (Stichprobenumfang)		Wärme $\Delta_{infas - ages}$ [%]		Strom $\Delta_{infas - ages}$ [%]		Wasser $\Delta_{infas - ages}$ [%]	
		infas*	ages**	Mittelwert	25%-Quartil	Mittelwert	25%-Quartil	Mittelwert	25%-Quartil
I	1 - 250	190	95 - 102	- 7,1%	+ 11,5%	+ 25,3%	+ 48,2%	- 14,4%	+ 10,5%
II	251 - 450	101	52 - 76	+ 2,0%	+ 17,4%	+ 23,0%	+ 41,9%	- 15,0%	- 2,2%
III	451 - 650	45	38 - 46	+ 3,7%	+ 18,6%	+ 23,0%	+ 35,4%	- 26,2%	- 20,3%
IV	651 - 1.000	18	22 - 27	+ 19,0%	+ 23,6%	+ 41,4%	+ 65,6%	- 2,7%	+ 23,9%
V	über 1.000	10	30 - 31	+ 12,9%	+ 24,8%	- 5,7%	+ 51,2%	- 89,9%	- 38,5%
I...V	Gesamt	364	241 - 285	- 12,0%	+ 11,4%	+ 12,9%	+ 41,8%	- 45,0%	+ 4,2%

* alle Werte aus Bilanzjahr 2000

** Werte aus mehreren Bilanzjahren, Stichprobenumfang variiert in den Bereichen Wärme, Strom und Wasser in den angegebenen Grenzen

Tab. 5-11 Vergleich der auf Planbetten bezogenen Verbrauchs-Kennwerte der infas-Studie 2003 (Bilanzjahr 2000) mit denen der ages-Studie 1999 (über mehrere Bilanzjahre)

Mittelwerte

Betrachtet man zunächst die ***(arithm.) Mittelwerte***, so betragen die relativen Abweichungen beim *Brennstoffverbrauch* (Wärme) maximal -7,1% (Kat. I) bzw. +19,0% (Kat. IV) und über alle Kategorien gemittelt -12,0%.

Die *Stromkennwerte* liegen mit Ausnahme von Kat. IV (+41,4%) und Kat. V (-5,7%) rund ein Viertel über den Werten aus der ages-Studie.

Der *Wasserverbrauch* ist im Gegensatz zu den Energie-Kennwerten in allen Kategorien unterhalb der ages-Werte angesiedelt. Zwischen den Kategorien sind die Schwankungen der Abweichungen beim Wasser von -2,7% (Kat. IV) bis zu -89,9% (Kat. V) besonders groß.

Quartilswerte

Bei den ***25%-Quartilen*** liegen bei der *Wärme* die infas-Werte um +11,5% (Kat. I) bis +24,8% (Kat. V) über den ages-Werten.

Beim *Strom* fallen die Unterschiede mit +35,4% (Kat. III) bis +65,6% (Kat. IV) noch deutlicher aus.

Lediglich beim Vergleich der *Wasserkennwerte* gibt es Schwankungen in den Kategoriekennwerten zwischen negativen (-38,5% in Kat. V) und positiven Werten (+23,9% in Kat. IV).

Abweichungen der Kategoriekennwerte und Gesamtkennwerte

Auffallend ist, dass die Abweichungen der Kategoriekennwerte sowohl bei Wärme und Strom als auch beim Wasser nicht unbedingt mit den Abweichungen bei den Gesamtkennwerten korrelieren. Dabei ist zu berücksichtigen, dass die ages-Mittelwerte jeweils als die Summe aller Verbräuche geteilt durch die Summe aller Planbetten ermittelt wurden. Bei dieser Methode werden die zahlenmäßig wenigen, aber überproportional viel Energie- und Wassermengen verbrauchenden großen Häuser stärker gewichtet als die kleinen.

Hingegen wurden in der infas-Studie - analog zur Bildung der Durchschnittspreise - zunächst die Kennwerte für jedes einzelne Krankenhaus berechnet, um daraus die Kategorie- und Gesamtkennwerte zu mitteln. Dies führt zu einer stärkeren Gewichtung der häufiger vertretenen kleineren Häuser, da jedes Haus gleichberechtigt in die Kennwertermittlung eingeht.

Noch in anderer Hinsicht können die in Tab. 5-11 aufgezeigten Abweichungen mit unterschiedlichen Vorgehen bei der Herleitung der Kennwerte begründet werden:

Einflussfaktor Witterungsbereinigung

So wurden bei der vorliegenden Untersuchung sämtliche Heizenergieverbräuche - nach Abzug des prozessbedingten Wärmebedarfs - aufwändig witterungsbereinigt (s. Kap. 4.3).

Bei der ages/VDI-Untersuchung wurde eine solche Korrektur nicht vorgenommen. Die Gesamt-Korrekturfaktoren für die Witterungsbereinigung des Heizwärmebedarfs schwanken in der infas-Studie 2003 zwischen den Extremfällen $0{,}67 < f_{gesamt} < 1{,}77$ und liegen durchschnittlich 23% über dem langjährigen Mittel des Referenzstandortes Würzburg. Der Einfluss der Witterung stellt somit eine nicht zu vernachlässigende Größe dar.

Prozessbereinigung als weiterer Einflussfaktor

Ein weiterer Punkt ist, dass in der infas-Studie 2003 in allen Bereichen (Wärme, Strom und Wasser) die ggf. in einer hauseigenen Wäscherei verbrauchten Energie- und Wassermengen vom Gesamtbedarf abgezogen wurden. Da nur noch in knapp 13% der Häuser die Wäscherei in Eigenregie betrieben wird, ist durch diese Vorgehensweise die Vergleichbarkeit der Krankenhäuser untereinander besser gewährleistet.

Abbau von Betten als mögliche Ursache

Eine Ursache für höhere Verbrauchskennwerte in neueren Studien kann darin begründet liegen, dass der Abbau der (Plan-) Betten in den vergangenen Jahren - bei angenommen gleichbleibenden absoluten Energie- und Wasserverbräuchen - zu einem Anstieg der bettenbezogenen Kennwerte führte.

Inhaltsverzeichnis

6 Schlussfolgerungen aus der Fragebogenaktion

Umfassendste Erhebung für ein Bilanzjahr

Mit den hier betrachteten Untersuchungsergebnissen aus dem Teilprojekt „Energetisches Benchmarking für Krankenhäuser" von 364 Häusern aus dem Jahr 2000 liegt das umfassendste Datenmaterial vor, das je für ein einzelnes Bilanzjahr im Energiebereich deutscher Krankenhäuser erfasst wurde.

Seit Beginn der Datenerhebung und -auswertung haben sich über 700 Krankenhäuser [Stand: August 2003] an dem Projekt beteiligt. Viele Häuser nehmen zudem jährlich teil und bauen somit eine Historie der Verbrauchs- und Kostenentwicklung auf.

3 Bezugsgrößen

Neben den Betten-Kennwerten liegen auch erstmals in größerer Anzahl Kennwerte vor, die sich neben der Bettenzahl auf die Nettogrundfläche NGF bzw. auf die Pflegetage beziehen (zukünftig Fallzahlen; s. Kap. 4.3).

Verbrauchs- und Kostenkennwerte

Kategorien und Regionen

Individuelle Auswertungen

Darüber hinaus wurden neben den Verbrauchs- auch Kostenkennwerte gebildet. Zusammen mit den Preisangaben für Wärme, Strom und Wasser geben sie - gestaffelt nach Kategorien sowie bei den Preisen zusätzlich regional differenziert - eine wertvolle Hilfe bei der Einordnung des eigenen Objekts (Krankenhauses). So soll den Häusern mit den vorliegenden Daten bzw. der individuellen Auswertung ein Instrumentarium an die Hand gegeben werden, das es ermöglicht, sowohl aus energetischer als auch aus wirtschaftlicher Sicht erste Ansatzpunkte für Einsparpotenziale abzuleiten.

6.1 Überblick und Trends

In Tab. 6-1 sind die in Kap. 5.2 und 5.3 behandelten, auf Planbetten bezogenen Verbrauchskennwerte aus der infas-Studie 2003 zusammengefasst.

Nr.	Betten-Kategorie	Anzahl Häuser	Wärme kWh/(Bett·a)		Strom kWh/(Bett·a)		Wasser m³/(Bett·a)	
			Mittelwert	25%-Quartil	Mittelwert	25%-Quartil	Mittelwert	25%-Quartil
I	**1 - 250**	**190**	22.613	15.981	6.862	5.199	108,8	84,2
II	**251 - 450**	**101**	23.991	17.264	8.257	6.493	123,9	95,1
III	**451 - 650**	**45**	27.031	20.760	8.249	6.120	122,8	98,5
IV	**651 - 1.000**	**18**	31.561	24.990	11.099	8.717	141,0	107,4
V	**über 1.000**	**10**	47.556	29.784	12.876	8.048	137,3	103,6
I...V	**Gesamt**	**364**	24.670	17.579	7.786	5.731	117,1	91,5

Tab. 6-1 Übersicht über die in der infas-Studie 2003 ermittelten bettenbezogenen Verbrauchskennwerte für Energie und Wasser (arithmetische Mittel und 25%-Quartile)

Trendlinien zur Verdeutlichung

Um die Entwicklung der Verbrauchskennwerte von Kategorie zu Kategorie zu verdeutlichen, wurde in den Grafiken 1f, 4f und 7f jeweils mit Hilfe der arithmetischen Kategorie-Mittelwerte für Wärme, Strom und Wasser eine Trendlinie generiert.

Methode der kleinsten Quadrate

Die auf der folgende Seite vergrößert dargestellten Trendlinien aus Kap. 5.2 wurden nach der Methode der kleinsten Quadrate berechnet. Die Auswahl des am besten geeigneten Funktionstypen (linear, polynomisch, logarithmisch, exponentiell oder potenziell) wurde mit Hilfe der Kriterien „Bestimmtheitsmaß“ und „Randwerte“ optimiert. Das Bestimmtheitsmaß $0 < r^2 < 1$ ist ein Maß für die Übereinstimmung der gewählten Trendlinie mit den vorgegebenen Mittelwert-Punkten. Mit Hilfe der Extrapolation zu sehr kleinen (Bettenzahl $\rightarrow 0$) bzw. sehr großen Randwerten (Bettenzahl $\rightarrow \infty$) kann die Eignung des Funktionstypen für die Randbereiche getestet werden.

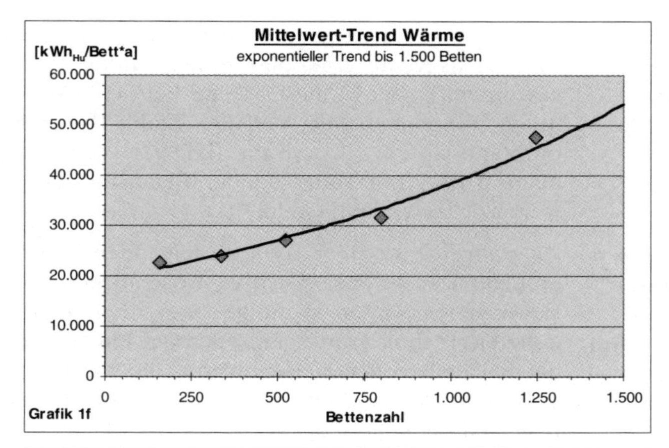
Mittelwert-Trend Wärme
exponentieller Trend bis 1.500 Betten
[kWh_Hu/Bett*a]
60.000
50.000
40.000
30.000
20.000
10.000
0
0
250
500
750
1.000
1.250
1.500
Bettenzahl
Grafik 1f

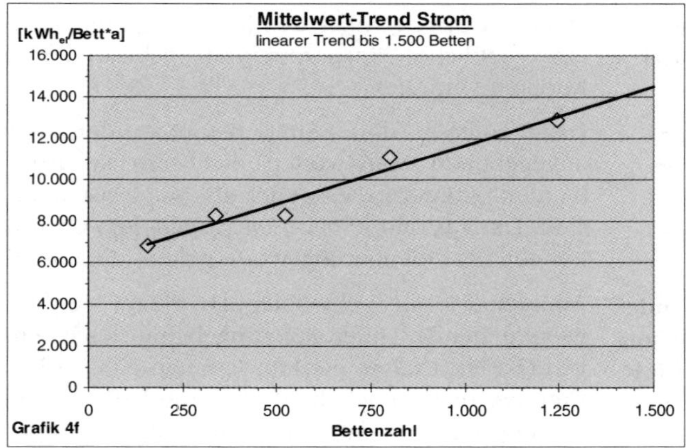
Mittelwert-Trend Strom
linearer Trend bis 1.500 Betten
[kWh_el/Bett*a]
16.000
14.000
12.000
10.000
8.000
6.000
4.000
2.000
0
0
250
500
750
1.000
1.250
1.500
Bettenzahl
Grafik 4f

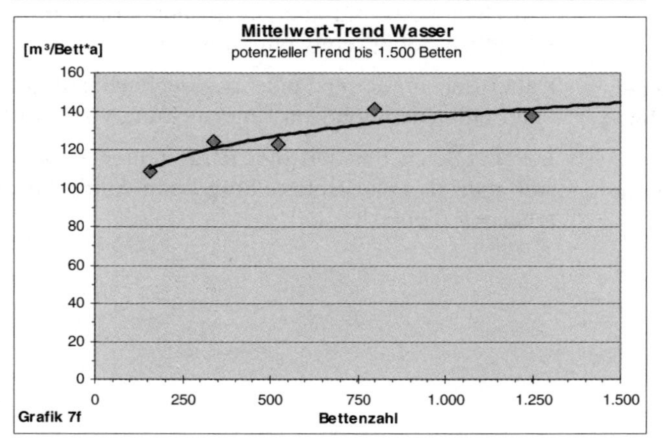
Mittelwert-Trend Wasser
potenzieller Trend bis 1.500 Betten
[m³/Bett*a]
160
140
120
100
80
60
40
20
0
0
250
500
750
1.000
1.250
1.500
Bettenzahl
Grafik 7f

Steigende Verbrauchskennwerte mit zunehmender Bettenzahl

Bei der Untersuchung ist insbesondere die Tendenz steigender Verbrauchs-Kennwerte mit zunehmender Bettenzahl deutlich geworden. Dabei ist dieser Trend bei der Wärme am ausgeprägtesten (exponentieller Verlauf, Grafik 1f), beim Strom etwa proportional zur Bettenzahl (linearer Verlauf, Grafik 4f) und beim Wasser mit zunehmender Bettenzahl sich abschwächend (potenzieller Verlauf, Grafik 7f).

Spezialisierte Versorgungsaufträge und höherer Technisierungsgrad

Die teilweise um über 100% ansteigenden Verbrauchskennwerte größerer Häuser lassen sich im wesentlichen durch die spezialisierteren Versorgungsaufträge und den damit verbundenen höheren Technisierungsgrad erklären. Ein Hinweis darauf geben die flächenbezogenen Kennwerte, die nicht in gleichem Maße ansteigen, da die Nettogrundfläche pro Bett mit zunehmender Bettenzahl ebenfalls anwächst (s. Tab. 5.1).

Erhebl. Einsparpotenzial

Dennoch lassen solch deutliche Steigerungsraten im Verbrauch ein erhebliches Einsparpotenzial insbesondere auch bei großen Kliniken vermuten.

Quartilswerte als Orientierungshilfe

Dabei sollte an dieser Stelle betont werden, dass es sich bei den angegebenen Mittelwerten nicht um anzustrebende Zielwerte handelt, sondern diese eher als Mindeststandards zu betrachten sind. Die aus den 25% Besten gemittelten Quartilswerte hingegen können als Orientierungswerte gelten, die empirisch belegt sind.

Weitergehende Differenzierung durch nachfolgende Schritte

Andererseits muss ebenfalls klar gesagt werden, dass eine noch weitergehende Differenzierung bspw. nach einzelnen Abteilungen (Bäder, Dialyse etc.) im Rahmen einer solch breit angelegten Umfrage nicht möglich ist. Aufgrund dieser fehlenden Differenzierung kann es daher im Einzelfall vorkommen, dass ein gut wirtschaftendes und energieeffizientes Haus trotzdem überdurchschnittlich hohe Kennwerte aufweist.

Betriebliche Untersuchung

Daher sei an dieser Stelle ausdrücklich auf die Notwendigkeit einer einzelbetrieblichen Untersuchung vor Ort hingewiesen.

Erste Hilfestellung

Der Vergleich mit den hier dargestellten Benchmarks kann und soll aber als erste Hilfestellung beim Aufdecken von Einsparpotenzialen dienen.

6.2 Handlungsbedarf

Probleme bei der Energiedatenbereitstellung

Bei der Durchführung der Fragebogenaktion wurde deutlich, mit welchen Schwierigkeiten teilweise die Bereitstellung der Energiedaten verbunden ist. Probleme bereitete insbesondere die korrekte Angabe der Bezugsgröße „Nettogrundfläche“, Angaben zur maximal bezogenen elektrischen Leistung und zu Wirkungsgraden oder zur ausgekoppelten Wärmemenge im BHKW. Aber auch präzise Angaben über Dampf- und Wasserverbräuche in der hauseigenen Wäscherei oder über die Anzahl der Sterilisationseinheiten waren eher eine Seltenheit.

Unplausible Daten

Neben fehlenden Angaben erforderte aber auch eine Vielzahl von unplausiblen Daten die Rücksprache mit den betreffenden Häusern. In über 50% der Fälle wurde eine schriftliche Nachfrage vorgenommen, ggf. ergänzt durch weitere telefonische Kontakte. Sofern trotz mehrfacher Nachfrage die Plausibilität nicht hergestellt werden konnte, wurden die entsprechenden Daten aus dem Pool genommen, um die Kennwerte nicht zu verfälschen.

Mangel an Datentransparenz und -interpretation

Aus den zahlreichen Gesprächen mit den Ansprechpartnern der Häuser wurde deutlich, dass - neben einigen positiven Beispielen - offensichtlich vielfach ein Mangel an Datentransparenz und teilweise auch an der Interpretationsfähigkeit der Daten herrscht. Diese Transparenz ist aber Voraussetzung dafür, dass ein rationeller Energieeinsatz erzielt und beibehalten werden kann.

Handlungsbedarf beim Energiemanagement

Um die vorhandenen energetischen und finanziellen Einsparpotenziale im (deutschen) Krankenhauswesen erschließen zu können und um die CO_2-Minderungsziele zu erreichen, ist daher u.a. eine Verbesserung des oft noch stiefmütterlich behandelten Energiemanagements erforderlich.

Regelmäßiges Benchmarking

Eine regelmäßige Fortführung des hier vorgenommenen Benchmarkings kann zur Verbesserung der Situation einen wirkungsvollen Beitrag leisten.

Managen statt Verwalten

Ein Datenmanagement statt einer Datenverwaltung ist in den Krankenhäusern anzustreben.

Anregungen und Hilfestellungen zu diesem Themenkomplex sind im folgenden Kap. 7 ausführlich beschrieben.

Inhaltsverzeichnis

7 Unterstützende Instrumente zur rationellen Energienutzung

Dieses Kapitel ist unter Mitwirkung von Dr. Martin Kruska, Dr. Jörg Meyer und Andreas Trautmann (EUtech, Aachen) entstanden.

Kenntnis der Energiesystemtechnik und hohe Transparenz

Der rationelle Umgang mit Energie erfordert nicht immer zwangsläufig unmittelbare Investitionen in neue Technologien oder aufwendige Umstrukturierungen. Grundlagen für Entscheidungen auf allen Gebieten der betrieblichen Energieversorgung und -nutzung sind vielmehr eine gute Kenntnis der Energiesystemtechnik und eine hohe Transparenz der betrieblichen Abläufe des eigenen Krankenhauses.

Analyse und Management der Energie

In diesem Kapitel sollen die Grundlagen hierfür - der Ablauf einer ersten Analyse der Energiesysteme sowie die Einführung und Verankerung des betrieblichen Energiemanagements einführend behandelt werden.

7.1 Energieorientierte Betriebsanalyse

Überblick über Energieeffizienz der Prozesse und Anlagen

Im Folgenden wird ein kurzer Überblick über die wichtigsten Schritte bei einer strukturierten Analyse der energietechnischen und energiewirtschaftlichen Bereiche eines Krankenhauses gegeben. Ziel ist es, dass die für die Energietechnik verantwortlichen Personen sich eigenständig in systematischer Form einen guten Überblick über die Energieeffizienz der Prozesse und Anlagen ihres Krankenhauses verschaffen können.

7.1.1 Ziel und Effekte einer Betriebsanalyse

Mehrere Ziele

Neben dem primären Ziel, die Energiekosten und damit die Betriebskosten im Krankenhaus zu senken, werden mit einer energieorientierten Betriebsanalyse folgende Ziele verfolgt:

- *Transparenz und Information* über die Energieversorgungs- und Energieeinsatzstrukturen innerhalb des Krankenhauses sowie über die möglichen Einspar- und Optimierungspotenziale

- *Sensibilisierung* der Entscheidungsträger des Krankenhauses in Hinblick auf die möglichen Kosteneinsparungen durch eine rationelle Energienutzung
- *Motivation* aller Mitarbeiter zum verstärkten rationellen Umgang mit Energie im Krankenhaus.

Vor diesem Hintergrund können drei Prinzipien für die Betriebsanalyse formuliert werden:

Analyse in zwei Schritten

1. Die Analyse sollte strukturiert und in zwei Schritten durchgeführt werden. Zunächst erfolgt eine Grobanalyse oder „Top-down-Analyse“, anschließend eine Feinanalyse der wichtigsten Bereiche („Bottom-up-Analyse“). Die Ergebnisse und Informationen der beiden Untersuchungsabschnitte ergänzen einander.

Unterschiedliche Detaillierungstiefe

2. Es ist nicht erforderlich, alle Betriebsbereiche mit derselben Detaillierung zu betrachten. Verbesserungspotenziale lassen sich auf den unterschiedlichen Detaillierungsebenen finden (s. Abb. 7-1). Von Bedeutung ist daher die sorgfältige Auswahl der näher zu untersuchenden Bereiche zu einem frühen Zeitpunkt der Analyse.

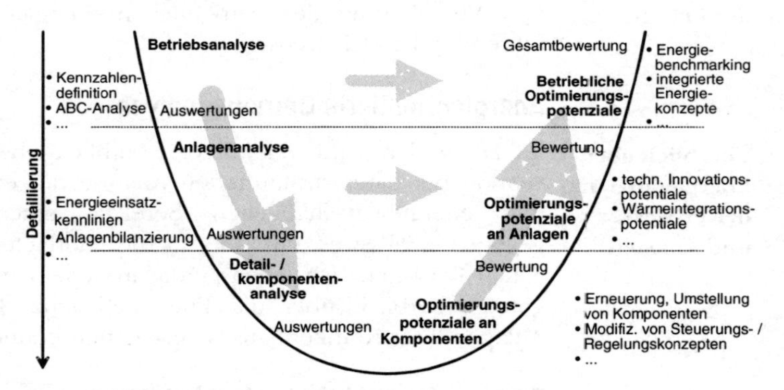

Abb. 7-1 Betriebs-, Anlagen- und Komponentenanalyse [7.1]

Vor Datenerfassung Ziele festlegen

3. Für jeden Analyseschritt sollten Ziele festgelegt werden, bevor mit Messungen begonnen wird. Dies verhindert, dass unnötige Daten erhoben, beziehungsweise relevante Daten vergessen werden. Abb. 7-2 veranschaulicht den Prozess. In der Vorbereitung einer Analyse wird zunächst festgelegt, welche Aussagen und Ergebnisse gefordert sind. Davon ausgehend werden die durchzuführenden Vergleiche und Auswertungen sowie die aufzustellenden Kennzahlen und Ver-

hältniswerte festgelegt. Anschließend werden die zu erhebenden Daten definiert. Die Datenaufnahme und -auswertung selbst läuft umgekehrt ab.

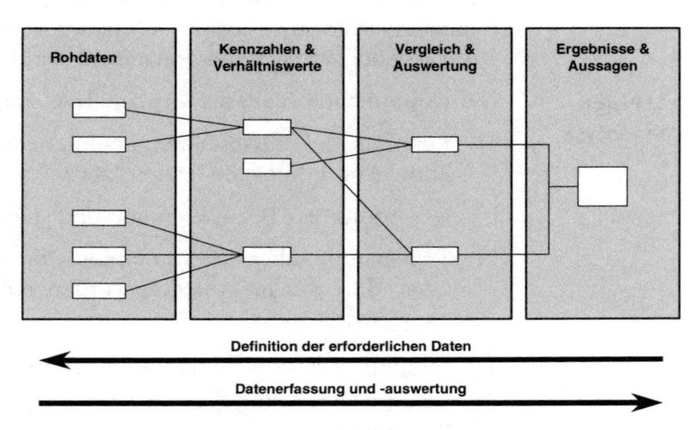

Abb. 7-2 Vorgehensweise bei der Festlegung zu erhebender Daten (von rechts nach links) und bei der Analyse (von links nach rechts) [7.1]

7.1.2 Anleitung und Ablauf

Arbeitshilfen und Literaturhinweise

Es fällt schwer, einen so komplexen und individuellen Vorgang wie die Analyse eines ganzen Betriebes standardisiert darzustellen. Der Verein Deutscher Ingenieure (VDI) hat eine Richtlinie zur Energieberatung veröffentlicht, welche alle wesentlichen Schritte bei einer Betriebsanalyse darstellt (VDI 3922 [7.2]). Der Text ist allerdings eher allgemein gehalten und gibt in erster Linie strukturelle Unterstützung. Weitere Praxisleitfäden haben zum Beispiel die Energieagentur NRW [7.3] sowie der Verband der Industriellen Energie- und Kraftwirtschaft [7.4] herausgegeben. In diesem Kapitel wird - zunächst auch in theoretischer Form - auf die einzelnen möglichen Analyseschritte eingegangen, welche dann an Hand von Beispielen erläutert werden.

Grundlegende Arbeitsschritte

Ein mit einer Energieanalyse beauftragtes Beratungsunternehmen wird im Wesentlichen die im Folgenden dargestellten Arbeitsschritte leisten. Dieses Kapitel soll die im Krankenhaus für den rationellen Energieeinsatz verantwortlichen Personen in die Lage versetzen, die Arbeiten des Beraters besser zu überwachen oder - bei ausreichenden eigenen Kapazitäten - die entsprechenden Schritte eigenständig durchzuführen.

7.1.2.1 Grobanalyse – „Top-down-Analyse"

Die Grobanalyse, der erste Schritt einer Betriebsuntersuchung, dient dazu, diejenigen Bereiche zu identifizieren, welche in den folgenden Untersuchungsphasen näher analysiert werden sollen. Die Vorgehensweise kann annähernd standardisiert erfolgen.

Ziele einer Grobanalyse

Die wesentlichen Ziele der Grobanalyse sind:

a) Kenntnis des allgemeinen Energiebedarfprofils und dessen Entwicklung über die letzten Jahre

b) Bewertung der Bezugsverträge und -tarife aller Energiearten

c) Transparenz über die „Energiepfade" durch das Krankenhaus, d.h. welche Anlagen werden mit Strom, Wärme, Gas etc. versorgt

d) Kenntnis über die Hauptverbraucher im Krankenhaus

e) Kenntnis über die Situation der (Energie-) Datenerfassung im Krankenhaus

f) Aufdeckung erster Optimierungspotenziale

g) Festlegung der näher zu untersuchenden Bereiche

Die Ergebnisse der aufgeführten Ziele sind in der Regel bekannt, jedoch in den wenigsten Fällen strukturiert erfasst und dokumentiert.

Schritte und Maßnahmen

Die Grobanalyse sollte mit einer Übersicht über die vorhandenen Daten beginnen. In Tab. 7-1 sind die ersten Schritte zusammengefasst. In der rechten Spalte sind die einzelnen Schritte den oben genannten Zielen zugeordnet.

✓	**Grobanalyse – Schritte und Maßnahmen**	**Ziele**
❐	Aufstellung der jährlichen (gegebenenfalls monatlichen) Verbrauchswerte aller eingesetzten Energieträger und Energiearten über die letzten drei bis fünf Jahre (s. Abb. 7-3).	a/e
❐	Auswertung der regelmäßig erhobenen Energiedaten (zum Beispiel aus der Kostenrechnung) und Erstellung geeigneter Kennzahlen (s. Kap. 5.2 und 5.3) über die letzten drei bis fünf Jahre (s. Abb. 7-4).	a/e
❐	Ermittlung des Bedarfsprofils der elektrischen Energie in ¼-Stunden-Werten (an Hand von Messungen oder durch Auswertungen der Zähleraufzeichnungen, s. Abb. 7-5). Das Energieversorgungsunternehmen sollte in der Lage sein, diese Informationen zu liefern.	a
❐	Auswertung der Verträge mit den Energieversorgern. Bei der elektrischen Energie ist es insbesondere sinnvoll zu prüfen, wie sich eine Glättung des Bedarfsprofils (Senkung der Bedarfsspitze oder Erhöhung der Benutzungsdauer) auf den bestehenden oder einen neuen Vertrag mit einem Stromversorgungsunternehmen auswirken würde.	b
❐	Aufstellung eines (qualitativen oder quantitativen) Energieflussdiagramms, in welchem die Verteilung der einzelnen Energieströme im Betrieb verdeutlicht wird (s. Abb. 7-6 und Abb. 7-7).	c
❐	Abschätzung des Energiebedarfs der größten beziehungsweise wichtigsten Anlagen (getrennt nach Energiearten beziehungsweise -träger) und Durchführung von ABC-Analysen (s. Abb. 7-8).	d/g

Tab. 7-1 Erste Schritte einer Grobanalyse [7.1]

Auswertungen der Grobanalyse

Die Ergebnisse der beschriebenen Maßnahmen ermöglichen bereits eine gute Kenntnis der Energieversorgung und Energienutzung im Krankenhaus. Erste Schwachstellen werden oftmals bereits durch diese Aufbereitung der Daten offensichtlich. Die folgenden Abbildungen zeigen beispielhaft mögliche Auswertungen, die in Abhängigkeit der Qualität der erfassten Daten durchgeführt werden können.

Beobachtung der Kostenentwicklung

Abb. 7-3 stellt die Entwicklung der Energie- und Wasserkosten eines Krankenhauses über den Verlauf von vier Jahren dar. Diese Information ist für sich genommen noch nicht aussagekräftig. Zur Interpretation müssen alle Faktoren betrachtet und berücksichtigt werden, die den Energiebedarf des Krankenhauses beeinflussen (Bereichsveränderungen, Technologieumstellungen etc.).

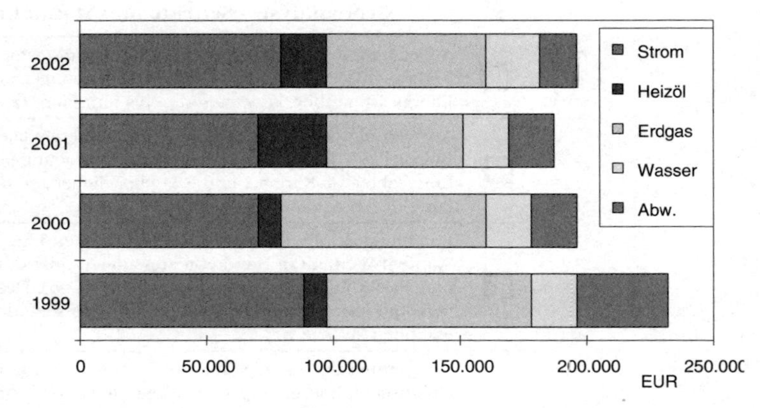

Abb. 7-3 Entwicklung Energie- und Wasser-/Abwasserkosten eines Krankenhauses der Grundversorgung über mehrere Jahre (1999 bis 2002)

Bildung von Verhältniskennzahlen

Oftmals kann die Bildung von Verhältniskennzahlen interessant sein und die Informationen über den Verlauf der absoluten Verbrauchswerte sinnvoll ergänzen. In Abb. 7-4 ist für ein Krankenhaus der Grundversorgung der Verlauf des spezifischen Energie- (Strom, Brennstoff) und Wasserverbrauchs (Bezug: Bettenzahl) über einen Zeitraum von 1998 bis 2002 dargestellt. Deutlich zu erkennen sind die Schwankungen aller drei Energiearten über die bilanzierten 5 Jahre, wobei die Tendenzen sehr unterschiedlich ausfallen. In einem nächsten Schritt können die stattgefundenen internen Veränderungen des Krankenhauses in den Jahren 1998 bis 2002 im Bereich der Energieversorgung als erweiterte Datengrundlage hinzugezogen werden, um Auswirkungen von einzelnen Maßnahmen mit Hilfe der Abb. 7-4 als Einfluss auf den Gesamtverbrauch des Hauses zu interpretieren.

Externes Benchmarking

Der Vergleich der Kennwerte aus Abb. 7-4 mit denen anderer Krankenhäuser derselben Branche ist ebenfalls ein wichtiges Hilfsmittel einer exakteren Standortbestimmung (externes Benchmarking) und eines Aufzeigens von möglichen Potenzialen (s. Kap. 5).

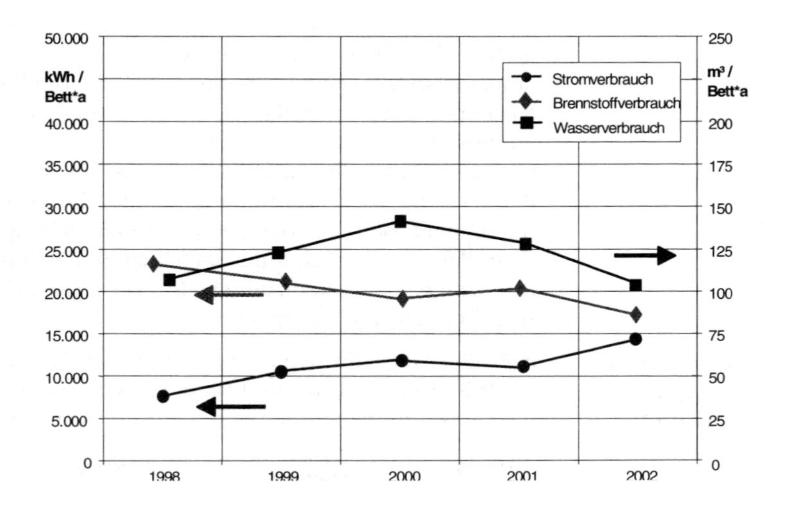

Abb. 7-4 Entwicklung des spezifischen Strom-, Brennstoff- und Wasserverbrauchs eines Krankenhauses der Grundversorgung

Auswertung der Leistungsprofile

Abb. 7-5 zeigt die Tagesprofile des elektrischen Energiebedarfs eines Krankenhauses über einen Zeitraum von 14 Tagen.

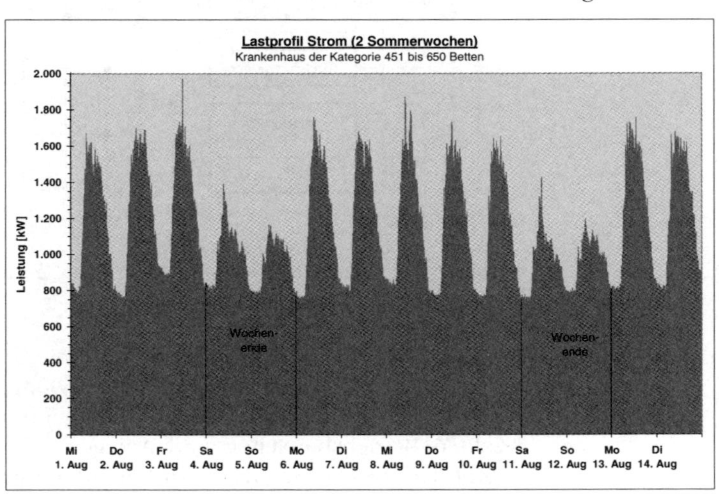

Abb. 7-5 Tagesprofile des elektrischen Energiebedarfs eines Krankenhauses der Kategorie 451 bis 650 Betten

In der Feinanalyse hat dieses Krankenhaus die Verursacher der Spitzen identifiziert und alleine durch die Reduzierung seiner Jahreslastspitze einen mehrfachen fünfstelligen Euro-Betrag einsparen können. Anlagen, die gut geeignet sind, Lastspitzen kurzfristig zu reduzieren, sind zum Beispiel Ventilatoren, Pumpen sowie die Kältemaschinen. Statt Abschalten ist auch oft eine Reduzierung der Leistungsaufnahme möglich. Ein weiteres Augenmerk bei den detaillierten Untersuchungen liegt auf der Grundlast - sicherlich sind auch hier noch Einsparungen durch Abschalten bzw. Reduzieren der Leistungsaufnahme von entsprechenden Anlagen möglich.

Qualitatives Energie-flussbild

Abb. 7-6 zeigt die qualitative Verteilung der betrieblichen Energieströme in der Umwandlungskette vom Endenergiebezug über die Umwandlungsstufen bis hin zur Energienutzung.

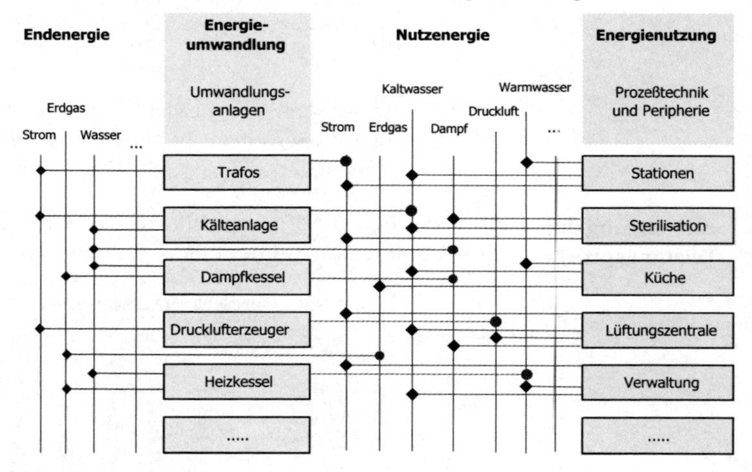

Abb. 7-6 Qualitative Darstellung der Energie- und Wasserströme in einem Krankenhaus

Diese Darstellung erlaubt zunächst keinen quantitativen Aufschluss über die einzelnen Verbrauchswerte. Sie gibt aber eine bestimmte Transparenz über die Energieformen, die in den einzelnen Betriebsbereichen und Anlagen eingesetzt werden, und stellt dar, welche Bereiche von Veränderungen im Gesamtsystem der betrieblichen Energieversorgung betroffen werden.

Quantitative Aussagen sind u.a. mit sogenannten Sankey-Diagrammen möglich (Abb. 2-2 in Kap. 2). Abb. 7-7 zeigt eine weitere Möglichkeit der quantitativen Darstellung. Der Stromverbrauch eines Krankenhauses ist, getrennt für die unterschiedlichen Stromverbraucher aufgezeichnet. Anhand dieser Darstellungsform, die im Gegensatz zum Sankey-Diagramm auch die zeitliche Komponente berücksichtigt, sind sehr schnell Großverbraucher quantitativ zu identifizieren, die dann einer genaueren Analyse unterzogen werden können.

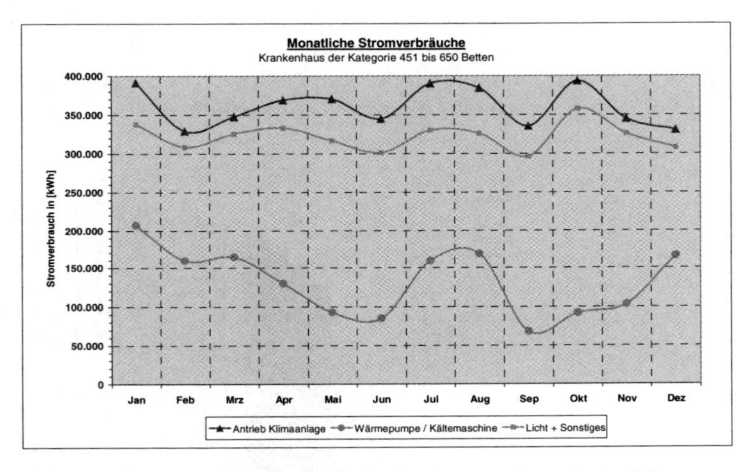

Abb. 7-7 Quantitative Darstellung des Stromverbrauchs im Jahresverlauf eines Krankenhauses der Kategorie 451 bis 650 Betten

ABC-Analyse

Ein sehr nützliches Instrument bei der Festlegung der Betriebsbereiche, in denen eine detailliertere Untersuchung erforderlich wird, ist die sogenannte ABC-Analyse. Sie ist ein Instrument, welches seinen Ursprung in der Materialwirtschaft hat. Bei einer ABC-Analyse werden die Jahreswerte (zum Beispiel des Stromverbrauchs aller Anlagen) oder die Nennleistungen bewertet, indem die Daten der Größe nach geordnet und kumuliert aufgetragen werden, wobei kleine Anlagen, die häufiger vorkommen, sinnvoll zusammengefasst werden sollten.

Abb. 7-8 zeigt die geordneten kumulierten Stromverbrauchswerte von 29 Anlagen eines Krankenhauses. Die resultierende Kurve ist immer ähnlich: nur wenige Anlagen verursachen einen Großteil des Energiebedarfs. In diesem Fall bewirken 13% der betrachteten Anlagen 55% des Stromverbrauchs (Klasse A), weitere 13% der Anlagen verursachen 25% des jährlichen Strombedarfs (Klasse B), und 74% der Anlagen verursachen nur noch die restlichen 20% des Strombedarfs (Klasse C).

Ermittlung der Verbrauchswerte

Die ABC-Einteilung kann willkürlich gewählt werden. Wichtig ist, dass sich die Anstrengungen zur Reduzierung des spezifischen Strombedarfs später zunächst auf die Anlagen der Klasse A konzentrieren. Die Schwierigkeit dieser Analyse liegt darin, dass im Prinzip die genauen Verbrauchswerte aller Anlagen bekannt sein müssen. Da dies in den wenigsten Krankenhäusern der Fall ist, kann eine Abschätzung der Jahresverbrauchswerte über die Erfassung der durchschnittlichen Leistungsaufnahme und eine Abschätzung der Jahresbetriebsstunden der Anlagen erfolgen.

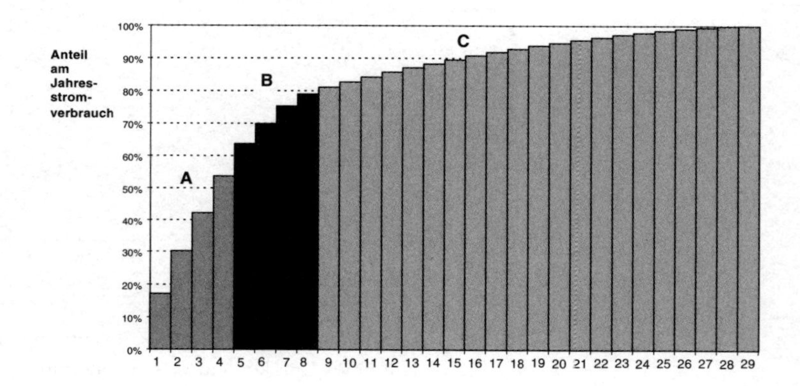

Abb. 7-8 ABC-Analyse von 29 elektrischen Anlagen eines Krankenhauses [7.1]

Analog kann diese Auswertung für andere Verbrauchsmedien wie Dampf, Gas oder Wasser durchgeführt werden, vorausgesetzt, dass die erforderlichen Daten erfasst werden können.

Festlegung der detaillierter zu untersuchenden Bereiche

Vertiefende Analysen

Nach den Auswertungen auf Basis der Grobanalyse werden die Bereiche identifiziert und festgelegt, in denen vertiefende Analysen durchgeführt werden sollen. Dies kann prozess- oder anlagenorientiert erfolgen und zum Beispiel die detaillierte Bilanzierung und Analyse einer bestimmten Anlage mit dem Ziel der energieorientierten Optimierung umfassen. Es können aber auch bereichsübergreifende Untersuchungen sein, wie zum Beispiel eine Wärmeintegrationsanalyse. Da es in einer begrenzten Zeit nicht möglich ist, alle Bereiche eines Krankenhauses detailliert zu untersuchen, muss die Auswahl auf Grundlage der Grobanalyse sehr sorgfältig geschehen.

7.1.2.2 Detailanalyse –„Bottom-up-Analyse"

Im Verlauf der Detailanalyse werden einzelne Bereiche, Prozesse und Anlagen in dem jeweiligen Krankenhaus einer detaillierten technischen Analyse unterzogen. Die Informationen, insbesondere die erfassten Verbrauchswerte, werden anschließend aggregiert und zusammengesetzt. Im Idealfall ergänzen sich Top-down- und Bottom-up-Analyse bezüglich der Verbräuche und geben ein Gesamtbild des Betriebes wieder. Die Ziele der Detailanalyse sind daher:

Ziele der Detailanalyse

- Ergänzung der Datenlage über die Energieversorgungs- und Energienutzungsstrukturen des Krankenhauses
- Kenntnis der Energieeffizienz der wichtigsten energietechnischen Systeme
- Aufdeckung, Quantifizierung und Bewertung von Schwachstellen
- Ausarbeitung von Verbesserungsmöglichkeiten im betrieblichen Energiesystem

Schritte und Maßnahmen

Die detaillierte Analyse von Betriebsbereichen, Prozessen und Anlagen lässt sich nicht auf ähnliche Weise allgemein darstellen wie die Grobanalyse. Vielmehr müssen die Untersuchungen für den Einzelfall angepasst und strukturiert werden. Zu verallgemeinern ist allenfalls, dass energiewirtschaftliche Untersuchungen für abgegrenzte Bereiche und Anlagen im Wesentlichen auf Massen- und Energiebilanzen aufbauen. In Tab. 7-2 werden daher einige allgemeine Vorschläge für das Vorgehen gegeben.

Auswertungen

Energiefluss- und Energiekostendiagramm

Die Detailanalysen führen zu individuellen Auswertungen. Ein zentrales Ziel ist die Erstellung eines möglichst detaillierten und in sich geschlossenen Energieflussdiagramms beziehungsweise Energiekostenflussdiagramms, wie es in Abb. 7-9 gezeigt ist. Eine Aufschlüsselung der Verbrauchswerte und Kosten in dem dargestellten Detaillierungsgrad ist aufwendig, kann aber im Folgenden zu einer weitgehend verursachergerechten Zuordnung der Kosten beitragen und somit die gesamte Kostenrechnung des Krankenhauses unterstützen.

✓	**Detailanalyse – Schritte und Maßnahmen**
❐	Aufstellung von Energiebilanzen an den wichtigsten thermischen Anlagen.
❐	Erfassung der wichtigsten Energieströme, die das Krankenhaus verlassen (zum Beispiel Wärme im Abwasser oder in der Abluft), insbesondere deren Massenströme, Temperaturen und spezifische Wärmekapazitäten.
❐	Erfassung der wichtigsten Erwärmungs- und Kühlprozesse, insbesondere deren Massenströme, Temperaturen und spezifische Wärmekapazitäten. Erfassung besonders großer Temperaturdifferenzen.
❐	Durchführung von Wärmeintegrationsanalysen für den Gesamtbetrieb oder lokal benachbarte Bereiche, sofern bedeutende Abwärmequellen sowie kontinuierlicher oder semikontinuierlicher Wärmebedarf vorliegt.
❐	Durchführung von technischen Analysen, in denen die betrachteten Systeme energiewirtschaftlich a) mit dem Stand der Technik, b) mit in Frage kommenden Alternativverfahren und c) mit theoretischen Vergleichswerten, zum Beispiel dem theoretisch erforderlichen Energiebedarf verglichen werden.
❐	...

Tab. 7-2 Schritte u. Maßnahmen von Detailanalysen (Beispiele) [7.1]

Energie- und Massenbilanzen

Mit der Kenntnis über die Bereiche mit der größten energiewirtschaftlichen Bedeutung in einem Betrieb lassen sich diese zum Beispiel mittels Energiebilanzen analysieren.

Eine hohe Transparenz der betrieblichen Energiesysteme und Energieflüsse sind eine Grundvoraussetzung für rationale Entscheidungen auf allen Ebenen der Betriebsleitung.

7.1.3 Messungen und Auswertungen

Zur Erreichung der gewünschten Transparenz ist meist eine Vielzahl an Daten erforderlich. Oft geht dabei die Datenermittlung über das Ablesen von Zählern hinaus. Trotzdem scheuen sich viele Krankenhäuser, Messsysteme einzusetzen. Dabei sind heute viele Messsysteme einfach zu handhaben und preiswert zu erstehen. Teilweise werden Messgeräte beziehungsweise die Durchführung von Messungen auch zu geringen Kosten von Herstellern, Energieversorgern oder Ingenieurbüros angeboten.

Im Folgenden sind einige Messungen, die dazu erforderlichen Geräte sowie der Nutzen der Messung kurz erläutert.

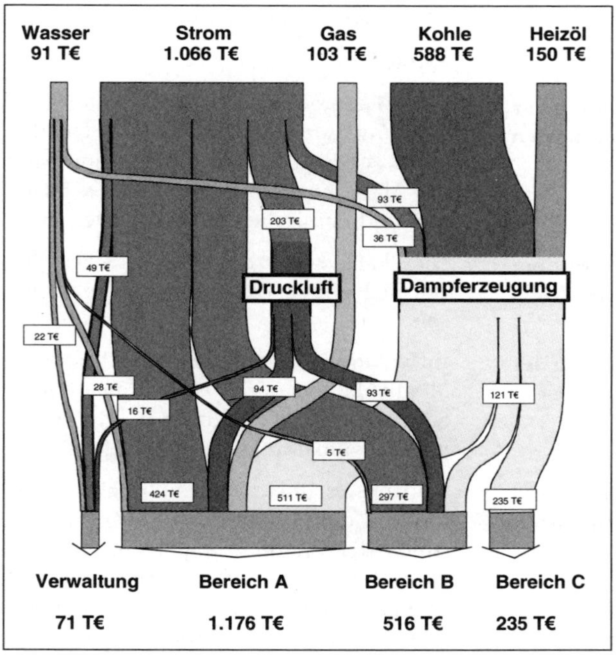

Abb. 7-9 Beispiel eines Energiekostenflussdiagramms [7.1]

7.1.3.1 Strommessungen

Der zeitliche Verlauf der Stromaufnahme einzelner Bereiche beziehungsweise Anlagen wird mit Hilfe von optischen Leseköpfen und Data-Loggern erfasst und aufgezeichnet. Diese werden zum Beispiel an vorhandenen Stromzählern (Ferraris-Zähler) montiert. Sind keine Stromzähler vorhanden, können direkt Leistungsmessungen an Unterverteilungen und Anlagen mittels Strommesszangen durchgeführt werden. Bei Hauptanschlüssen mit Fernauslesung können auf Anfrage beim Energieversorger die Daten zur Verfügung gestellt werden.

Ergebnis

Das Ergebnis der Messungen sind zeitlich hochaufgelöste Strombedarfsprofile für den Hauptanschluss, für Unterverteilungen und/oder für einzelne Anlagen. Diese werden zur Identifizierung von Lastspitzen, von Grundlastverursachern oder von Blindstromquellen ausgewertet. Die Messdaten können graphisch aufbereitet und somit zum Beispiel die Stromverbraucher in einer ABC-Analyse bewertet werden (vgl. Abb. 7-5 und Abb. 7-8).

Nutzen

Senkung der Stromkosten

Die Messergebnisse zeigen Potenziale und Möglichkeiten zur Senkung der Stromkosten auf. Die Kenntnisse der Lastspitzenverursacher erlaubt es, durch eine Anpassung der Betriebsweise der Maschinen und Anlagen den Strombezug zu vergleichmäßigen und damit die Leistungskosten zu reduzieren.

Investitionsvermeidung

Dies kann sogar dazu führen, dass geplante Investitionen (zum Beispiel neuer Transformator) nicht mehr getätigt werden müssen.

Senkung der Grundlast

Informationen über die Grundlastverursacher dienen dazu, die Möglichkeiten der Abschaltung dieser zu prüfen und somit die Stromkosten zu reduzieren. Hierunter fallen häufig beispielsweise Ventilatoren, Pumpen oder Beleuchtung.

Blindstromkompensation

Die messtechnische Ermittlung der Wirkleistung und der Blindleistung dient auch der Überprüfung der Netzauslastung. Ist der Anteil der Blindleistung hoch, werden zum Teil von den Energieversorgern Zuschläge erhoben. Mittels einer Blindstromkompensationsanlage kann die Blindleistung reduziert und somit Kosten vermieden werden. Sie dient auch dazu, dass Verteilersysteme geringer belastet und Wartungskosten entsprechend reduziert werden können.

Strommessungen geben darüber hinaus Hinweise, ob Verlagerungen von Prozessen aus der Hochtarif- in die Niedertarifzone sinnvoll sind.

7.1.3.2 Temperaturmessungen

Mit Hilfe von Thermoelementen und Data-Loggern werden kontinuierliche Temperaturmessungen an wärmetechnischen Anlagen durchgeführt. Dies sind zum Beispiel Warmwasser- und Dampferzeuger, Kälteanlagen, Wärmespeicher, Wärmeaustauscher oder Klima- und Lüftungsanlagen. Es wird entweder die Temperatur der Leitungsoberfläche oder direkt die Stoffstromtemperatur gemessen.

Ergebnis

Die Messergebnisse sind zeitliche Temperaturprofile der betrachteten Anlagen oder des Krankenhauses. Die Profile geben Aufschluss über dynamische Aufheiz- und Abkühlvorgänge, über die Effizienz, Schalthäufigkeit, Betriebsweise und Verluste von wärmetechnischen Anlagen.

Nutzen

Senkung der Wärme- und Kältekosten

Die Messergebnisse zeigen Potenziale und Möglichkeiten zur Senkung der Energieträgerkosten für die Wärme- beziehungsweise Kältebereitstellung auf. Die Kenntnis der Temperaturen hilft Einsparpotenziale (meist Möglichkeiten zur Wärmerückgewinnung) zu identifizieren und zu bestimmen. Die Dimensionierung/Auslegung von Anlagen wird geprüft und verbessert.

Reduzierung von Lastspitzen

Die Ergebnisse geben ferner Hinweise zur Vergleichmäßigung des Wärme- oder Kältebedarfs, so dass Spitzen abgebaut werden können. Eventuell können Investitionen bei Heiz- oder Kühlsystemen vermieden beziehungsweise verringert werden.

Einhaltung von Grenzwerten

Darüber hinaus kann die Einhaltung von Temperaturgrenzwerten oder Temperaturvorgaben überprüft werden, zum Beispiel bei der Abwasserentsorgung oder bei Feuerungsanlagen (Steuerung/ Regelung).

7.1.3.3 Druckmessungen

Mittels Druckaufnehmern und Data-Loggern werden kontinuierliche Druckmessungen beispielsweise an Druckluftleitungen oder in Klima- beziehungsweise Lüftungsanlagen vorgenommen. Die Messungen können in der Regel an bereits vorhandenen Anschlüssen (Schnellkupplungen) an unterschiedlichen Stellen im Leitungsnetz durchgeführt werden. Der Druckluftverbrauch kann auch indirekt über die Stromaufnahme der Kompressoren vorgenommen werden (s. Strommessungen).

Ergebnis

Es ergibt sich der zeitliche Druckverlauf zum Beispiel eines Netzes oder einer Kompressorstation. Die Messungen geben Aufschluss über Leckagen, über das Speicherverhalten eines Netzes, über die Effizienz von Anlagen (Taktzeiten, Leerlaufanteil etc.) und/oder über die Verursacher von Bedarfspitzen.

Nutzen

Identifizierung von Leckagen

Durch Bestimmung des Drucksverlaufs können Leckagen identifiziert und die damit verbundenen Kosten reduziert werden. Die Analysen der Messungen geben außerdem Aufschluss über das notwendige Druckniveau, über die Dimensionierung des Druckluft- oder Lüftungsnetzes und über die Auslastung beziehungsweise Betriebsweise der Kompressoren oder Ventilatoren. Durch die Optimierung des Netzes können weitere Investitionen vermieden und Energiekosten gesenkt werden.

7.1.3.4 Durchflussmengenmessungen

Zur Bestimmung der Durchflussmengen von Gas, Heizöl, Wasser oder Dampf werden die Verbrauchsmengen mit einem Durchflussmengenmessgerät oder mittels optischer Leseköpfe und Data-Loggern an vorhandenen oder gegebenenfalls neu einzubauenden (analogen) Zählern kontinuierlich erfasst und aufgezeichnet. Messungen des Druckluftverbrauchs und Kältebedarfs können indirekt über die Stromaufnahme der Kompressoren/Kältemaschinen vorgenommen werden (s. auch Strommessungen, Druckmessungen).

Ergebnis

Das Ergebnis der Messungen sind zeitlich hochaufgelöste Bedarfsprofile des untersuchten Mediums. Diese werden zur Identifizierung von Lastspitzen und Hauptverbrauchern ausgewertet. Die Messdaten können graphisch aufbereitet und die Verbraucher in einer ABC-Analyse bewertet werden.

Nutzen

Senkung der Medienkosten

Die Messergebnisse zeigen Potenziale und Möglichkeiten zur Senkung der Kosten in dem jeweiligen Bereich auf. Durch die Kenntnis der Lastspitzenverursacher können mit geeigneten Maßnahmen größere Investitionen (neue Rohre oder Anlagen) vermieden werden.

7.1.3.5 Feuchtemessungen

Mit Hilfe von Feuchtigkeitssensoren und Data-Loggern werden kontinuierliche Feuchtemessungen zum Beispiel in Luftströmen von Klima- und Lüftungsanlagen etc. durchgeführt.

Ergebnis

Aus der Bilanzierung verschiedener Luftströme ergibt sich zum Beispiel der zeitliche Verlauf des Feuchtigkeits(ab)transports.

Nutzen

Optimierter Anlagenbetrieb

Mit Hilfe der Ergebnisse kann der Anlagenbetrieb optimiert werden. Der Wasser- und Brennstoffeinsatz beziehungsweise die Wasser- oder Brennstoffkosten werden minimiert. In Klima- und Lüftungsanlagen kann gegebenenfalls durch eine Verringerung der Luftmengen auch der Strombedarf für die Förderung reduziert werden.

7.1.3.6 Thermographie

Mit Hilfe einer Infrarotkamera wird die Wärmeabstrahlung von zum Beispiel Gebäudehüllen, Anlagen und Maschinen untersucht.

Ergebnis

Die Bilder geben Auskunft über Isolationsschwachstellen von Gebäuden wie beispielsweise Kältebrücken, Feuchtigkeitseinbrüche oder Undichtigkeiten. Bei technischen Anlagen können Leckagen, Mängel in der Isolation, defekte Teile (heiße Lager) oder überlastete Komponenten (Transformatoren, Leitungen) aufgedeckt werden.

Nutzen

Senkung des Heizwärmebedarfs

Die Ergebnisse ermöglichen die Beurteilung des bautechnischen Gebäudezustands hinsichtlich des Heizwärmebedarfs und die Aufdeckung von (heiztechnischen) Einsparpotenzialen. Sie helfen damit bei der Entscheidung über Investitionen.

Durch die Analyse der technischen Anlagen können größere Schäden und ein - teilweise erheblicher - Anstieg der Betriebskosten vermieden werden.

7.1.3.7 Fazit

Vorteile durch Messungen

Zusammenfassend lässt sich feststellen, dass durch die Messungen und die dadurch erzielten zusätzlichen Kenntnisse über den betrieblichen Energieeinsatz nicht nur Energie- und Wasserkosten gesenkt werden, sondern auch Investitionen (Transformatoren, Kessel, Kompressoren, Speicher, Leitungen etc.) vermieden beziehungsweise reduziert werden können.

Neben der Identifizierung von Einsparpotenzialen sind die Messergebnisse eine wertvolle Hilfestellungen für die Erstellung einer Kostenstellenzuordnung oder für deren Aktualisierung, für die Prognosen zur Bedarfsentwicklung und dienen als Planungsgrundlage für die Auslegung und Dimensionierung von Anlagen.

Versorgungssicherheit

Die genauere Kenntnis von Verfahrensabläufen trägt ferner zu einer höheren Versorgungssicherheit, einer besseren Anlagenauslastung und gegebenenfalls auch zu einer Senkung der Schadstoffemissionen bei.

7.2 Energiemanagement

Integraler Managementbereich

Während das Qualitätsmanagement (QM) und das Umweltmanagement (UM) auch in Krankenhäusern heute weit verbreitete Konzepte sind, wird die Betrachtung der betrieblichen Energiesysteme bisher nur in wenigen Krankenhäusern als ein integral zu verwaltender Managementbereich gehandhabt.

In diesem Kapitel werden aus einem allgemeinen Ansatz heraus die Struktur, die Implementierung und die Organisation integraler betrieblicher Energiemanagementsysteme behandelt. Weiterführende Informationen sowie wertvolle Anregungen zur Einführung eines Energiemanagements im Krankenhaus liefern zum Beispiel Wohinz und Moor [7.5] oder Wanke und Trenz [7.6].

Systematisierung als wichtiger Faktor

Die hier vorgeschlagene Struktur und Vorgehensweise bei der Systematisierung des betrieblichen Energiemanagements (EM) ist ein Versuch, die mitunter voneinander abweichenden Anforderungen der unterschiedlichen Krankenhäuser zu berücksichtigen. Jede Geschäftsleitung wird den Detaillierungsgrad und die Komplexität des betrieblichen Energiemanagements an die eigene Betriebsgröße und Betriebsstrukturen anpassen. Sehr wahrscheinlich sind mehrere der im Folgenden vorgeschlagenen Elemente bereits im eigenem Krankenhaus vorhanden und ihre Eigenschaft als Bestandteil des Energiemanagements muss nur noch innerhalb der Ablauf- oder Aufbauorganisation verankert werden.

Viele Elemente eines betrieblichen Energiemanagements können direkt für das Umwelt- und auch Qualitätsmanagement genutzt werden, wie die folgenden Ausführungen deutlich belegen.

7.2.1 Zielsetzung des betrieblichen Energiemanagements

Das wesentliche Ziel des betrieblichen Energiemanagements ist die Reduzierung der Energiekosten durch die rationelle Bewirtschaftung des Krankenhauses mit Energie. Nicht weniger bedeutende Ziele sind aber auch (in Anlehnung an Wohinz und Moor [7.5]):

- Erhöhte Transparenz der betrieblichen Abläufe, wodurch bislang unerkannte technische, strukturelle oder organisatorische Schwachstellen beziehungsweise Verbesserungspotenziale aufgedeckt werden können
- Reduzierung der Umweltbelastung, insbesondere Einsparung von Ressourcen und Verringerung des CO_2-Ausstoßes

- Verbesserte interne Kommunikation und Koordination in allen energierelevanten Belangen
- Verbesserte Reaktionsfähigkeit auf Störungen und Abweichungen im Krankenhaus
- Erhöhte Reaktionsfähigkeit auf Änderungen im energiepolitischen und energiewirtschaftlichen Umfeld des Krankenhauses
- Erhöhte Transparenz der quantitativen und qualitativen Entwicklung des betrieblichen Energiebedarfs, insbesondere in Hinblick auf durchzuführende oder bereits durchgeführte Verbesserungsmaßnahmen und Investitionsentscheidungen

7.2.2 Elemente des Energiemanagements

Für die Erfüllung der oben genannten Zielsetzung können folgende Elemente Bestandteil eines integralen Energiemanagements sein (s. Abb. 7-10):

Energiepolitik

Zunächst gilt es für ein Krankenhaus, seine Energiepolitik zu formulieren. Sie dient dazu, die Unternehmensphilosophie und strategischen Prinzipien hinsichtlich des Umgangs mit der Energie festzuschreiben, und sie ist Ausdruck eines internen Bewusstseins für die rationelle Energienutzung (s. Kap. 7.2.3.3).

Energieziele

Konkrete Ziele, abgeleitet aus der allgemeinen Energiepolitik, lassen sich kontinuierlich oder regelmäßig formulieren und sollten gewissen formalen Anforderungen genügen, die in Kap. 7.2.3.5 beschrieben werden.

Energie-Controlling

Das Energie-Controlling dient zur Koordinierung der Energiebedarfssteuerung. Kernstück ist ein umfassendes internes **Informationssystem**, welches aus folgenden Modulen bestehen kann (s. Kap. 7.2.3.6):

- Datenerfassung (Energiedaten und zusätzliche energierelevante Daten)
- Verwaltung der Energiedaten (Verbräuche und Kosten)
- Auswertung der Energiedaten (Verbräuche und Kosten)
- Planung und Budgetierung des Energiebedarfs
- Energiekostenrechnung
- Energieberichtswesen

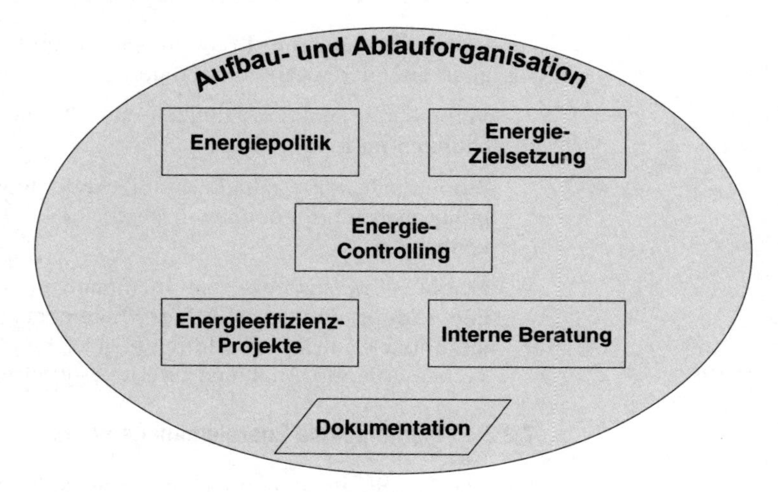

Abb. 7-10 Elemente des Energiemanagements [7.1]

Interne Energieberatung

Aufgabe der internen Beratung in allen energiesystemtechnischen Belangen ist es, Investitionsentscheidungen und interne technische Projekte begleitend zu unterstützen, wie zum Beispiel eine Abteilungserweiterung oder die Planung neuer Gebäude, aber auch die Prozessoptimierung (s. Kap. 7.2.3.7).

Energieeffizienzprojekte

Die Steigerung der Energieeffizienz von Prozessen oder Anlagen kann gezielt durch interne Projekte erzielt werden. Ergänzend können interne Fortbildungsprogramme und Informations- und Motivationskampagnen ins Leben gerufen werden. Ein internes Projekt könnte auch die Einbindung des Themas Energieeffizienz in das betriebliche Vorschlagswesen sein (s. Kap. 7.2.3.8).

Dokumentation

Natürlich sollte das Energiemanagement in die betrieblichen Organisationsstrukturen eingebunden und adäquat dokumentiert sein. Bewährte Strukturen lassen sich aus den Normen zum Qualitätsmanagement (DIN ISO 9.000:2.000, EFQM und KTQ) und Umweltmanagement (EMAS bzw. Öko-Audit-Verordnung) ableiten und auf die vorzufindenden Strukturen anpassen.

7.2.3 Einführung eines Energiemanagements

Krankenhausleitung einbeziehen

In Abb. 7-11 ist ein möglicher Ablauf bei der Einführung eines Energiemanagements (EM) dargestellt. Nach einer Reihe von vorbereitenden Maßnahmen erfolgt die Einrichtung und Festlegung der oben genannten Elemente des Energiemanagements. Der Prozess der Einführung eines Energiemanagements muss von der Krankenhausleitung beschlossen, angestoßen und gefördert werden. Die Formulierung einer Energiepolitik ist Aufgabe der Krankenhausleitung. Auf- und Ausbau der erforderlichen Elemente des Energie-Controllings, die zunächst einen gewissen Aufwand mit sich bringen, erfordern ebenfalls die volle Unterstützung der Krankenhausleitung. Dies ist um so mehr der Fall, sollten die Aufgaben des Energiemanagements auf mehrere Personen verteilt sein.

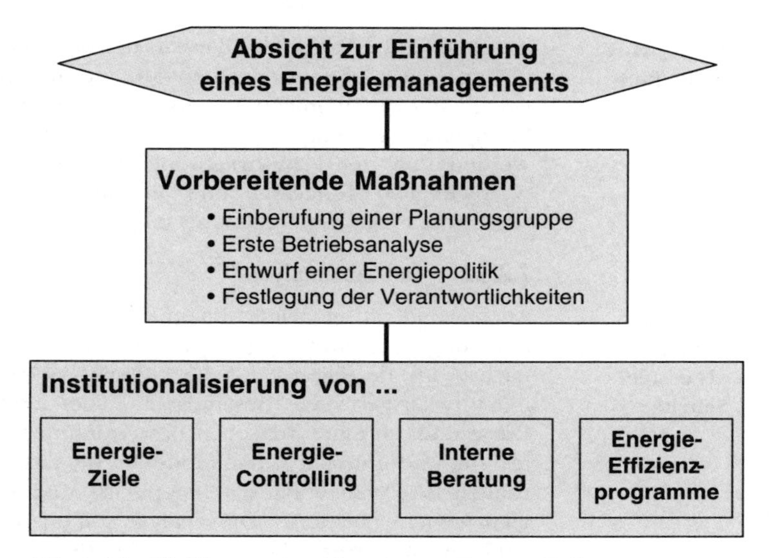

Abb. 7-11 Einführung eines Energiemanagements [7.1]

7.2.3.1 Einberufen einer Planungsgruppe

Mitglieder der Planungsgruppe

In die Planungsgruppe, die zu Beginn des Projektes „Einführung des Energiemanagements" gebildet wird, sollten Vertreter der Krankenhausleitung, die verantwortlichen Mitarbeiter für die Energie- und Medienversorgung (u.a. technische Leiter), Vertreter der Fachabteilungen sowie Mitarbeiter aus Controlling und Buchhaltung einberufen werden. Da es viele Synergien gibt, sollten der Qualitätsmanagement- und der Umweltbeauftragte des Krankenhauses die Gruppe ergänzen.

Die ersten Aufgaben dieser Planungsgruppe sind:

- Verbreitung des Konzeptes des Energiemanagements (EM) und der rationellen Energienutzung innerhalb des Krankenhauses
- Durchführung der erforderlichen Untersuchungen und Analysen als Vorbereitung zum Entwurf der einzelnen Elemente
- Formulierung der Energiepolitik und der Unternehmensleitlinien bezüglich des Umgangs mit Energie

Verantwortlichkeiten festlegen

Anschließend erfolgen der Entwurf der einzelnen operativen und technischen Energiemanagement-Module und die Festlegung der geeigneten Kommunikations- und Informationsstrukturen für das Energiemanagement. Gemeinsam mit der Geschäftsleitung werden von der Planungsgruppe die entsprechenden Verantwortlichkeiten festgelegt und in die Aufbau- und Ablauforganisation des Krankenhauses eingebettet.

7.2.3.2 Betriebsanalyse

Bestandsaufnahme als erster Schritt

Auch wenn die einzelnen Energiemanagement-Module zu jeder Zeit aufgebaut und eingeführt werden könnten, so sollte zunächst eine detaillierte, auf die Energieversorgung und Energienutzung ausgerichtete Bestandsaufnahme durchgeführt werden. Diese führt zu einer kritischen Bewertung der gesamten Energietechnik und ermöglicht dann eine auf die tatsächlichen Anforderungen des Krankenhauses angepasste Ausgestaltung des Energiemanagementsystems. Die Analyse sollte jedoch nicht nur den energiesystemtechnischen Aspekt berücksichtigen, es sollte gleichermaßen eine kritische Betrachtung und Bewertung der Informations- und Kommunikationsstrukturen innerhalb des Krankenhauses erfolgen.

Energieanalyse

Fokussierung auf Schwerpunktbereiche

Der Umfang und die tatsächliche Ausgestaltung einer Energieanalyse des Krankenhauses hängt von der Datenlage ab. Eine allgemeine Richtlinie lässt sich nur schwerlich angeben. Die wesentlichen Aufgaben der Energieanalyse und die Vorgehensweise sind im Kap. 7.1 detailliert beschrieben. An dieser Stelle sei noch einmal darauf hingewiesen, dass es ratsam ist, bei der Analyse sequentiell und hierarchisch vorzugehen und Detailanalysen einzelner Bereiche erst dann durchzuführen, wenn die Energierelevanz des Bereiches bekannt ist.

Software-anforderungen

Einige wichtige Hinweise für den Aufbau der Daten für die Betriebs- und Energieanalyse sind zu beachten (s. Kap. 7.2.3.6):

- Nutzen Sie marktübliche Softwarelösungen für die Datenerfassung und Weiterverarbeitung
- Die Softwarelösung sollte über einen strukturierten Aufbau sowie eine Historisierung verfügen
- Die Softwarelösung sollte flexible Auswertungen der im System erfassten Informationen liefern
- Die Softwarelösung sollte modular aufgebaut sein und über das Thema Energiemanagement hinaus für spätere Schritte um die Aspekte eines ganzheitlichen Facility Managements erweiterbar sein

Informationsbedarfsanalyse - Kommunikationsdefizitanalyse

Der Erfolg eines Projektes basiert nicht selten auf einer guten internen Kommunikation und transparente Informationsstruktur. Dies gilt in besonderem Maße für das Energiemanagement. Es ist von großem Nutzen, zu einem frühen Zeitpunkt den Informations- und Kommunikationsbedarf hinsichtlich der Energie- und Medienversorgung festzustellen. Folgende beispielhaft dargestellte Fragen können dazu hilfreich sein.

Welche Informationen werden in welcher Qualität und Detaillierung und in welcher Häufigkeit benötigt?

Festlegung des Informationsbedarfs

Dies umfasst in erster Linie technische Daten der Energieversorgung, aber auch Fachdaten und Einsatzzeiten einzelner Bereiche und Abteilungen etc. Bei der Festlegung der zu erhebenden Daten ist es wichtig, der Krankenhausleitung den Nutzen und die Vorgehensweise bei den Auswertungen zu verdeutlichen, die in Zukunft regelmäßig durchgeführt werden sollen. Dies ermöglicht eine detaillierte Planung des Energie-Controllings (s. Kap. 7.2.3.6).

Weiterhin sollte die Situation der internen Kommunikation und Information kritisch analysiert werden. Hier kann hilfreich sein, sich folgende Fragen zu stellen:

Informationsdefizit

Gibt es Bereiche mit Informationsdefizit (oder Informationsüberschuss)?

Zum Beispiel: Der verantwortliche Kesselwart benötigt Informationen über den pH-Wert des Wassers. Weiß er, dass in einer anderen Abteilung der pH-Wert täglich gemessen wird? Aber auch unnötige Informationsflut kann die sinnvolle Datenauswertung behindern. Werden regelmäßig („aus Gewohnheit") Daten erhoben, ohne jemals ausgewertet zu werden?

Kommunikation

Wie funktioniert die Kommunikation bei der Planung interner Projekte?

Wird zum Beispiel bei Neuanschaffungen der Betriebselektriker frühzeitig in die Planungsphase integriert, um rechtzeitig die elektrische Anbindung in geeigneter Form vorzubereiten? Oder muss er schnell reagieren, wenn die neue Anlage praktisch schon auf dem Gelände steht? Ein nicht zu unterschätzender Faktor für eine reibungslose Energie- und Medienversorgung und damit ein erfolgreiches Energiemanagement ist eine gute interne Kommunikation.

Motivation

Besteht ein Kommunikationsdefizit aufgrund von Motivationsproblemen? Existieren Motivationsprobleme aufgrund von Informationsmangel?

Unmotivierte Mitarbeiter können ein großes Problem für eine klare und transparente Handhabung von Daten und Informationen sein. Es ist aus diesem Grunde nicht ratsam, Mitarbeiter mit der Energiedatenverwaltung zu betrauen, die dem Energiemanagement kein Interesse entgegenbringen. Oftmals ist die fehlende Motivation von Mitarbeitern auf eine unzureichende Kommunikation oder auf einen stetigen Informationsmangel zurückzuführen.

Die genannten Aspekte gelten für alle Bereiche einer Organisation und sollten insbesondere auch für den Bereich des Energiemanagements beachtet werden. Es ist immer wieder zu beobachten, dass viele der scheinbar technischen Probleme betrieblicher Energiesysteme auf fehlende Information oder unzureichende Kommunikation zurückgeführt werden können.

7.2.3.3 Definition einer betrieblichen „Energiepolitik"

Mit der Formulierung einer betrieblichen Energiepolitik signalisiert die Krankenhausleitung ihrem Umfeld sowie den eigenen Mitarbeitern, dass es ihr Ziel ist, den Krankenhausbetrieb möglichst energieeffizient und ressourcenschonend zu gestalten. Sie dokumentiert damit die Unternehmensphilosophie, aus der heraus strategische Leitlinien und konkrete Handlungsanweisungen entwickelt werden können. Gleichermaßen stößt sie damit die Weiterentwicklung des Bewusstseins der Mitarbeiter für einen rationellen Umgang mit Energie und Ressourcen an.

Anforderungen der Energiepolitik

Eine schriftlich formulierte Energiepolitik sollte folgende Anforderungen berücksichtigen:

- Konkrete Ziele sollten abgeleitet werden können
- Eine langfristige Ausrichtung sollte gegeben sein
- Die Energiepolitik sollte visionär aber nicht realitätsfremd sein

Beispiel einer Formulierung

Wie die Energiepolitik eines Krankenhauses formuliert sein könnte, zeigt folgendes Beispiel:

> *„Eingebettet in einen möglichst wirtschaftlichen Betrieb verfolgt unser Haus eine kontinuierliche Verbesserung im Umgang mit den natürlichen Ressourcen. Insbesondere haben wir es uns zum Prinzip gemacht, einen möglichst rationellen Umgang mit Energie zu erreichen.*
>
> *Wir wollen kontinuierlich alle Möglichkeiten zur Reduzierung des spezifischen und absoluten Energieeinsatzes prüfen. Mit diesem Ziel sollen alle wesentlichen Energieumwandlungsprozesse in unserem Krankenhaus regelmäßig auf ihren Energieeinsatz und ihre Energieeffizienz untersucht und - sofern dies aus wirtschaftlicher Sicht möglich ist - an den Stand der Technik angepasst werden.*
>
> *Wir streben es an, dass alle unsere Mitarbeiter zum Ziel eines möglichst rationellen Umgangs mit Energie und den Ressourcen beitragen und dass sie das betriebliche Vorschlagswesen auch zu diesem Zwecke nutzen.*
>
> *Energieeinsparung und Ressourcenschonung betrachten wir als mittel- und langfristige Aufgaben. Aus diesem Grund wollen wir bei der wirtschaftlichen Beurteilung investiver Energieeinsparprojekte angemessene Bewertungsparameter ansetzen."*

7.2.3.4 Aufbau- und Ablauforganisation - Festlegung von Verantwortlichkeiten

Eine zentrale Aufgabe bei der Institutionalisierung des Energiemanagements innerhalb eines Krankenhauses ist neben der Verankerung der Informations- und Kommunikationswege die Festlegung der Aufgaben und Verantwortlichkeiten innerhalb der Aufbau- und Ablauforganisation. In der Regel ist es ausreichend, existierende informelle Strukturen zu formalisieren sowie insbesondere bestehende Aufgaben klar zu benennen, zuzuordnen und gegebenenfalls zu erweitern. Der Aufbau völlig neuer Strukturen oder die Einrichtung neuer Stellen oder Aufgabenfelder ist selten erforderlich.

2 Einflussgrößen

Der strukturelle Anpassungsbedarf hängt in erster Linie von zwei Einflussgrößen ab:

1. Unternehmens- beziehungsweise Betriebsgröße (Mitarbeiter, Umsatz, etc.)

2. Energieintensität des Krankenhauses (spezifischer Energieeinsatz und Energiekosten, eingesetzte Energiearten)

Die Aufbauorganisation, welche den strukturellen Aufbau zur Unterstützung des Energiemanagements festlegt, sowie die Ablauforganisation mit der Definition der Aufgaben und Vorgänge für ein gutes Funktionieren des betrieblichen Energiemanagements werden in Abhängigkeit von diesen Faktoren unterschiedliche Ausprägung haben.

Nach Wohinz und Moor [7.5] lassen sich diese Ausprägungen in Abhängigkeit von Betriebsgröße und Energieintensität in vier unterschiedliche Typen klassifizieren (s. Tab. 7-3).

Betriebs-größe	Energie-intensität	Aufbauorganisation	Ablauforganisation
Klein	gering	Keine spezifischen Einrichtungen auf Dauer Operative Aufgaben nach Bedarf	Geringe ablauforganisatorische Festlegungen, zum Beispiel zur Energieträgerbeschaffung
	hoch	Wichtige Teilfunktionen der Betriebsleitung Eventuell Energiebeauftragter zur Koordinierung Spezielle Mitarbeiter für bestimmte Aufgaben	Ablauforganisatorische Regelungen zur Sicherung und Überwachung der Energieversorgung (zum Beispiel Soll-Ist-Vergleich, Wartung und Pflege des Energie-Controlling)
Groß	gering	Eventuell Energiebeauftragter (Energie-Ausschuss, Energie-Team) Evtl. eingebettet in das Umweltmanagement	Allgemeine ablauforganisatorische Regelungen, die sich aus dem allgemeinen Organisationsgrad ergeben
	hoch	Energiebeauftragter (Energie-Ausschuss, Energie-Team) Eventuell eigene Abteilung für die Energieversorgung	Weitreichende spezifische Festlegungen für die Erfüllung von Daueraufgaben sowie für besondere Vorhaben

Tab. 7-3 Abhängigkeit der Organisationsstrukturen von Größe und Energieintensität des Betriebes (nach [7.1])

Die Informationen und Handlungsempfehlungen in Tab. 7-3 sind ursprünglich für Produktionsbetriebe entwickelt worden und lassen sich auf die Einrichtungen des Gesundheitswesens transferieren.

Existente Strukturen auffinden

Bei der bewussten Einführung des Energiemanagements sollte aber vorab geprüft werden, welche Strukturen bereits existieren und welche Verantwortlichkeiten nur einer Reaktivierung oder einer formalen Verankerung bedürfen.

7.2.3.5 Festlegung konkreter Energieziele

Die Energiepolitik spiegelt die Unternehmensphilosophie wieder und bleibt auf einem gewissen Abstraktionsniveau. Sogenannte „Energieziele" sind dagegen sehr konkret und führen zu definierten Maßnahmen.

Die Festlegung von Zielen zur Optimierung der betrieblichen Energiewirtschaft sollte ein dynamischer Vorgang sein, dass heißt die Ziele werden an den Betrieb angepasst und nicht der Betrieb an die Ziele. Idealerweise werden konkrete Ziele erst nach einer sorgfältigen Analyse der Ist-Situation der betrieblichen Energiewirtschaft gesetzt (s. Kap. 7.2.3.2). Die Zielfestlegung umfasst folgende drei Schritte:

Schritte bei der Zielfestlegung

- Benennung von Zielen und Definition des Projektumfangs
- Festlegung des zeitlichen Rahmens und eines Budgets
- klare Verteilung der Verantwortlichkeiten

Bei der Festlegung von Energiezielen sollten folgende drei Fragen beantwortet werden können:

1. Ist das gesteckte Ziel erreichbar und realistisch?
2. Liegen dem gesetzten Ziel verlässliche Daten zugrunde?
3. Welche konkreten Verbesserungen würden sich ergeben, wenn ein Ziel erreicht wird?

7.2.3.6 Energie-Controlling

Innerhalb des Energiemanagements nimmt das Energie-Controlling als Informationsdienstleistung eine zentrale Rolle ein. Nach dem klassischen Verständnis des Controlling-Begriffes liefert das Energie-Controlling zum einen die notwendigen Informationen für die kontinuierliche Energieplanung und die Festlegung von Zielwerten, zum anderen koordiniert es die Energieflusssteuerung und die Energieflusskontrolle.

Energie-Controlling als Regelkreis

Im Sinne eines Regelkreises (Controlling = Regelung) umfasst das Energie-Controlling alle Funktionen von der Datenerfassung, Datenverwaltung und Abweichungsanalysen über die Aufstellung von Ziel- und Sollwert-Größen bis hin zu Konzeption, Planung und Veranlassung von regulierenden Maßnahmen. Die Steuergrößen sind in der Regel der Energieverbrauch und die Energiekosten des Krankenhauses.

Mögliche äußere Einflüsse können sein:

- Schäden an einzelnen Anlagen, wie zum Beispiel abgenutzte Lagerschalen oder Undichtigkeiten
- Umbauten innerhalb des Krankenhauses, zum Beispiel Bereichserweiterungen oder -stilllegungen
- Änderungen der Marktpreise für Energieträger, zum Beispiel Strom

- Neue Gesetze oder Gesetzesänderungen, in der Umweltgesetzgebung

Kontinuierlicher Prozess

Um als Regelkreis funktionieren zu können, muss das Energie-Controlling ein kontinuierlicher Prozess sein.

In Abb. 7-12 ist der Regelkreis des Energie-Controllings schematisch dargestellt. Abb. 7-13 zeigt die daraus abgeleiteten Elemente, aus denen sich das Energie-Controlling zusammensetzen kann. Im Folgenden wird auf diese Elemente näher eingegangen.

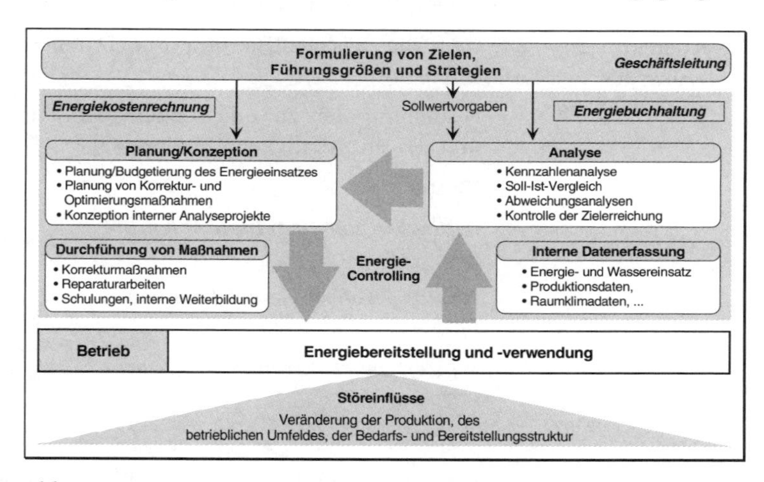

Abb. 7-12 Regelkreis des Energie-Controllings [7.1]

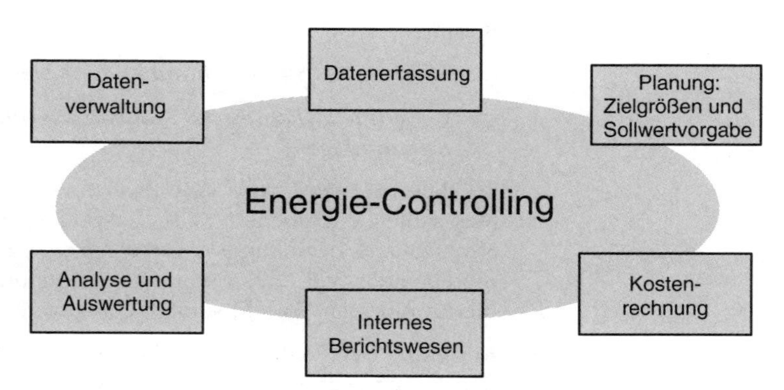

Abb. 7-13 Elemente des Energie-Controllings [7.1]

Datenerfassung und -verwaltung

Die Ergebnisse der Informationsbedarfsanalyse liefern die Anforderungen an die Datenerfassungssysteme im Betrieb (s. Kap. 7.2.3.2). Vor der Beschaffung und Installation aufwendiger und kostspieliger Messeinrichtungen, Datenaufnahmegeräten sowie entsprechenden Softwarelösungen ist es nützlich und sinnvoll festzulegen, welche Auswertungen in Zukunft regelmäßig durchgeführt werden sollen. Die hierfür erforderlichen Kennwerte ergeben die zu messenden beziehungsweise zu erfassenden Größen im Krankenhaus.

Systematisierung der Datenerfassung

Die auf die Systematisierung der Datenerfassung bezogenen Aufgaben sind:

1. Festlegung der zu erfassenden Größen, ihrer Genauigkeit und der erforderlichen Messintervalle

   Beispiele:

Luftbedarf der einzelnen Abteilungen	*[m³/h]*	*5-Minuten-Mittelwerte*
Leistungsaufnahme des Krankenhauses	*[kW]*	*¼-Stunden-Mittelwerte*
Wassertemperatur im Kaltwasserkreislauf	*[°C]*	*¼-stündliche Messung*

2. Festlegung der Bereiche und Bilanzgrenzen für die Erstellung von Energiebilanzen

   Beispiele:

   - *Messung des Stromverbrauchs der Kälteanlagen 1 und 2*
   - *Getrennte Erfassung des Kaltwasserverbrauchs an den Klimaanlagen*

   Zu diesem Zweck wird es teilweise erforderlich sein, neue Messstellen einzurichten (z.B. Gaszähler, Wasseruhren oder Stromzähler) beziehungsweise die Versorgungsleitungen zu modifizieren (z.B. elektrische Unterverteilung). Der Aufwand hierfür muss im Vorfeld sorgfältig abgewägt werden.

3. Korrektur der Fehler und Behebung der Schwachstellen in den vorhandenen Erfassungssystemen

Beispiele:

- *Berücksichtigung der Druck- und Temperaturkorrektur bei den Gaszählern ohne Norm-Umwerter*
- *Berichtigung des Wassernetzplanes und Korrektur der Wasserbilanz aufgrund der Auslesung der Wasseruhren*
- *Auswechseln der alten Wasseruhren durch Wasseruhren mit elektrischem Signalausgang*

4. Bedarfsgerechte Anpassung der Mess- und Datenerfassungssysteme sowie Verteilungsschlüssel und Kostenstellenzuordnung an die Anforderungen des Energie-Controllings

Energiedatenverwaltung mit modernen Softwarelösungen

Für die Verwaltung der Energiedaten lassen sich nur schwer allgemeine Vorschläge unterbreiten. Die Daten sollten in einer Fachsoftwarelösung abgebildet und gepflegt werden (s. Abb. 7-14). Wichtig ist die Anbindung bzw. Integration dieser Softwarelösung an die Finanzbuchhaltung und Datenverwaltung. Eine zentrale Verwaltung aller, für die Energie- und Medienversorgung und -nutzung relevanten Informationen kann die Datenauswertung unterstützen.

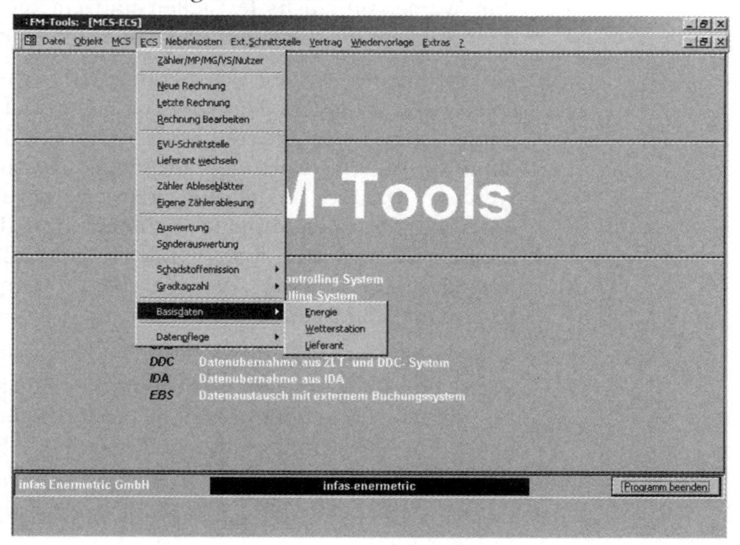

Abb. 7-14 Beispiel einer Energie-Controlling-Software [7.7]

Datenanalyse und Datenauswertung - Energiekennwerte

Die im Rahmen des Energie-Controllings regelmäßig erfassten Daten können auf unterschiedliche Weise ausgewertet werden.

Energiefluss-diagramm

Durch ein Energiefluss- beziehungsweise Energiekostenfluss-diagramm, wie es in Kapitel 7.1 bereits dargestellt wurde, wird beispielsweise der Energieeinsatz (und der Wassereinsatz) eines Krankenhauses visualisiert. Es können die Bereiche identifiziert werden, in denen besonders viel Energie eingesetzt wird und in denen eine nähere Untersuchung sinnvoll ist.

Energiebilanzen

Energiebilanzen in einzelnen Bereichen oder Aggregaten führen zu einer detaillierteren Kenntnis der Energieverluste. Zum Beispiel können Abwärmeströme identifiziert und quantifiziert werden, die an anderen Stellen des Krankenhauses erneut eingesetzt werden könnten.

Aufstellung von Energiekennzahlen

Energieflussbilder und die Ergebnisse von Energiebilanzen sind aber zunächst statische Bilder beziehungsweise Momentaufnahmen der betrieblichen Energiesysteme. Durch die regelmäßige Aufstellung und Beobachtung geeigneter und aussagekräftiger Energiewerte lassen sich Schwankungen des Energie- und Wasserverbrauchs feststellen und auf diese Weise Bereiche oder Anlagen identifizieren, die näher untersucht werden sollten.

Ein merklicher Anstieg des Strombedarfs eines Ventilators beispielsweise kann ein Hinweis auf einen Defekt im Luftversorgungssystem sein. Die Information für das Energie-Controlling kann in diesem Fall zur präventiven Instandhaltung genutzt werden. Darüber hinaus können Kennwerte eine Erfolgskontrolle für Energiesparmaßnahmen ermöglichen. Schließlich können Kennwerte zum Vergleich mit ähnlichen Systemen herangezogen werden, vorausgesetzt, die verglichenen Systeme haben ähnliche Charakteristika.

Wie betriebswirtschaftliche Kennwerte dienen auch Energiekennwerte der schnellen Bewertung der Effizienz des Betriebes. Vor diesem Hintergrund können Energiekennwerten im Allgemeinen in zwei Gruppen unterteilt werden:

- Betriebskennwerte zum Vergleich von ähnlichen Krankenhäusern und zur regelmäßigen Bewertung der Betriebsentwicklung
- Bereichs- und Anlagenkennwerte zur Bewertung der Energieeffizienz der einzelnen Abteilungen im Krankenhaus

Diese Aufgabenstellungen können ebenfalls durch eine entsprechende Softwarelösung unterstützt werden.

Planung und Budgetierung des Energieeinsatzes

Budgetierung von Energieverbrauch und -kosten

Die bereits beschriebenen Instrumente des Energie-Controllings ermöglichen eine hohe Transparenz der Energieflüsse und der verursachten Energiekosten innerhalb definierter Bereiche des Krankenhauses. Sind die spezifischen Verbräuche der Bereiche, Abteilungen und Anlagen bekannt, so lassen sich bei prognostizierbarer Entwicklung der Auslastung des Krankenhauses Energieverbrauch und Energiekosten für einen bestimmten Zeitraum für jeden Bereich budgetieren.

„Targeting"

Werden bei der Planung und Budgetierung des Energieeinsatzes regelmäßig mögliche Verbesserungspotenziale beziehungsweise Verbesserungsziele berücksichtigt, so führt dies zum sogenannten „Targeting". Am Ende eines Betrachtungszeitraumes können Zielsetzung und tatsächlicher Energieverbrauch gegenübergestellt werden. Damit wird dann auch der Regelkreis des Energie-Controllings geschlossen. Die Einhaltung der Zielvorgaben wird kontrolliert und eventuelle Abweichungen werden analysiert, bewertet und etwaige Gegenmaßnahmen initiiert.

Energiekostenrechnung

Das Energie-Controlling spielt eine zentrale Rolle in der internen Kostenrechnung in Hinblick auf die Zuordnung der Energiekosten zu Kostenstellen. Die Aufgaben der Energiekostenrechnung sind vielfältig und werden hier kurz erläutert.

Kostenstellenrechnung

- Festlegung von Kostenstellen

  Eine wesentliche Aufgabe ist eine konsistente Festlegung von Kostenstellen sowie die verursachergerechte Zuordnung der Energiekosten zu den Kostenstellen.

Variable und fixe Energiekosten

- Aufteilung der Kosten in Fixkosten und variable Kosten

  Variable Energiekosten werden durch den laufenden Betrieb verursacht. Fixe Energiekosten sind nicht abhängig vom Betrieb. Es ist anzumerken, dass fixe Energiekosten oft irrtümlich als unveränderlich angesehen werden, liegen oft doch gerade in den oben aufgeführten Bereichen große Einsparpotenziale.

Verrechnungspreise

- Die Aufstellung interner Verrechnungspreise für die „Nutzenergie"

Die Kosten für eine Tonne Dampf zum Beispiel setzen sich zusammen aus einem Anteil an Brennstoffkosten und Kosten für die Wasseraufbereitung (in diesem Fall variable Kosten) sowie einem Anteil an Wartungs- und Instandhaltungskosten. Dazu gehören auch die, auf ein Jahr berechneten anteiligen Kosten für Generalüberholungen, die gegebenenfalls nur alle vier bis acht Jahre notwendig sind.

Eine eingesparte Tonne Dampf sollte immer nur mit den gerade vermiedenen variablen Kosten bewertet werden, da die Einsparung meist keinen Einfluss auf die sogenannten fixen Kosten hat. Bei der Betrachtung von alternativen Systemen für die Prozesswärmebereitstellung müssen aber die Gesamtkosten berücksichtigt werden.

Schließlich ist die Gegenüberstellung der ermittelten Energiekostenkennwerte mit den gesetzten Kostenzielen eine wichtige Aufgabe der Energiekostenrechnung.

Internes Energieberichtswesen

Unterschiedlicher Informationsbedarf

Das Ziel einer transparenten Dokumentation der betrieblichen Energiedaten, zum Beispiel in Form eines regelmäßigen Energieberichtes, ist die Versorgung der unterschiedlichen verantwortlichen Mitarbeiter eines Krankenhauses mit der jeweils erforderlichen Information. Dabei ist der Informationsbedarf je nach Position innerhalb des Hauses sehr unterschiedlich. Der Leiter der Medienversorgung benötigt zum Beispiel die Daten des Kesselhauses und der Klimazentrale. Die Geschäftsleitung hingegen ist in erster Linie an den Daten des Gesamthauses sowie den aggregierten Daten der einzelnen Abteilungen interessiert.

Aufwand beachten

Beim Berichtswesen ist darauf zu achten, dass der Aufwand in richtiger Relation zu den gewonnenen Informationen steht. Nur Informationen, die gelesen und verarbeitet werden, sollten auch dokumentiert werden. Eine Softwarelösung ist bei dieser Aufgabenstellung unabdingbar (s. Abb. 7-14).

Modularer und hierarchischer Aufbau

Aus diesem Grund ist es sinnvoll, den Energiebericht modular und hierarchisch aufzubauen. Der modulare Aufbau ermöglicht es, Daten einzelner Betriebsbereiche oder Abteilungen getrennt aufzubereiten und auszuwerten. Die hierarchische Struktur ermöglicht es, gefilterte und bereits aufbereitete Daten an die übergeordnete Stelle weiterzureichen. Gliederung und Umfang eines derartigen Energieberichtes hängen natürlich stark von der

Größe und Energieintensität des Krankenhauses ab. Hier gelten analog die Ausführungen aus 7.2.3.4. Der mögliche Aufbau eines Energieberichtes ist in Abb. 7-15 dargestellt.

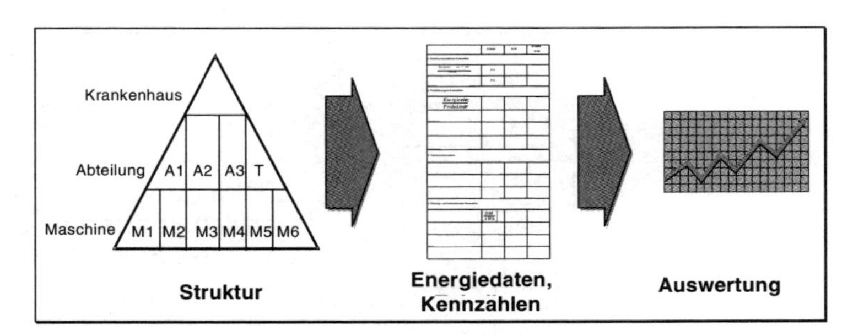

Abb. 7-15 Struktur eines Energieberichtes zur Datenauswertung [7.1]

Stufen eines Energieberichts

Ausgehend von der vereinfachten Struktur eines Krankenhauses, dargestellt als Dreieck, können die Energiedaten in folgende drei Stufen unterteilt werden:

Die obere Stufe fasst die Energiedaten und Kennwerte des Hauses als Summenwerte zusammen, zum Beispiel Gesamtverbrauch an Energieträgern, oder spezifische Energiekosten.

Auf der mittleren Stufe werden die Daten der Abteilungen oder Bereiche angesiedelt, also bspw. die Energiedaten der Fachabteilungen, aber auch die Daten der Verwaltungsräume, Lagerräume und Nebenbereiche.

Auf der unteren Stufe werden schließlich die energierelevanten Daten der einzelnen Anlagen und Maschinen aufgestellt.

Aus den erhobenen Daten werden, in Abstimmung mit den Ergebnissen der Informationsbedarfsanalyse, die Kennwerte und Kennlinien für die einzelnen Bereiche gebildet und ausgewertet. Dies erfolgt wiederum zunächst für jeden Teilbereich, um anschließend zusammengefasst und aggregiert zu werden.

7.2.3.7 Interne Energieberatung

Ein wichtiges Element innerhalb des Energiemanagements ist eine institutionalisierte interne Energieberatung zur Unterstützung der operativen Aktivitäten und insbesondere der internen Projekte, die das betriebliche Energiesystem beeinflussen. Zum Zeitpunkt der Einführung dieser beratenden Funktion muss zum einen festgelegt werden, wann auf die interne Beratung zurückgegriffen werden sollte (s. auch Abb. 7-16). Zum anderen muss definiert werden, welches Profil diese Institution bekommen soll.

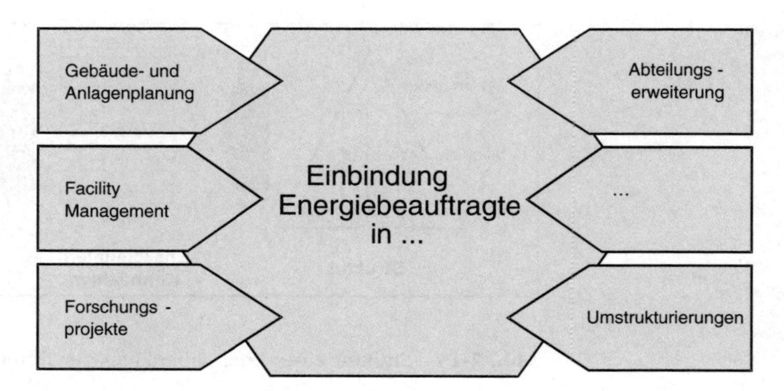

Abb. 7-16 Mögliche Tätigkeitsbereiche des Energiemanagements beziehungsweise des Energiebeauftragten [7.1]

Typische Fälle, in denen auf eine interne Energieberatung zurückgegriffen werden sollte, sind:

- Planung neuer Gebäude und Anlagen
- Funktionserweiterungen
- Umstrukturierungsmaßnahmen im Krankenhaus
- Forschungsprojekte
- Facility Management

Interne Beratung durch qualifiziertes Personal

In Hinblick auf diese vielfältigen Themenkomplexe muss die interne Beratung durch hoch qualifizierte Mitarbeiter erfolgen. Es muss klar festgelegt werden und möglichst in der Aufbau- und Ablauforganisation des Krankenhauses verankert sein, wer zu diesem Beratungsteam gehört, beziehungsweise welche Mitarbeiter für spezielle Fragestellungen hinzugezogen werden sollen.

In der Regel existiert eine derartige Funktion der internen Beratung in jedem Krankenhaus, meist jedoch sind die Funktionen nicht fest verankert und nur selten berühren sie die Themenbereiche des Energiemanagements.

7.2.3.8 Energieeffizienzprogramme

Unter Energieeffizienzprogrammen werden Maßnahmen oder einzelne Projekte verstanden, die der Reduzierung des absoluten oder spezifischen Energiebedarfs des Krankenhauses oder der Verbesserung der Transparenz der betrieblichen Energiedaten dienen. Beispiele für derartige Effizienzprogramme sind im Folgenden aufgeführt (s. auch Abb. 7-17):

- *Programme zur Mitarbeitermotivation*
  Seminare und Workshops sowie Fortbildungsprogramme, in denen die Mitarbeiter hinsichtlich ihrer Möglichkeiten zur Unterstützung des rationellen Umgangs mit Energie in ihren Abteilungen sensibilisiert werden
- *Spezifische Bereichsprogramme*
  Zum Beispiel Energieeffizienz-Wettbewerbe unter den Abteilungen mit dem Ziel einer Veränderung des allgemeinen Nutzerverhaltens
- *Detailanalysen*
  Zum Beispiel Messungen an einzelnen Anlagen, Wirkungsgradbestimmung der Dampferzeugung, Analyse des Wärmeintegrationspotenzials

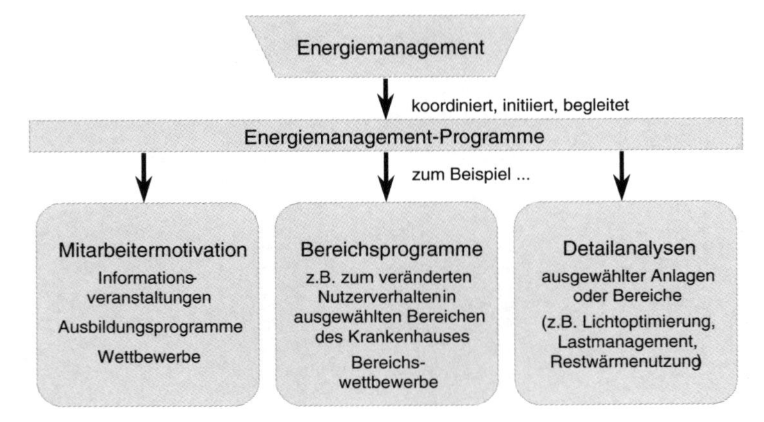

Abb. 7-17 Energiemanagement- oder Energieeffizienzprogramme zur Verbesserung der rationellen Energienutzung im Krankenhaus [7.1]

Die Definition eines Energieeffizienzprogramms erfordert die Festlegung folgender Punkte:

- Zielsetzung des Projektes
- Zeitraum für die Durchführung des Programms
- Vorgehensweise
- Verantwortlichkeiten
- Budget für das Projekt
- interne Information und Dokumentation während des Programms
- Kontroll- und Bewertungsmechanismen

Die Anregung zu Energieeffizienzprogrammen kann durch die Krankenhausleitung erfolgen, aus dem betrieblichen Vorschlagswesen stammen, oder von einem Energiebeauftragten oder einem externen Berater kommen. Innerhalb des Energiemanagements sollte allerdings festgelegt sein, wer derartige Programme vorbereitet, plant und begleitet.

Inhaltsverzeichnis

8 Finanzierung

Dieses Kapitel ist unter Mitwirkung von Dr. Martin Kruska, Dr. Jörg Meyer, Andreas Trautmann (EUtech, Aachen) und Michael Müller (Energieagentur NRW) entstanden.

Kapital- und Liquiditätsbelastung als Hemmnisse

Wie zuvor eingehend beschrieben, sind kurzfristig umsetzbare erfolgreiche Energieeinsparungen in vielen Krankenhäusern oft mit nur geringen Investitionen verbunden. Umfangreichere Maßnahmen, die mittel- und langfristig zu Kosteneinsparungen führen, sind meist technische Projekte, die mit erheblichem Kapitalaufwand verbunden sind. Ihre Umsetzung scheitert in der Regel nicht an der schlechten Wirtschaftlichkeit, sondern vielmehr an der Kapital- und damit Liquiditätsbelastung. Förderprogramme sowie intelligente Finanzierungsinstrumente können helfen, diese Projekte dennoch umzusetzen.

In diesem Kapitel wird kurz und übersichtlich auf unterschiedliche aktuelle Förderprogramme sowie auf das Finanzierungsinstrument Contracting eingegangen.

Es ist zu beachten, dass die aufgeführten Förderprogramme teilweise einer Beschränkung aufgrund der Trägerschaft (konfessionell, öffentlich, privatrechtlich usw.) des Krankenhauses unterliegen. Dies ist im Einzelfall vor einer Antragsstellung abzuklären.

8.1 Förderung mit Zuschüssen

Vielzahl von Förderprogrammen

Auf Landes-, Bundes- und EU-Ebene existiert eine Vielzahl von Förderprogrammen, welche die rationelle Energienutzung und den Einsatz regenerativer Energien mit Zuschüssen unterstützen. Gefördert werden Investitionen, Forschung und Entwicklung sowie Beratung. In der Regel ist eine Antragsstellung sowie die Bewilligung für das zu fördernde Projekt vor Projektbeginn erforderlich. Der Förderumfang ist dabei stark von der Größe des Antragsstellers und vom innovativen Charakter des Projektes abhängig.

Neben den öffentlichen Stellen gibt es verschiedene Stiftungen, die abhängig von ihrem Schwerpunkt Maßnahmen fördern, wie zum Beispiel die Deutsche Bundesstiftung Umwelt (DBU).

Teilweise fördern auch Energieversorgungsunternehmen die rationelle Energieverwendung und die Nutzung regenerativer Energien.

Eine Übersicht über Institutionen, die weiterführende Auskünfte geben können, befindet sich im Anhang A-2. Im Folgenden werden einige Programme - überwiegend Programme des Landes Nordrhein-Westfalen - ausführlicher vorgestellt.

Programm „REN-Technische Entwicklung"

REN steht für „Rationelle Energienutzung im Unternehmen". Der Förderbereich „Technische Entwicklung" wendet sich an Unternehmen der Energietechnik, der Energiewirtschaft sowie an gewerbliche und industrielle Energieverbraucher in NRW. Innerhalb des Programmbereichs wird die Durchführung von innovativen technischen Entwicklungsvorhaben in folgenden Bereichen unterstützt:

- Produkte und Verfahren zur rationellen Energie- und Rohstoffnutzung
- Wasserstoff- und Solartechnologien
- Nutzung regenerativer Energiequellen
- Umweltfreundlicher Kohleeinsatz in der Kraftwerkswirtschaft
- Untersuchungen zur Einführung neuer Technologien

Voraussetzung für die Förderung ist, dass die Vorhaben über den Rahmen eines Einzelunternehmens hinaus Pilotcharakter haben und dadurch ein Multiplikationseffekt zu erwarten ist. Die Förderquote kann bis zu 50% der entwicklungsrelevanten Kosten betragen. Ansprechpartner für das Programm ist der Projektträger ETN (Energie Technologie Nachhaltigkeit) im Forschungszentrum Jülich.

Programm „REN-Demonstrationsförderung"

Im Rahmen der Demonstrationsförderung des REN-Programms werden Projekte

- zur Nutzung regenerativer Energiequellen (zum Beispiel Wasserkraft-, Windenergie- und Solaranlagen, Anlagen zur Nutzung von Biomasse)
- zur rationalen Energienutzung (zum Beispiel Kraft-Wärme-Kopplung, Abwärmenutzung, Energiemanagementsysteme)

mit Demonstrationscharakter gefördert. Derartige Vorhaben werden mit Fördersätzen bis zu 50% der zuwendungsfähigen Ausgaben unterstützt. Ansprechpartner für das Programm ist der Projektträger ETN im Forschungszentrum Jülich.

Programm „REN-Breitenförderung"

Ein dritter Schwerpunkt des REN-Programms ist die Förderung von Investitionsvorhaben, um die Markteinführung in Frage kommender Techniken zu beschleunigen (Breitenförderung). Die Förderung beschränkt sich auf Vorhaben innerhalb des Landes NRW, mit denen vor Bewilligung noch nicht begonnen wurde. Förderberechtigt sind kleine und mittlere Unternehmen (KMU). KMU sind nach EU-Definition Unternehmen, die weniger als 250 Vollzeitmitarbeiter beschäftigen, einen Jahresumsatz von maximal 40 Millionen Euro und eine Jahresbilanzsumme von höchstens 27 Millionen Euro. Ein weiteres Kriterium ist, dass weniger als 25% des Kapitals oder der Stimmrechtsanteile im Besitz eines oder mehrerer Unternehmen sind, die diese Anforderungen nicht erfüllen.

Gefördert werden die Ausgaben für Errichtung, Reaktivierung und Ausbau von:

- Regeltechnische Einrichtungen computergestützter Mess-, Regel- und Speichersysteme mit mindestens 15% verbesserter Energienutzung (außer Energieschirme)
- Gewerbliche Anlagen zur Verwertung von Abwärme. Nicht gefördert werden Brennwertheizgeräte
- Wärmepumpen für Heizung und Warmwasser, mit fossilen Energieträgern oder thermisch betrieben
- Thermische Solaranlagen für die Brauchwassererwärmung in Gewerbebetrieben
- Biomasse- und Biogasanlagen zur gekoppelten Strom- und Wärmeerzeugung mit Netzanbindung
- Biomasseanlagen zur Wärmeerzeugung in Verbindung mit einem Solarkollektor in Gebäuden, deren Jahresprimärenergieaufwand der Energieeinsparverordnung entspricht
- Wasserkraftanlagen bis 1.000 kW_{el} installierter Leistung

- Fotovoltaikanlagen mit Netzanbindung ab einer Mindestleistung von 2,0 kW_p
  - Aufdach-Anlagen
  - dachintegrierte Anlagen
  - fassadenintegrierte Anlagen
- Sonstige Anlagen, Systeme und Einrichtungen zur rationellen Energieverwendung und Nutzung unerschöpflicher Energiequellen mit vorheriger Zustimmung des Ministeriums

Die Förderung wird als nicht rückzahlbarer Zuschuss oder als Darlehen gewährt. Die Höhe der Förderung hängt von der zu fördernden Maßnahme sowie den zuwendungsfähigen Ausgaben ab. Bei Vorhaben mit zuwendungsfähigen Ausgaben bis zu 500.000 € wird die Förderung als Zuschuss gewährt, bei Vorhaben mit zuwendungsfähigen Ausgaben über 500.000 € dagegen als zinsgünstiger Kredit.

Ansprechpartner für das Projekt sind die Landes-Bank NRW sowie das Landesinstitut für Bauwesen des Landes Nordrhein-Westfalen (LB NRW).

Förderung von Energiekonzepten

Dieser Förderbereich ist ebenfalls Bestandteil der REN-Programms und unterstützt die Erstellung von Energiekonzepten durch unabhängige Gutachter mit einer Zuwendung von bis zu 50% der zuwendungsfähigen Ausgaben. Antragsberechtigt sind Industrie- und Gewerbebetriebe (primär KMU) sowie Interessensverbände und Anbieter neuer Dienstleistungen. Zum Zweck der Einsparung sowie der rationellen und umweltschonenden Energienutzung werden folgende Maßnahmen gefördert:

- Erstellung betrieblicher Energiekonzepte
- Erstellung von Branchenenergiekonzepten
- Untersuchung übergreifender Fragestellungen und Einzelaspekte

Ansprechpartner ist der Projektträger ETN im Forschungszentrum Jülich.

Energieagentur NRW

Die Energieagentur NRW bietet einen unentgeltlichen sowie anbieter- und produktneutralen Informationsservice an. Das übergeordnete Ziel der Energieberatung ist, Impulse für den Wirtschaftsstandort NRW auszulösen. Im Rahmen von Initialberatungen werden anhand von Erhebungsbögen und Checklisten erste Potenziale zu Energieeinsparungen abgeschätzt. Darüber hinaus können Broschüren zu den wichtigsten Beratungsthemen angefordert werden.

Technologie- und Innovationsprogramm NRW (TIP)

Das Land NRW gewährt Finanzhilfe für die angewandte Forschung und Entwicklung sowie für die Einführung und Verbreitung neuer Technologien, die unter anderem zur Einsparung von Rohstoffen und Energie beitragen.

Gefördert werden:

- Erarbeitung neuer technischer Lösungen und deren erstmalige Umsetzung in neue Produkte oder Verfahren
- Einsatz vorhandener Produkte oder Verfahren in neue Anwendungsmöglichkeiten
- Notwendige betriebsspezifische Optimierungs- und Anpassungsentwicklung für die spätere Umsetzung in die Produktion
- Vermittlung der zur Einführung neuer Produkte und Verfahren erforderlichen Kenntnisse sowie der Demonstration dieser Produkte und Verfahren für die erstmalige Einführung auf dem Markt
- Beteiligung an EU-Forschungsprogrammen

Voraussetzung für die Förderung ist, dass die Maßnahme in NRW durchgeführt wird und Neuheitscharakter hat.

Das Vorhaben sollte begründete Aussichten auf technischen und wirtschaftlichen Erfolg, auf angemessen hohen Nutzen für die Gesamtwirtschaft sowie auf wirtschaftliche Verwertung haben. Darüber hinaus soll das Vorhaben durch einen hohen Schwierigkeitsgrad gekennzeichnet sein und das für ein Unternehmen tragbare technische und wirtschaftliche Risiko übersteigen.

Antragsberechtigt sind klein- und mittelständische Unternehmen (KMU) sowie Angehörige der freien Berufe. Die Finanzhilfe wird als Zuschuss gewährt. Unternehmen der KMU werden bis zu

35% gefördert. Dieser Förderungssatz kann sich um 10% erhöhen bei Kooperationsprojekten mit mindestens einer öffentlichen Forschungseinrichtung. Bei Unternehmensstandorten in Gebieten regionaler Wirtschaftsförderung kann der Fördersatz auf 50% angehoben werden. Die Förderhöhe liegt bei 250.000 €, weitere Zuwendungen sind nach technologischer Begutachtung möglich.

Ansprechpartner für das Programm ist die INVESTITIONS-BANK NRW.

Fachprogramm Umwelttechnologien

Dieses Programm unterstreicht den hohen Stellenwert der Entwicklung innovativer Verfahren und Methoden zum Umweltschutz und zur Erhaltung der Umwelt. Gefördert werden notwendige Weiterentwicklungen nachsorgender Techniken, zum Beispiel für den Gewässerschutz, die Abfallbehandlung oder für die Altlastensanierung. Unterstützt werden Vorhaben, die dazu beitragen, die Kompetenz zur Lösung definierter Probleme zu stärken bzw. den Stand der Technik fortzuentwickeln sowie an denen hinsichtlich der Themenstellung und der Ziele ein erhebliches Bundesinteresse besteht. Weiterhin sollen sie mit einem hohen technischen und wirtschaftlichen Risiko verbunden sein.

Die Förderung erfolgt durch einen nicht rückzahlbaren Zuschuss in Höhe von maximal 50% der zuwendungsfähigen Kosten.

Ansprechpartner zum Programmschwerpunkt „Vermeidung von Umweltbelastungen aus der industriellen Produktion durch vorbeugende, integrierte Maßnahmen“ ist das Deutsche Zentrum für Luft- und Raumfahrt e. V. (DLR).

Ansprechpartner zum Programmschwerpunkt „Wasserforschung und -technologie“ ist das Forschungszentrum Karlsruhe (FZK).

Ansprechpartner zum Programmschwerpunkt „Stoffstromorientierte Abfallwirtschaft, Altlastensanierung“ ist das Umweltbundesamt (UBA).

Fachprogramm Energieforschung und Energietechnik

Gefördert wird die Forschung und Entwicklung, welche zu verbesserten Technologien der rationellen Nutzung und Bereitstellung von Energien führen. Die übergreifende Zielsetzung ist die nachhaltige Umweltverträglichkeit, d. h. CO_2-reduzierte und kostengünstige Deckung des künftigen Energiebedarfs am Standort Deutschland. Förderbereiche sind:

- die rationelle Energieanwendung und Einsparung von Energien bei den Endenergiesektoren
- die Erhöhung der Energieproduktivität im Industriesektor
- Prozesswärme und -kälte
- branchenübergreifende Querschnittstechniken
- die Kreislaufwirtschaft

Die Förderung erfolgt durch einen nicht rückzahlbaren Zuschuss von maximal 50% der entstandenen Kosten. Informationen erteilt der Projektträger ETN im Forschungszentrum Jülich.

Umweltschutzförderung der Deutschen Bundesstiftung Umwelt

Im Vordergrund steht die Förderung von Umweltpionieren mit innovativen Ideen, außerdem sind Verbundvorhaben zwischen kleinen und mittleren Unternehmen und Forschungseinrichtungen ausdrücklich erwünscht. Darüber hinaus können auch Projekte von Institutionen, Verbänden und Interessensgruppen, die in ihrer Funktion als Multiplikatoren wichtige Vermittler für die Umsetzung von Ergebnissen aus Forschung und Technik in die Praxis sind, unterstützt werden. Die Förderung ist in drei thematische Abschnitte - Umwelttechnik, Umweltforschung/ Umweltvorsorge und Umweltkommunikation - aufgeteilt, wobei jeder Abschnitt in einzelne Förderbereiche untergliedert ist.

Die Förderung wird grundsätzlich in Form eines zweckgebundenen, nicht rückzahlbaren Zuschusses gewährt. Die Höhe des Zuschusses wird je nach Projekt und Antragsteller in unterschiedlicher Höhe gewährt. In Ausnahmefällen kann die Förderung auch als Darlehen oder Bürgschaft erfolgen. Die Bedingungen werden im Einzelfall im Bewilligungsschreiben festgesetzt.

Die Anträge auf die Gewährung einer Förderung sind schriftlich an die Geschäftsstelle der Deutsche Bundesstiftung Umwelt (DBU) zu richten.

8.2 Förderung mit zinsverbilligtem Darlehen

Finanzierungsprogramme der Deutschen Ausgleichsbank (DtA)

Die Deutsche Ausgleichsbank (DtA) als Förderinstitut des Bundes unterstützt mit ihren Beratungs- und Finanzierungselementen seit vielen Jahren aktiv Umweltschutzprojekte. Insbesondere werden Vorhaben zur Abwasserreinigung, Abwassereinsparung, Abfallverwertung und Abfallbeseitigung sowie Maßnahmen zur Reduzierung von Lärm, Geruch, Erschütterung, aber auch zum effizienten Energieeinsatz sowie zur Nutzung erneuerbarer Energiequellen gefördert. Zur Finanzierung solcher Maßnahmen stellt die DtA gewerblichen Unternehmen Darlehen nach folgenden Programmen aus:

- „ERP-Umwelt- und Energiesparprogramm"
- „DtA-Umweltprogramm"
- „Demonstrationsvorhaben zur Verminderung von Umweltbelastungen"
- „Umweltschutz Bürgschaftsprogramm"

zur Verfügung. Alle Darlehen zeichnen sich durch günstige Zinssätze bei langen Laufzeiten und tilgungsfreien Anlaufjahren aus. Die Zinsen werden auf maximal 10 Jahre festgeschrieben. Bei Laufzeiten über 10 Jahre werden die Zinsen im Anschluss auf maximal 10 Jahre festgeschrieben. Die Zinssätze liegen unter dem Marktniveau.

Unter www.kfw.de können jederzeit die aktuellen Konditionen abgerufen werden.

Der Förderhöchstbetrag beträgt im ERP-Umwelt- und Energieprogramm 500.000 €. Das DtA-Umweltprogramm gewährt Darlehen bis zu 75% der Investitionssumme, aber maximal 2 Millionen Euro. Außerdem berechnet sie eine Bereitstellungsprovision von 0,25% pro angefangenem Monat, sofern die Darlehen nicht spätestens zum Ultimo des auf die Zusage folgenden Monats bei der DtA abgerufen werden. Das Darlehen wird als sogenanntes „de-minimis"-Beihilfe gewährt, d.h. höchstens 50% der zuwendungsfähigen Kosten werden gefördert, sofern dabei der Maximalbetrag von 100.000 € innerhalb von drei Jahren nicht überschritten wird.

Bei dem „Demonstrationsvorhaben zur Verminderung von Umweltbelastungen" des Bundesministeriums für Umwelt, Naturschutz und Reaktorsicherheit wird die Förderung als Zinszuschuss zur Verbilligung eines Kredits oder als Investitionszuschuss gewährt. Bis zu 70% der förderfähigen Ausgaben beziehungsweise Kosten können zinsverbilligt werden. Bei Investitionszuschüssen erfolgt eine Anteilfinanzierung von bis zu 30% der zuwendungsfähigen Ausgaben beziehungsweise Kosten.

Die Förderung durch das Umwelt-Bürgschaftsprogramm wird als Darlehen mit Haftungsfreistellung gewährt. Der Darlehensbetrag kann bis zu 100% der Investitionssumme betragen, maximal 500.000 € bei einer Laufzeit von bis zu 12 Jahren mit drei tilgungsfreien Jahren. 80% des Kreditbetrages können von der Hausbankhaftung freigestellt werden. Das Darlehen wird als sogenanntes „de-minimis"-Beihilfe gewährt, d.h. höchstens 50% der zuwendungsfähigen Kosten werden gefördert, sofern dabei der Maximalbetrag von 100.000 € innerhalb von drei Jahren nicht überschritten wird.

Für alle vier Programme gilt, dass nur solche Projekte gefördert werden, deren Umsetzung noch nicht begonnen hat. Für alle vier Programme ist die Deutsche Ausgleichsbank (DtA) der Ansprechpartner. Anträge sind über eine frei wählbare Hausbank der Deutschen Ausgleichsbank zuzuleiten.

ERP-Innovationsprogramm

Das ERP-Innovationsprogramm dient der langfristigen Finanzierung marktnaher Forschung und der Entwicklung neuer Produkte, Verfahren oder Dienstleistungen sowie der Markteinführung. Förderschwerpunkt ist dabei die Kooperation der mittelständischen Wirtschaft mit Forschungseinrichtungen.

Antragsberechtigt sind Unternehmen und Freiberufler, die ein innovatives Vorhaben in Deutschland durchführen oder die planen, innovative Produkte, Verfahren und Dienstleistungen am Markt einzuführen. Bei Forschungs- und Entwicklungsprojekten (FuE-Projekte) darf der Jahresumsatz des Unternehmens in der Regel 125 Millionen €, bei Programmen zur Markteinführung 40 Millionen € sowie eine Anzahl von 250 Beschäftigten nicht überschreiten.

Die Förderung wird als zinsgünstiges Darlehen mit einer Laufzeit von zehn Jahren bei maximal zwei tilgungsfreien Anlaufjahren gewährt. Das Darlehen wird zu 100% ausgezahlt. Bei FuE-Projekten werden bis zu 100% der Kosten gefördert, soweit der Kredithöchstbetrag von 5 Millionen € nicht überschritten wird. Projekte zur Markteinführung werden in den Alten Bundesländern mit bis zu 50%, in den Neuen Bundesländern mit bis zu 80% der Kosten gefördert. Die Kredithöchstgrenze liegt bei 1 Millionen € bzw. 2,5 Millionen €.

Ansprechpartner ist die Kreditanstalt für Wiederaufbau (KfW).

Förderung von Maßnahmen zur Nutzung erneuerbarer Energien (Marktanreizprogramm)

Das Marktanreizprogramm „Erneuerbare Energien" fördert Maßnahmen zur Nutzung erneuerbarer Energien. Antragsberechtigt sind kleine und mittlere Unternehmen (KMU) nach EU-Definition. Gefördert werden u.a.:

- Errichtung von Solarkollektoranlagen, einschließlich Speicher- und Luftkollektoren zur Warmwasserbereitung, Raumheizung und Bereitstellung von Prozesswärme, soweit (Ausnahme Speicher- und Luftkollektoren) Anlagen mit Funktionskontrolle bzw. Wärmemengenzähler ausgestattet sind
- Errichtung von automatisch beschickten Anlagen zur Verfeuerung fester Biomasse zur Wärmeerzeugung (ab 3 kW) - bei Anlagen bis zu einer installierten Nennwärmeleistung von 50 kW nur, soweit es sich um eine Zentralheizungsanlage handelt
- Errichtung und Erweiterung von Anlagen zur Gewinnung und Nutzung von Biogas aus Biomasse zur Stromerzeugung bzw. zur kombinierten Strom- und Wärmeerzeugung (KWK)
- Errichtung automatisch beschickter Anlagen zur Verfeuerung fester Biomasse zur kombinierten Strom- und Wärmeerzeugung (KWK)
- Errichtung, Erweiterung und Reaktivierung von Wasserkraftanlagen bis max. 500 kW Nennleistung
- Errichtung von Anlagen zur Nutzung der Tiefengeothermie ohne Übernahme des Bohrrisikos; keine Förderung der Wärmeverteilung

Die Förderung wird teilweise als Zuschuss oder als zinsgünstiges Darlehn im Rahmen des CO_2-Minderungsprogramms der Kreditanstalt für Wiederaufbau (KfW) gewährt.

8.3 Contracting

Unter Contracting werden Finanzierungs- und Betreibermodelle verstanden. Dabei werden zum Beispiel die Energieversorgungsanlagen eines Gebäudes (Wärme- und Kälteversorgung, Beleuchtung, Lüftung oder Klimatisierung etc.) nicht mehr vom Gebäudeeigentümer selbst gekauft, gewartet und betrieben, sondern dies wird von einem externen Unternehmen übernommen, dem Contractor. Dies kann zum Beispiel ein Hersteller von Heizungsanlagen, ein Dienstleister der Energietechnik oder ein Energieversorgungsunternehmen sein.

Contractor tätigt Investitionen

Der Contracting-Kunde muss also nicht selbst die Investitionen für die neue Anlage tätigen. Er zahlt nur das Produkt bzw. die Dienstleistung. Weil in der Regel neueste Energieeffizienztechnologien eingesetzt werden, fallen die Betriebskosten geringer aus als bei den vorhandenen älteren Anlagen. Im Idealfall lassen sich aus dieser Kosteneinsparung nicht nur die Aufwendungen des Contractors decken. Vielmehr profitiert auch der Kunde von dauerhaft geringeren Neben- bzw. Energiekosten. Die Zeitspanne der vertraglichen Bindung beträgt in der Regel 10 bis 15 Jahre.

Unterschieden wird zwischen Anlagencontracting und Einsparcontracting, auch Performance Contracting genannt.

8.3.1 Anlagencontracting

Beim Anlagencontracting steht auf der einen Seite der Energieabnehmer, der eine entsprechende Nutzenergie in Form von Wärme, Kälte, Dampf oder Strom von einem Dritten (dem so genannten Contractor) erhält. Zu diesem Zweck übernimmt der Contractor je nach Vertragsumfang die Planung, Finanzierung, Bauausführung und den laufenden Betrieb des Investitionsprojektes weitgehend auf eigenes Risiko. Für den Energieabnehmer ergeben sich daraus mehrere Vorteile. Er muss kein eigenes Investitionskapital aufbringen und er profitiert von dem meist größeren Know-how und den Bezugsvorteilen der Contracting-Gesellschaft.

Contractor zuständig für Energieversorgung

Kernpunkt des Anlagencontracting ist, dass der Contractor für die Energieversorgung zuständig ist und das damit verbundene Risiko trägt. Der Unternehmer bekommt die Energie geliefert, während der Contractor dafür eine Vergütung unabhängig von der erzielten Primärenergieeinsparung erhält.

„Kosten der Energie sind für Abnehmer relevant"

Die Preise für die Nutzenergielieferung sind projektbezogen kalkuliert und werden in der Regel aufgeteilt in einen Grund- und einen Arbeitspreis. Im Grundpreis sind die verbrauchsunabhängigen Kosten, insbesondere die Kapitalkosten, im Arbeitspreis die verbrauchsgebundenen Kosten enthalten. Häufig findet im Rahmen der vertraglich festgelegten Laufzeit eine Vollamortisation der getätigten Investitionen statt, d. h. alle Aufwendungen der Contracting-Gesellschaft einschließlich ihres Gewinns werden durch die Zahlungen, die der Energienutzer im Rahmen der nicht kündbaren Laufzeit leistet, gedeckt.

Beispiel Wärmelieferung

Die Heizzentrale eines Gebäudes wird nicht vom Gebäudeeigentümer selbst betrieben, sondern von einem externen Unternehmen (Contractor). Aufgabe des Contractors ist es, die benötigte Nutzwärme in der Heizzentrale des Gebäudes zu erzeugen und in das Sekundärnetz einzuspeisen. Anders als bei der Fernwärmeversorgung wird die gelieferte Nutzwärme also in unmittelbarer Nähe, nämlich im Gebäude selbst, erzeugt. Dies wird deshalb auch als „Nahwärmelieferung" bezeichnet.

Der Wärmelieferant ist als Contractor für die gesamte Durchführung des Projektes verantwortlich. Er plant, tätigt die Investitionen und betreibt die Heizungsanlage nach der Installation.

Die von der Heizanlage abgegebene Nutzwärme wird an einer festgelegten Übergabestelle (Wärmemengenzähler) kontinuierlich erfasst. Der Contracting-Kunde bezahlt für diese Wärmemenge einen vorher vereinbarten Preis an den Wärmelieferanten. Hierdurch werden sämtliche Aufwendungen des Contractors gedeckt.

8.3.2 Einsparcontracting

Eingesparte Energiekosten als Grundlage der Finanzierung

Im Gegensatz zum Anlagencontracting sind beim Einsparcontracting die eingesparten Energiekosten Grundlage für die Finanzierung der Maßnahmen und Investitionen des Contracting-Unternehmers. Bevorzugte Anwendungsbereiche für das Einsparcontracting sind Technologien, die einen hohen Energieverbrauch vermindern. Hierzu zählen vor allem Maßnahmen aus den Bereichen Lüftung und Klimatisierung, Heizung, Pumpen, Druckluft- und Kälteversorgung sowie Beleuchtung.

Definierter IST-Zustand als Basis für Investitionen

In Abb. 8-1 ist das Finanzierungsprinzip des Einspar-Contractings dargestellt. Die Basis für die Investitionen des Contractors bildet der vorgefundene Ist-Zustand, dass heißt der Zustand vor Projektstart, in dem die Energiekosten in bestimmter Höhe vorliegen (Basiskosten). Der Contractor realisiert die energietechnischen Maßnahmen, zum Beispiel Installation neuer Anlagentechnik, Optimierung von Steuerungs- und Regelungssystemen, Ersatz von Kessel- und Brenneranlagen im Wärmeerzeugungsbereich, und erreicht so eine Reduzierung des Energiebezugs und der Energiekosten. Bedingt durch die Reduzierung des Primärenergieeinsatzes tritt auch eine Umweltentlastung ein.

Energiekostendifferenz zur Refinanzierung

Die Kosten des Nutzers liegen oberhalb der Energieverbrauchskosten, jedoch deutlich unterhalb der Basiskosten. Aus der Differenz zwischen vertraglich vereinbarten Energiekosten und tatsächlichen Kosten refinanziert die Contracting-Gesellschaft über die Vertragslaufzeit ihre Maßnahmen und Investitionen. Nach dem Vertragsende profitiert allein der Kunde von der Kostenreduktion.

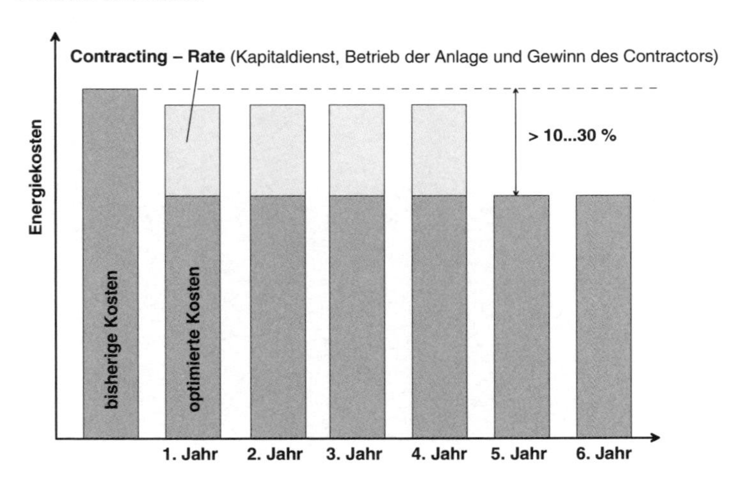

Abb. 8-1 Prinzipielles Finanzierungsmodell beim Einspar-Contracting [8.1]

Verschiedene Vertragsmodelle

Die Vertragsmodalitäten von Projekten des Einsparcontractings variieren erheblich voneinander und müssen sehr sorgfältig den entsprechenden Bedingungen angepasst werden. Einige Unternehmen lassen beispielsweise den Contracting-Kunden schon mit Beginn der Vertragslaufzeit an den Einsparungen partizipieren, ohne dass dieser Eigenmittel für die Modernisierung der Anlagentechnik einsetzen muss. Bei dieser Variante verlängert sich die Vertragslaufzeit, womit das Risiko für das Contracting-Unternehmen steigt.

Einspargarantie

Eine weitere Variante beim Einsparcontracting ist die Einspargarantie. Hierbei verpflichtet sich der Contractor vertraglich, eine festgelegte Einsparquote über die Vertragslaufzeit zu realisieren. Erreicht er diese Einsparquote nicht, muss er dem Contracting-Kunden die Differenz zwischen erreichter Energieeinsparung und von ihm garantierter Energieeinsparung vergüten.

Im Gegensatz zum Anlagencontracting sind beim Einspar-Contracting die Einnahmen des Contractors also abhängig von der Energieeinsparung, dass heißt, sie sind erfolgsabhängig.

Eine kostenlose Erstberatung zum Thema Contracting bietet unter anderem die Energieagentur NRW an.

Anhang

A-1 Verwendete Literatur

Kapitel 1

[1.1] VKD e.V.:
Verbandsdarstellung, Berlin 2002

[1.2] FKT e.V.:
Verbandsdarstellung, Baden-Baden 2002

[1.3] GEFMA e.V.:
Verbandsdarstellung, Bonn 2002

[1.4] Studiengang KrankenhausTechnikManagement:
Eigendarstellung FH Giessen-Friedberg,
Friedberg 2002

[1.5] infas Enermetric GmbH:
Unternehmensdarstellung, Greven 2003

[1.6] Neumann, Günter:
Benchmarking im Facilities Management,
erschienen in Facilities Management,
Rudolf Müller-Verlag, Köln 2000

[1.7] Bockhorst, Michael: www.energieinfo.de, 2001

Kapitel 2

[2.1] DKG - Deutsche Krankenhausgesellschaft:
Zahlen, Daten, Fakten 2002 (Stand 2000),
Deutsche Krankenhaus Verlagsgesellschaft mbH,
Düsseldorf 2002

[2.2] Statistisches Bundesamt Deutschland:
Jahresstatistik 2001, Wiesbaden 2003

[2.3] Landesamt für Datenstatistik Nordrhein-Westfalen:
Jahresstatistik 2001, Düsseldorf 2003

[2.4] Energieagentur NRW:
Energie im Krankenhaus - Ein Leitfaden für
Kostensenkung und Umweltschutz durch rationelle
Energieverwendung, Wuppertal 1999

[2.5] Fachinformationszentrum FIZ:
Energierationalisierung im Krankenhaus;
BINE Projekt-Info Nr. 07/86, Karlsruhe 1986

[2.6] Baumann, H./Clausen, O.:
Energieeinsparcontracting im Krankenhaus - Konflikt oder Chance?, Zeitschrift Contracting & Wärmedienst (C&W), Heft 03/1999, Krammer Verlag, Düsseldorf 1999

[2.7] Verein Deutscher Ingenieure:
VDI-Richtlinie 2067 Blatt 5,
Berechnung der Kosten von Wärmeversorgungsanlagen,
Beuth Verlag GmbH, Düsseldorf 1982

[2.8] Verein Deutscher Ingenieure:
VDI-Richtlinie 3807 Blatt 2,
Energieverbrauchskennwerte für Gebäude
Beuth Verlag GmbH, Düsseldorf 1998

[2.9] Roth, H.
Eigene Erhebungen
Neustadt 1996

[2.10] ages GmbH:
Verbrauchskennwerte 1996 -
Energie- und Wasserverbrauchskennwerte von Gebäuden in der Bundesrepublik Deutschland,
2. Auflage, Münster März 1997

[2.11] Herbst, S.:
Energetische Untersuchung von Gebäuden im Altenheim- und Klinikbereich
HLH Bd. 47 (4/1996), 1996

[2.12] Idler, R.:
Energierationalisierung im Krankenhaus (ERIK I-III),
Forschungs-Nr. 03 35 34 0 C,
Ministerium für Wirtschaft, Mittelstand und Technologie des Landes Baden-Württemberg, Stuttgart 1991

[2.13] Heyne, L.:
Energieerhebung in Krankenhäusern 1998
FH Giessen-Friedberg, 1999

[2.14] ages GmbH:
Verbrauchskennwerte 1999 -
Energie- und Wasserverbrauchskennwerte in der Bundesrepublik Deutschland,
5. Auflage, Münster Nov. 2001

Kapitel 3

[3.1] Forschungsstelle für Energiewirtschaft:
Ein Führer für Energiemanagement in Krankenhäusern,
Band I-VI

[3.2] Janzing, B.:
Mit Solarwärme kühlen,
Zeitschrift Neue Energie, Heft 01/2000,
Bundesverband Windenergie (BWE), Osnabrück 2000

[3.3] Beck, E.:
Adiabate Kühlung (1),
Technik am Bau (TAB), Heft 11/1996, S. 49ff.

[3.4] Fachinformationszentrum FIZ:
Gebäudelüftung mit Luftqualitäts-Regelung,
BINE Projekt-Info Nr. 01/01, Karlsruhe 2001

[3.5] Energieagentur NRW:
Spezialkurs für Bauwillige: Sanierung -
Bauherrenhandbuch aus dem REN Impuls-Programm „Bau und Energie", Wuppertal 1995

[3.6] Bundesministerium für Wirtschaft, Referat Öffentlichkeitsarbeit:
Erneuerbare Energien - verstärkt nutzen, 1994

[3.7] Hessisches Ministerium für Umwelt, Landwirtschaft und Forsten/IWU, Institut Wohnen und Umwelt:
Energieeinsparung an Fenstern und Außentüren,
Wiesbaden 1999

[3.8] Planungsbüro GRAW, Osnabrück 2003

[3.9] BUND Berlin e.V.:
Gütesiegel Krankenhaus, Berlin 2003

[3.10] Contracting & Wärmedienst (C&W) 1/99; S. 32-34

[3.11] Contracting & Wärmedienst (C&W) 1/99, S. 28-31

[3.12] Contracting & Wärmedienst (C&W) 1/00, S. 6-8

[3.13] Gloor Engineering, Sufers/Oerlikon Journalisten, Zürich/Schweiz (www.energie.ch)

[3.14] Faltblatt „Gute Lösungen“ 3/98 der INFOENERGIE Nordwestschweiz im Rahmen des Schweizerischen Aktionsprogramms Energie 2000 (Ressort Spitäler)

[3.15] Contracting & Wärmedienst (C&W) 1/99; S. 22-24

[3.16] EST Gesellschaft für Energiesysteme mbH, Essen

[3.17] ROM-Contracting, Mettingen

[3.18] BINE-Info des Fachinformationszentrum Karlsruhe GmbH, (www.energie-projekte.de), Bonn

[3.19] Studie der EBE - Gesellschaft für Energieberatung mbH: Betriebliches Energiekonzept für die St. Franziskus-Hospital GmbH Münster, Bergheim 1998

Kapitel 4

[4.1] Verein Deutscher Ingenieure: VDI-Richtlinie 3807 Blatt 1, Energieverbrauchskennwerte für Gebäude (Grundlagen), Beuth Verlag GmbH, Düsseldorf 1994

[4.2] Verein Deutscher Ingenieure: VDI-Richtlinie 2067 Blatt 1, Berechnung der Kosten von Wärmeversorgungsanlagen, Beuth Verlag GmbH, Düsseldorf 1983

[4.3] Verein Deutscher Ingenieure: VDI-Richtlinie 2067 Blatt 2, Berechnung der Kosten von Wärmeversorgungsanlagen, Beuth Verlag GmbH, Düsseldorf: 1983

Kapitel 7

[7.1] J. Meyer et. al.: Rationelle Energienutzung in der Ernährungsindustrie, Vieweg Verlag, ISBN 3-528-03173-5, Braunschweig/Wiesbaden 2000

[7.2] Verein Deutscher Ingenieure e.V.: VDI-Richtlinie 3922 Energieberatung für Industrie und Gewerbe, VDI-Gesellschaft Energietechnik, Düsseldorf 1998

[7.3] Energieagentur NRW:
Energiepfade durch den Betrieb - Ein Leitfaden für Industrie und Gewerbe, Wuppertal, o. J.

[7.4] Verband der Industriellen Energie- u. Kraftwirtschaft (VIK):
Praxisleitfaden zur Förderung der rationellen Energieverwendung in der Industrie, Essen 1998

[7.5] Wohinz, J.W.; Moor, M.:
Betriebliches Energiemanagement - Aktuelle Investition in die Zukunft,
Springer Verlag, Wien 1989

[7.6] Wanke, A.; Trenz, S.:
Energiemanagement für mittelständische Unternehmen - Rationeller Energieeinsatz in der Praxis,
Fachverlag Deutscher Wirtschaftsdienst, Köln 2001

[7.7] infas Enermetric GmbH:
Produktbeschreibungen der Facility Management-Softwarelösungen FM-Tools®, Greven 2003

Kapitel 8

[8.1] J. Meyer et. al. :
Rationelle Energienutzung in der Ernährungsindustrie,
Vieweg Verlag, ISBN 3-528-03173-5,
Braunschweig/Wiesbaden 2000

A-2 Adressen

VKD Verband der Krankenhausdirektoren Deutschlands e.V.	Oranienburger Straße 17 10178 Berlin Tel.: 0 30-28 88 59 11 Fax: 0 30-28 88 59 15 www.vkd-online.de
FKT Fachvereinigung Krankenhaus- technik e.V.	Mauerbergstraße 72 76534 Baden-Baden Tel.: 0 72 23-95 88 10 Fax: 0 72 23-95 88 12 www.fkt.de
DKG Deutsche Krankenhausgesellschaft e.V.	Münsterstraße 169 40476 Düsseldorf Tel.: 0 211-45 473 0 Fax: 0 211-45 473 61 www.dkg.de
GEFMA Deutscher Verband für Facility Management	Dottendorfer Straße 86 53129 Bonn Tel.: 02 28-23 03 74 Fax: 02 28-23 04 98 www.gefma.de
infas Integrale Facility Management Systeme GmbH	Grüner Weg 80 48268 Greven Tel.: 0 25 71-959 0 Fax: 0 25 71-959 150 www.infas-enermetric.de
Forschungszentrum Jülich GmbH Projektträger Energie, Technologie Nahhaltigkeit (PT ETN)	K.-H.-Beckurts-Str. 13 52428 Jülich Tel.: 02461-690 601 Fax: 02461-690 610 www.fz-juelich.de/etn

Landesinitiative Zukunftsenergien NRW	c/o MVEL Haroldstraße 4 40213 Düsseldorf Tel.: 02 11-86 642 0 Fax: 02 11-86 642 22 www.energieland.nrw.de
Energieagentur NRW	Kasinostraße 19 - 21 42103 Wuppertal Tel.: 02 02-24 552 0 Fax: 02 02-24 552 30 www.ea-nrw.de
DBU Deutsche Bundesstiftung Umwelt	An der Bornau 2 49090 Osnabrück Tel.: 05 41-96 33 0 Fax: 05 41-96 33 190 www.dbu.de
DtA Deutsche Ausgleichsbank	Ludwig-Erhardt-Platz 1-3 53179 Bonn Tel.: 02 28-831 0 Fax: 02 28-831 2255 www.dta.de
KfW Kreditanstalt für Wiederaufbau	Palmengartenstrasse 5-9 60325 Frankfurt Tel.: 0 69-74 31 0 Fax: 0 69-74 31 2888 www.kfw.de
LB NRW Landesinstitut für Bauwesen des Landes NRW Außenstelle Dortmund	Ruhrallee 3 44139 Dortmund Tel.: 02 31-28 68 595 Fax: 02 31-28 68 302 www.lb.nrw.de

Investitionsbank NRW Zentralbereich der WEST LB	Heerdter Lohweg 35 40549 Düsseldorf Tel.: 02 11-826 3730 Fax: 02 11-826 8459 www.ibnrw.de
DLR Deutsches Zentrum für Luft und Raumfahrt e.V.	Südstrasse 125 53175 Bonn Tel.: 0228-3821 200 Fax: 0228-3821 258 www.dlr.de
FZK Forschungszentrum Karlsruhe	Weberstraße 5 76133 Karlsruhe Tel.: 07 21-85 82 67 Fax: 07 21-84 31 67 www.fzk.de
UBA Umweltbundesamt Projektträger Abfallwirtschaft und Altlastensanierung	Seeckstrasse 6-10 13581 Berlin Tel.: 0 30-890 338 34 Fax: 0 30-890 338 33 umweltbundesamt.de

A-3 Schlagwortverzeichnis

A

B

C

D

E

F

G

H

I

K

L

M

N

O

P

Deutscher Verband für
Facilitymanagement e.V.
GEFMA
Verband der
Krankenhausdirektoren
Deutschlands eV
FACHHOCHSCHULE
GIESSEN
FRIEDBERG
University of
Applied Sciences
FKT
Fachvereinigung
Krankenhaustechnik e.V.
infas
ENERMETRIC
Integrale Facility Management
Systeme GmbH
Energetisches Benchmarking für Krankenhäuser
gefördert vom Ministerium für Verkehr, Energie und Landesplanung des Landes NRW
Erhebung 2000
Krankenhaus
St. Musterkrankenhaus GmbH
ID- 0000- 00
Musterhausen
Muster

Inhalt

Anlage

Hinweise zur Auswertung

1. Einteilung aller ausgewerteten Krankenhäuser in Kategorien:
Um eine aussagekräftige Auswertung zu erhalten, ist es notwendig, alle teilnehmenden Krankenhäuser eines Bezugsjahres anhand Ihrer Bettenzahl in Kategorien einzuteilen.

Kategorie I	1 - 250 Betten
Kategorie II	251 - 450 Betten
Kategorie III	451 - 650 Betten
Kategorie IV	651 - 1.000 Betten
Kategorie V	über 1.000 Betten

2. Teilnahme:
Im Bezugsjahr 2000 haben insgesamt **364** Krankenhäuser am Benchmarking teilgenommen.
In der für dieses Krankenhaus relevanten Kategorie wurden **45** Krankenhäuser ausgewertet.

3. Farbkennzeichnung:
Um die Auswertung übersichtlich zu gestalten, wurde für die Kennwerte eine einheitliche Farbkennzeichnung gewählt:

Wärme
Strom
Wasser
CO_2-Ausstoß
Kategorie-Durchschnitt
Gesamt-Durchschitt

4. Benotung / Bewertung
Die Benotung erfolgte nach einem prozentualen Vergleich gegenüber dem jeweiligen Kategorie-Durchschnittswert. Eine genaue Aufschlüsselung finden Sie auf den einzelnen Kennwert-Tabellenblättern.

5. Kennwerte
Um auch Krankenhäusern mit beispielsweise geringer Bettenzahl im Verhältnis zur Nettogrundfläche die Möglichkeit zum Vergleich mit Kategoriedurchschnittswerten zu geben, wurden jeweils die Kennwerte **pro Bett**, **pro Nettogrundfläche** und **pro Pflegetag** gebildet.

6. Grundlage / Basis
Basis sämtlicher Berechnungen und Gegenüberstellungen innerhalb dieser Auswertung sind die von Ihnen im Fragebogen angegebenen Daten (s. Anlage).

Eckdaten des Krankenhauses

Bilanzjahr 2000

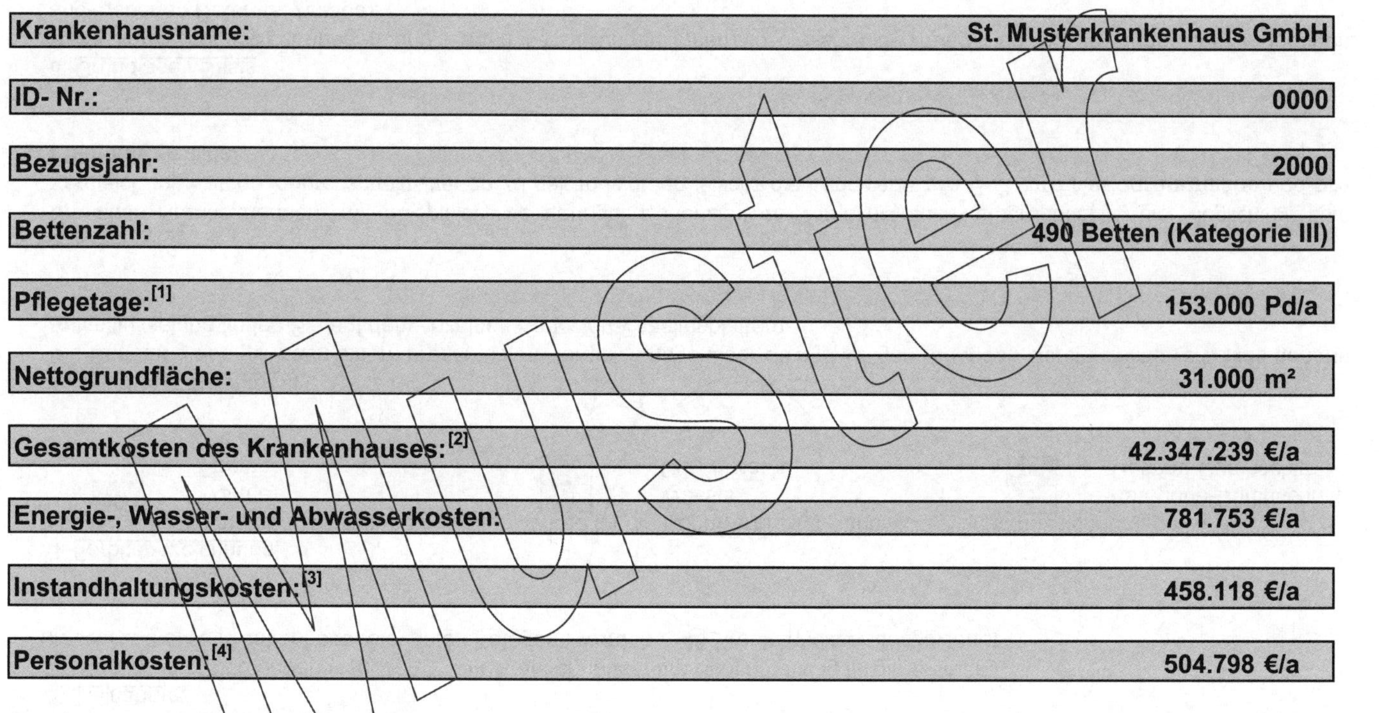

Krankenhausname:	**St. Musterkrankenhaus GmbH**
ID- Nr.:	**0000**
Bezugsjahr:	**2000**
Bettenzahl:	**490 Betten (Kategorie III)**
Pflegetage:[1]	**153.000 Pd/a**
Nettogrundfläche:	**31.000 m²**
Gesamtkosten des Krankenhauses:[2]	**42.347.239 €/a**
Energie-, Wasser- und Abwasserkosten:	**781.753 €/a**
Instandhaltungskosten:[3]	**458.118 €/a**
Personalkosten:[4]	**504.798 €/a**

[1] Summe aus Berechnungstagen und Belegungstagen

[2] Personalkosten und Sachkosten

[3] Instandhaltung techn. Anlagen *und* Medizintechnik (ohne Sonderkosten)

[4] für Mitarbeiter Instandhaltung technischer Anlagen *und* Medizintechnik

Gesamtübersicht der tatsächlichen Energieverbräuche und -kosten

Bilanzjahr 2000

St. Musterkrankenhaus GmbH
ID-0000-00

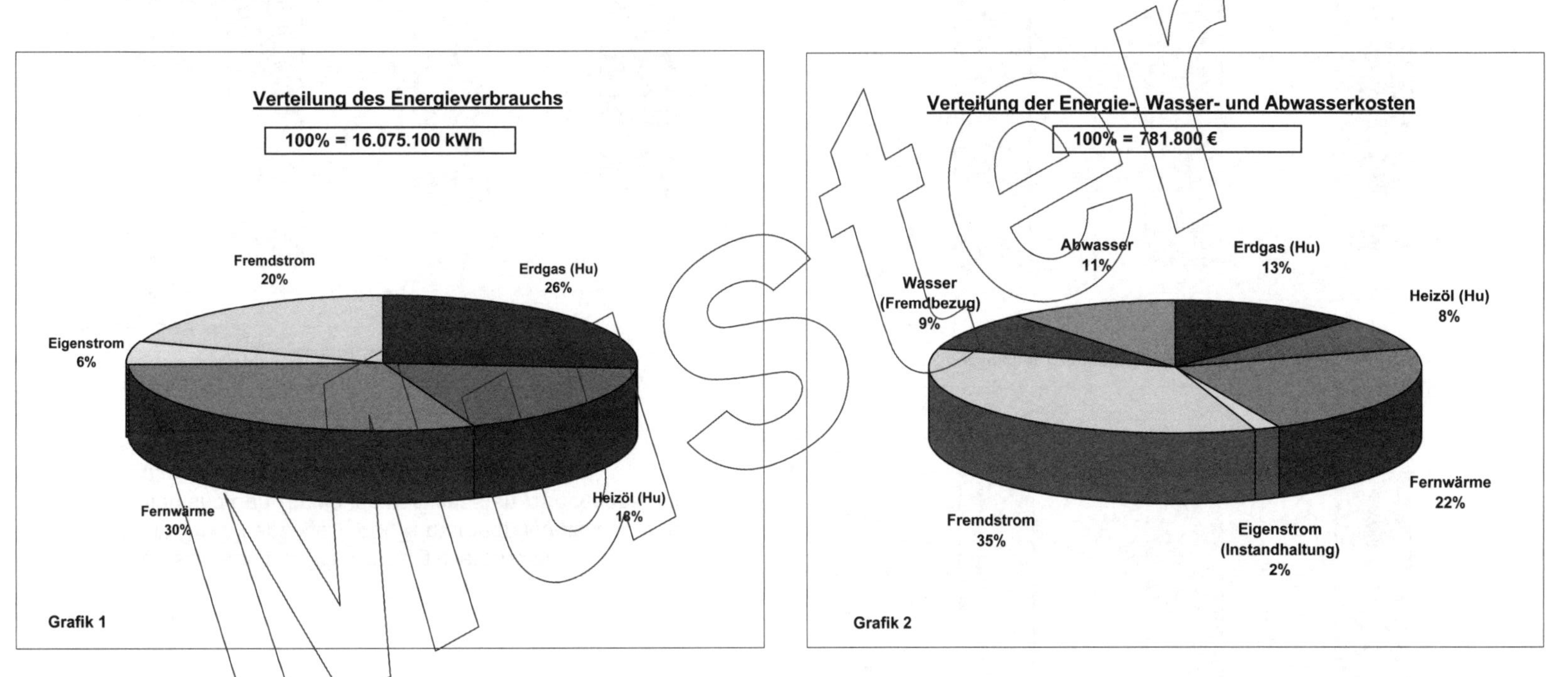

Grafik 1 stellt die unbereinigten Energieverbräuche (wie im Fragebogen angegeben) für das Bilanzjahr dar.

Grafik 2 stellt die verbrauchsgebundenen Energiekosten und (als Ergänzung zu Grafik 1) auch die Wasser- und Abwasserkosten dar.

Spezifische Brennstoffverbrauchs-Kennwerte zu Kategorie- und Gesamtmittelwerten

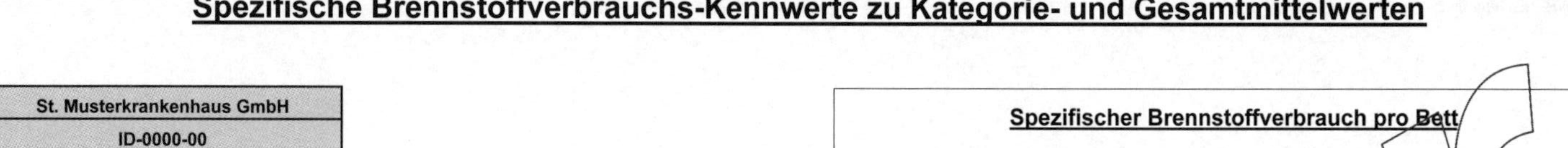

St. Musterkrankenhaus GmbH
ID-0000-00

In den Grafiken 3 - 5 sind die Kennwerte des spezifischen Brennstoffverbrauchs pro Bett, pro Nettogrundfläche und pro Pflegetag für das Bilanzjahr 2000 dargestellt.

Die Angaben

- beziehen sich auf den Primärenergieverbrauch,
- sind beim BHKW abzüglich der Primärenergieanteile, die der Stromproduktion und den Umwandlungsverlusten zurechenbar sind,
- sind ggf. abzüglich Bedarf für Wäscherei
- und sind witterungsbereinigt.

Spezifischer Brennstoffverbrauch pro Bett

[kWh_{Hu} / Bett*a]

30.000
25.000
20.000
15.000
10.000
5.000
0

27.721
27.031
24.670

IST
Kategorie-Ø
Gesamt-Ø

Grafik 3

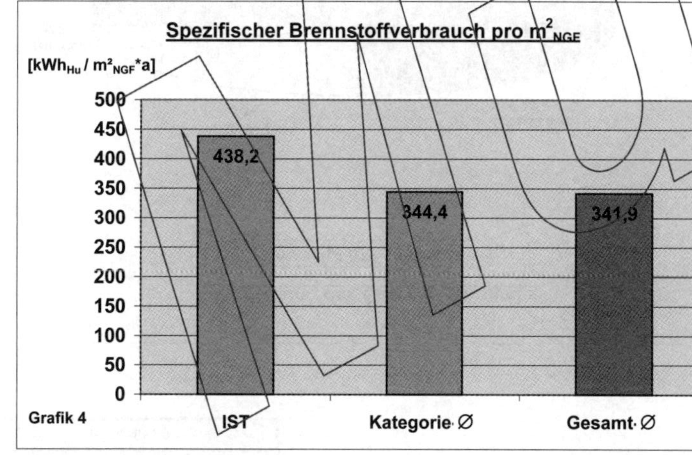

Grafik 4

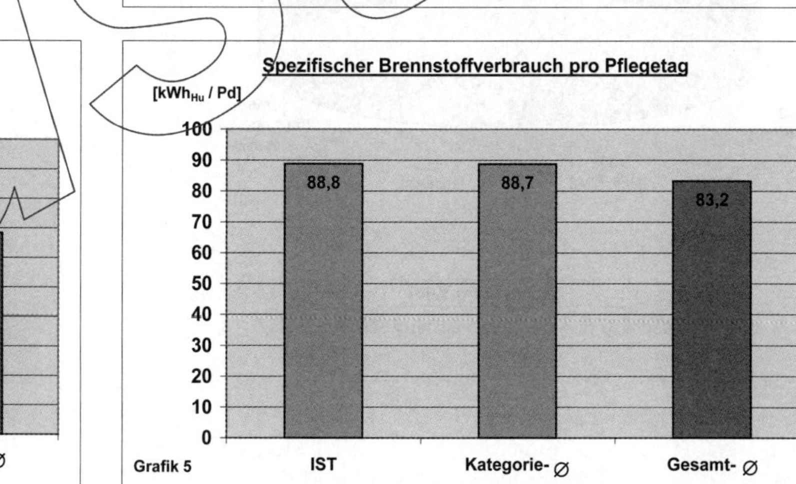

Grafik 5

Spezifische Stromverbrauchs-Kennwerte zu Kategorie- und Gesamtmittelwerten

St. Musterkrankenhaus GmbH
ID-0000-00

In den Grafiken 6 - 8 sind die Kennwerte des spezifischen Stromverbrauchs pro Bett, pro Nettogrundfläche und pro Pflegetag für das Bilanzjahr 2000 dargestellt.

Die Angaben

· sind ggf. abzüglich Bedarf für Wäscherei.

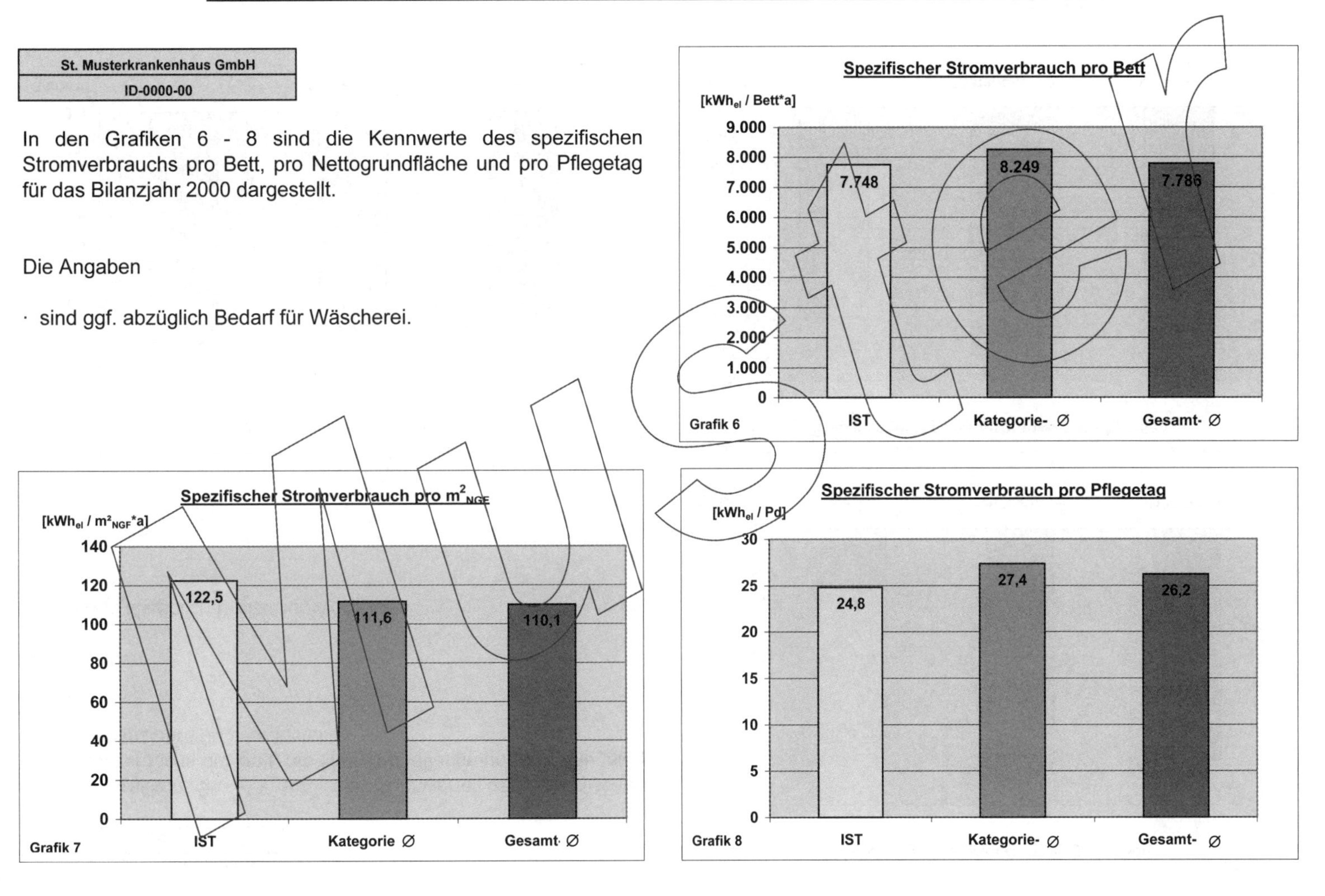

Spezifische Wasserverbrauchs-Kennwerte zu Kategorie- und Gesamtmittelwerten

St. Musterkrankenhaus GmbH
ID-0000-00

In den Grafiken 9 - 11 sind die Kennwerte des spezifischen Wasserverbrauchs pro Bett, pro Nettogrundfläche und pro Pflegetag für das Bilanzjahr 2000 dargestellt.

Die Angaben

· sind ggf. abzüglich Bedarf für Wäscherei

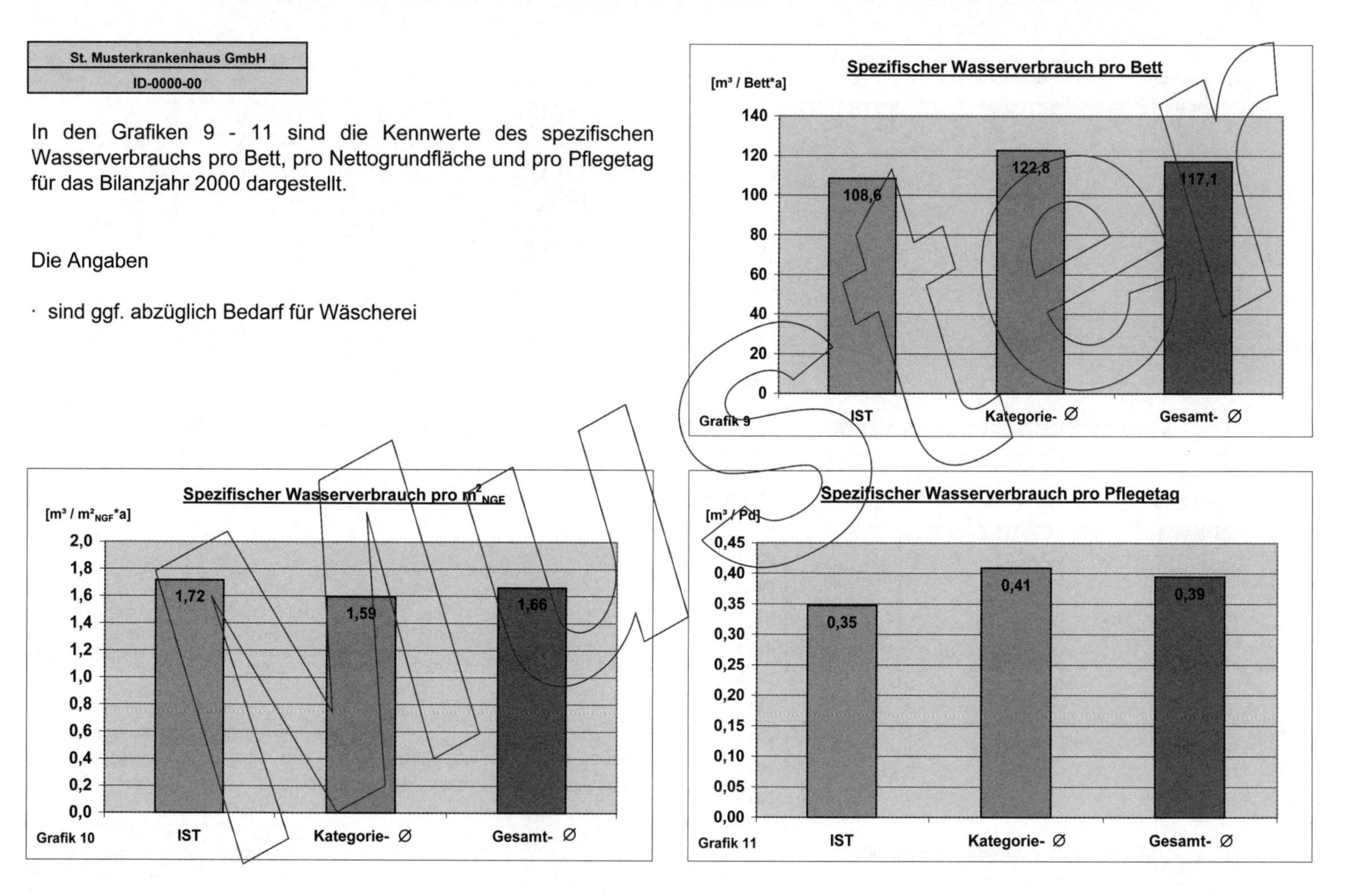

Gegenüberstellung der auf Betten bezogenen Verbrauchskennwerte aller ausgewerteten Krankenhäuser

St. Musterkrankenhaus GmbH
ID-0000-00

In den Grafiken 12 - 14 wurden die spezifischen Verbrauchs-Kennwerte pro Bett aus den Grafiken 3, 6 und 9 den Betten-Kennwerten aus dem Gesamtpool des Bilanzjahres 2000 gegenübergestellt.

Der jeweils hervorgehobene Wert in der Punkteschar markiert den entsprechenden Kennwert Ihres Hauses.

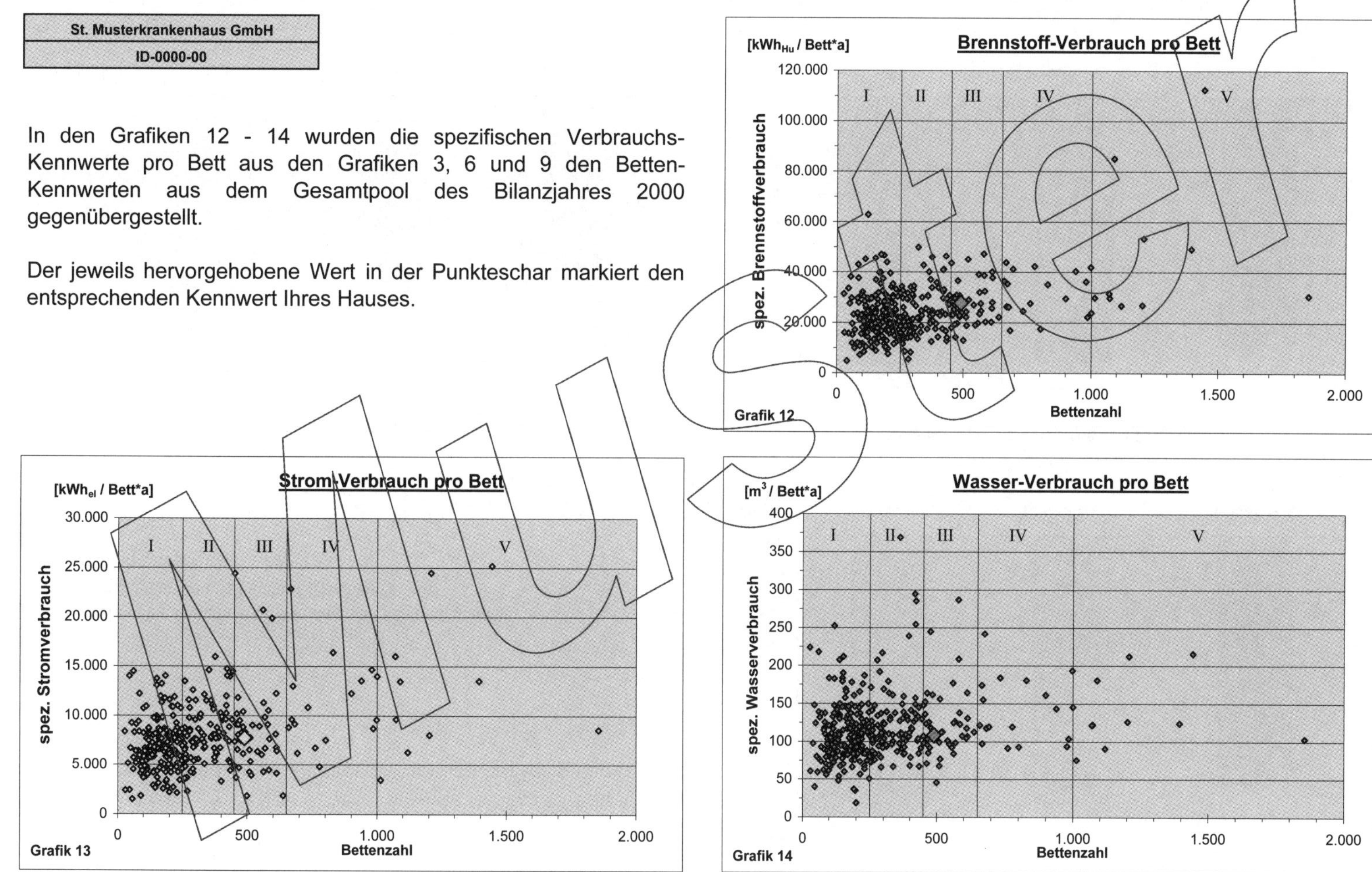

Spezifische CO_2- Emissionen zu Kategorie- und Gesamtmittelwerten

In den Grafiken 15 - 17 sind die Kennwerte des spezifischen CO_2 Ausstoßes pro Bett, pro Nettogrundfläche und pro Pflegetag für das Bilanzjahr 2000 dargestellt.

Die Angaben

- beziehen sich auf den Primärenergieverbrauch,
- sind ggf. abzüglich Bedarf für Wäscherei
- und sind witterungsbereinigt.

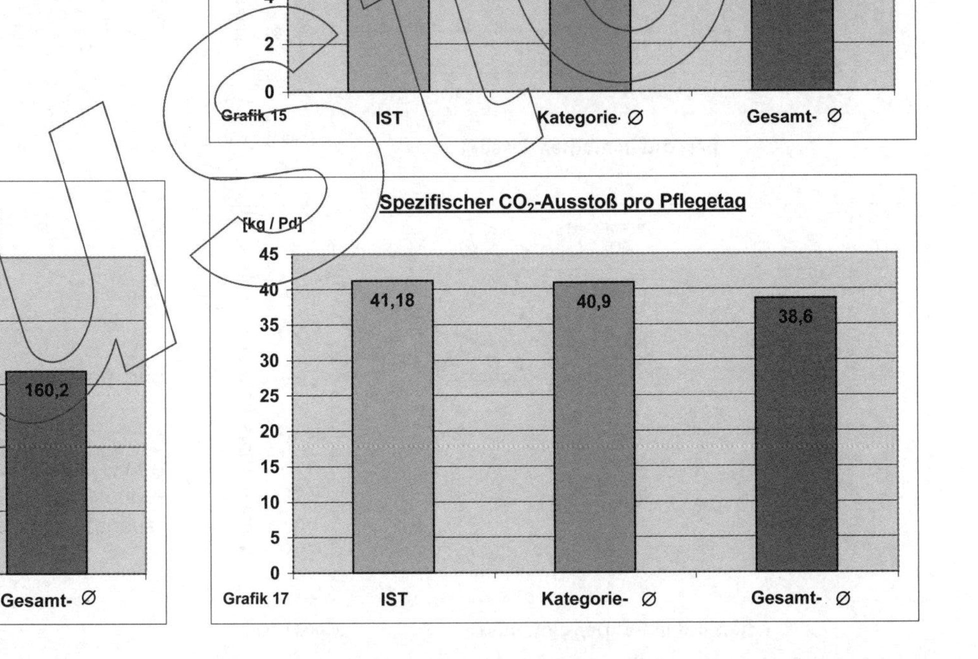

Zusammenfassung

Bilanzjahr 2000

St. Musterkrankenhaus GmbH
ID-0000-00

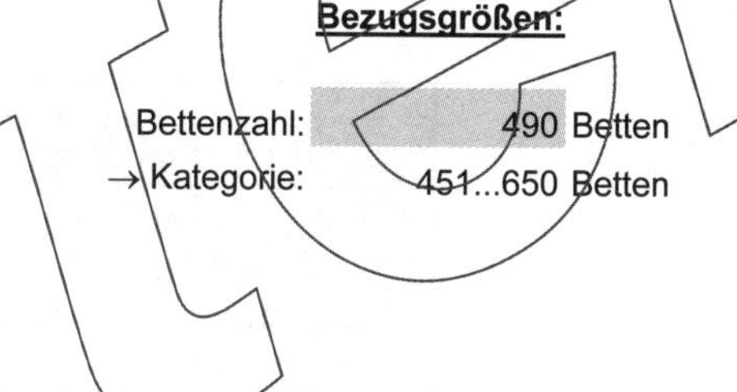

Bezugsgrößen:

Bettenzahl: 490 Betten

→ Kategorie: 451...650 Betten

Mehr- bzw. Minderverbräuche

	zum Kategorie-Ø		zum 25%-Quartil [4]	
	[kWh/a]	[%]	[kWh/a]	[%]
Wärme [1]	+ 338.158	+ 2%	+ 3.410.799	+ 25%
Strom [2]	- 245.395	- 6%	+ 797.511	+ 21%
	[m³/a]	%	[m³/a]	%
Wasser [3]	- 6.982	- 13%	+ 4.930	+ 9%
Abwasser [3]	- 3.169	- 6%	+ 7.772	+ 14%

Mehr- bzw. Minderkosten

	zum Kategorie-Ø		zum 25%-Quartil [4]	
	[€/a]	[%]	[€/a]	[%]
Wärme [1]	+ 32.186	+ %	+ 131.275	+ 28%
Strom [2]	+ 41.730	+ 1%	+ 110.783	+ 34%
Wasser [3]	- 5.181	- 10%	+ 10.401	+ 14%
Abwasser [3]	- 27.507	- 50%	+ 353	+ %
SUMME	+ 41.228	+ 4%	+ 252.813	+ 26%

Mehr- bzw. Minderausstoß

	zum Kategorie-Ø		zum 25%-Quartil [4]	
	[t/a]	[%]	[t/a]	[%]
CO_2- Ausstoß	+ 242	+ 4%	+ 1.274	+ 20%

Hinweis:

Bitte beachten Sie, dass die **Mehr-** bzw. **Minder-** Verbräuche sowie die **Mehr-** und **Minder-** Kosten aus den spez. Kennwerten **pro Bett und Jahr** berechnet wurden.

[1] Primärenergieeinsatz witterungsbereinigt abzüglich BHKW (Stromanteil) und Wäscherei (falls vorhanden)

[2] Strombedarf abzüglich Wäscherei (falls vorhanden)

[3] Wasser bzw. Abwasser abzüglich Wäscherei (falls vorhanden)

[4] 25%-Quartilswert (Zielwert) = arithmet. Mittel der 25% Besten innerhalb der Kategorie

Anlage 2:

Kennwerte Energie u. Wasser (Kosten)

Bilanzjahr 2000

St. Musterkrankenhaus GmbH
ID-0000-00

Bezugsgrößen:

Bettenzahl: 490 Betten
→ Kategorie: 451...650 Betten

Pflegetage: 153.000 Tage/Jahr

Nettogrundfläche: 31.000 m^2_{NGF}

		spez. Kosten											
		pro Bett				pro NGF				pro Pflegetag			
		IST	Kategorie-Ø	Gesamt-Ø	Note	IST	Kategorie-Ø	Gesamt-Ø	Note	IST	Kategorie-Ø	Gesamt-Ø	Note
		[€/Bett*a]	[€/Bett*a]	[€/Bett*a]	[++/+/o/-/--]	[€/m^2_{NGF}*a]	[€/m^2_{NGF}*a]	[€/m^2_{NGF}*a]	[++/+/o/-/--]	[€/Pd]	[€/Pd]	[€/Pd]	[++/+/o/-/--]
Wärme	Erdgas (H_u)	204				3,23				0,65			
	Heizöl (H_u)	126				1,98				0,40			
	Fernwärme	355				5,62				1,14			
	Σ Primärenergie (H_u)	685				10,83				2,19			
	Σ PE witterungsbereinigt ohne BHKW + W.	947	881	835	o	14,96	11,31	11,67	--	3,03	2,90	2,81	o
Strom	Eigenstrom	119				1,88				0,38			
	Fremdstrom	555				8,77				1,78			
	Σ Strom	674				10,65				2,16			
	Σ Strom ohne W.	674	588	592	-	10,65	7,90	8,44	--	2,16	1,95	2,00	o
		[€/Bett*a]	[€/Bett*a]	[€/Bett*a]	[++/+/o/-/--]	[€/m^2_{NGF}*a]	[€/m^2_{NGF}*a]	[€/m^2_{NGF}*a]	[++/+/o/-/--]	[€/Pd]	[€/Pd]	[€/Pd]	[++/+/o/-/--]
Wasser / Abwasser	Eigenförderung	0				0,00				0,00			
	Fremdbezug	150				2,37				0,48			
	Σ Wasser	150				2,37				0,48			
	Σ Wasser ohne W.	150	160	178	o	2,37	2,18	2,58	o	0,48	0,54	0,60	+
	Abwasser	177				2,80				0,57			
	Abwasser ohne W.	177	233	226	+	2,80	3,03	3,21	o	0,57	0,77	0,76	+

Weitere Kennwerte:

Vollbenutzungsstunden Strom			
IST	Kategorie-Ø	Gesamt-Ø	Note
[h/a]	[h/a]	[h/a]	[++/+/o/-/--]
4.690	4.671	4.145	o

Anmerkungen:
1. Bei allen Kostenangaben und -berechnungen handelt es sich um Kosten incl. MwSt.
2. Der Primäräquivalentfaktor für Fernwärme beträgt 1,25 [$kWh_{primär}/kWh_{end}$].
3. Von der Gesamtprimärenergie für Wärme wurden alle Prozessenergien (Wäscherei, Sterilisation, Küche) abgezogen, so dass nur der Heizwärmebedarf witterungsbereinigt wurde.
4. Beim BHKW (falls vorhanden) wurden die Primärenergie-Anteile, die der Stromproduktion und den Umwandlungsverlusten zurechenbar sind, abgezogen.
5. Nach der Witterungsbereinigung wurde die Prozessenergie für Küche und Sterilisation wieder hinzugerechnet.
6. Die Wäscherei (falls vorhanden) wurde aus allen Bezugsdaten mittels Kennwerten herausgerechnet.

Anlage 4:

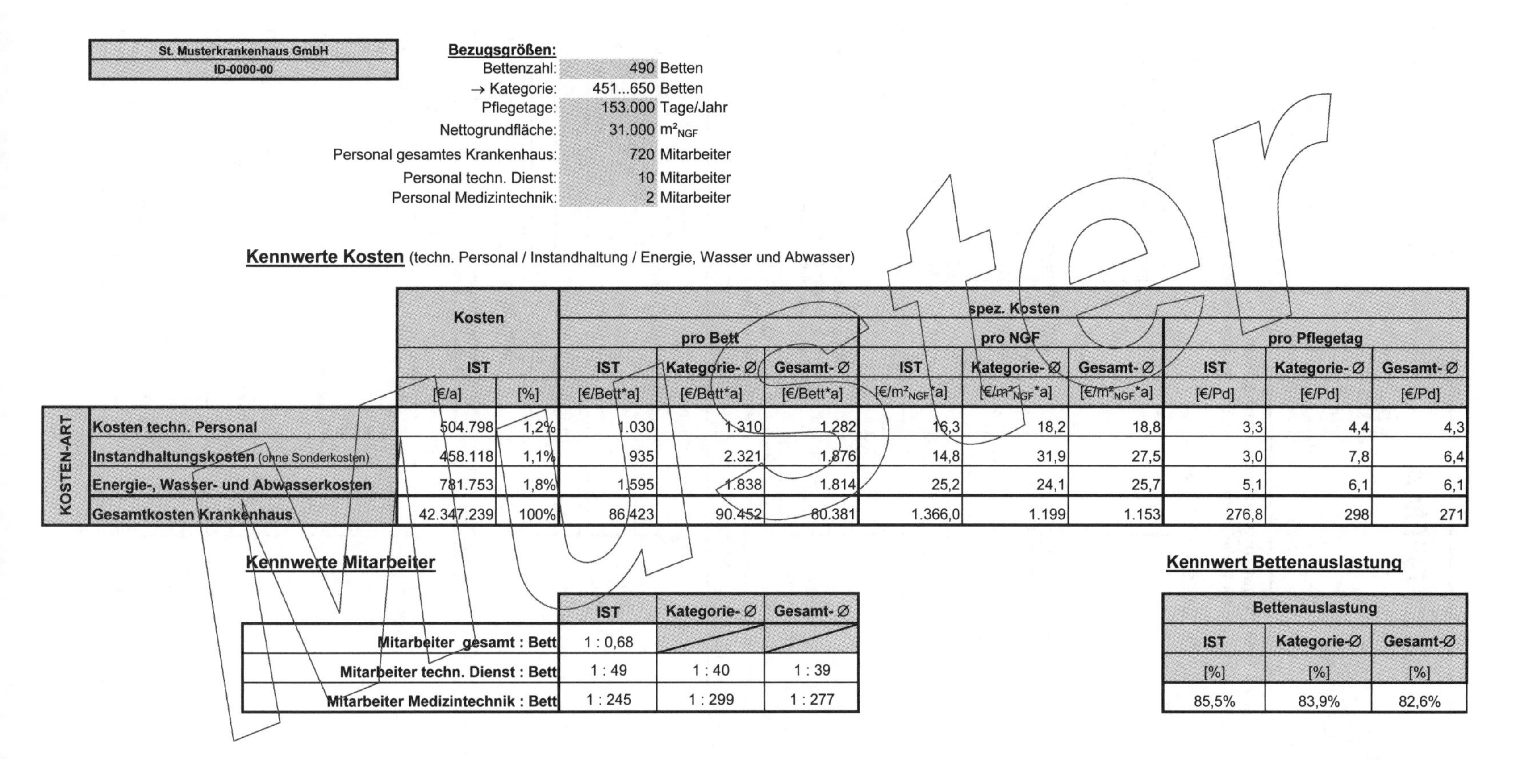

Weitere Kennwerte

Bilanzjahr 2000

St. Musterkrankenhaus GmbH
ID-0000-00

Bezugsgrößen:

Bettenzahl:	490	Betten
→ Kategorie:	451...650	Betten
Pflegetage:	153.000	Tage/Jahr
Nettogrundfläche:	31.000	m^2_{NGF}
Personal gesamtes Krankenhaus:	720	Mitarbeiter
Personal techn. Dienst:	10	Mitarbeiter
Personal Medizintechnik:	2	Mitarbeiter

Kennwerte Kosten (techn. Personal / Instandhaltung / Energie, Wasser und Abwasser)

KOSTEN-ART	Kosten		spez. Kosten								
			pro Bett			pro NGF			pro Pflegetag		
	IST		IST	Kategorie- Ø	Gesamt- Ø	IST	Kategorie- Ø	Gesamt- Ø	IST	Kategorie- Ø	Gesamt- Ø
	[€/a]	[%]	[€/Bett*a]	[€/Bett*a]	[€/Bett*a]	[€/m^2_{NGF}*a]	[€/m^2_{NGF}*a]	[€/m^2_{NGF}*a]	[€/Pd]	[€/Pd]	[€/Pd]
Kosten techn. Personal	504.798	1,2%	1.030	1.310	1.282	16,3	18,2	18,8	3,3	4,4	4,3
Instandhaltungskosten (ohne Sonderkosten)	458.118	1,1%	935	2.321	1.876	14,8	31,9	27,5	3,0	7,8	6,4
Energie-, Wasser- und Abwasserkosten	781.753	1,8%	1.595	1.838	1.814	25,2	24,1	25,7	5,1	6,1	6,1
Gesamtkosten Krankenhaus	42.347.239	100%	86.423	90.452	80.381	1.366,0	1.199	1.153	276,8	298	271

Kennwerte Mitarbeiter

	IST	Kategorie- Ø	Gesamt- Ø
Mitarbeiter gesamt : Bett	1 : 0,68		
Mitarbeiter techn. Dienst : Bett	1 : 49	1 : 40	1 : 39
Mitarbeiter Medizintechnik : Bett	1 : 245	1 : 299	1 : 277

Kennwert Bettenauslastung

Bettenauslastung		
IST	Kategorie-Ø	Gesamt-Ø
[%]	[%]	[%]
85,5%	83,9%	82,6%

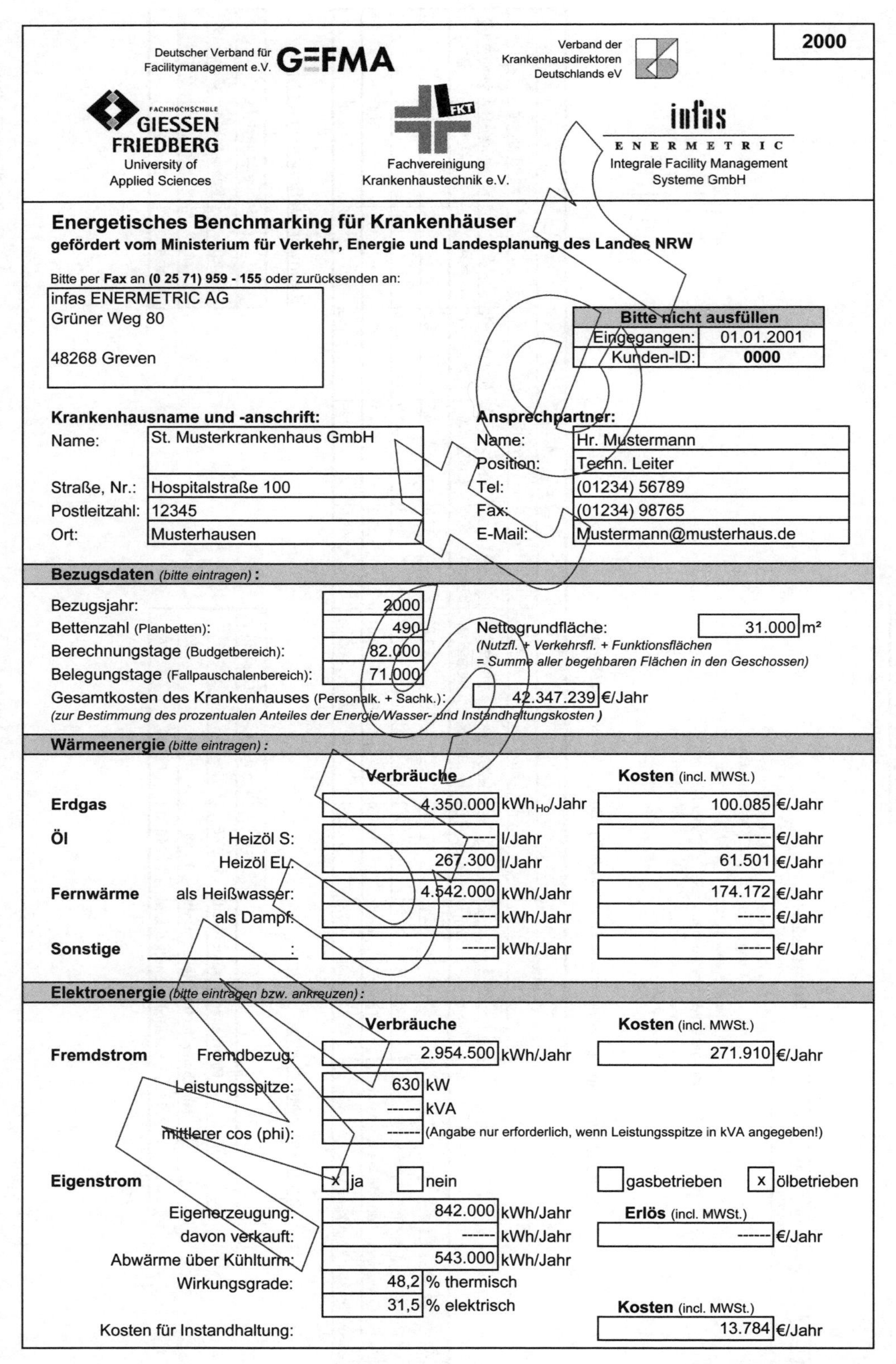

2000

Deutscher Verband für Facilitymanagement e.V. GEFMA

Verband der Krankenhausdirektoren Deutschlands eV

FACHHOCHSCHULE GIESSEN FRIEDBERG University of Applied Sciences

FKT Fachvereinigung Krankenhaustechnik e.V.

infas ENERMETRIC Integrale Facility Management Systeme GmbH

Energetisches Benchmarking für Krankenhäuser

gefördert vom Ministerium für Verkehr, Energie und Landesplanung des Landes NRW

Bitte per **Fax** an **(0 25 71) 959 - 155** oder zurücksenden an:

infas ENERMETRIC AG
Grüner Weg 80

48268 Greven

Bitte nicht ausfüllen	
Eingegangen:	01.01.2001
Kunden-ID:	**0000**

Krankenhausname und -anschrift:

Name:	St. Musterkrankenhaus GmbH
Straße, Nr.:	Hospitalstraße 100
Postleitzahl:	12345
Ort:	Musterhausen

Ansprechpartner:

Name:	Hr. Mustermann
Position:	Techn. Leiter
Tel:	(01234) 56789
Fax:	(01234) 98765
E-Mail:	Mustermann@musterhaus.de

Bezugsdaten *(bitte eintragen)* **:**

Bezugsjahr:	2000	
Bettenzahl (Planbetten):	490	
Berechnungstage (Budgetbereich):	82.000	
Belegungstage (Fallpauschalenbereich):	71.000	
Nettogrundfläche:	31.000	m²
Gesamtkosten des Krankenhauses (Personalk. + Sachk.):	42.347.239	€/Jahr

(Nutzfl. + Verkehrsfl. + Funktionsflächen = Summe aller begehbaren Flächen in den Geschossen)

(zur Bestimmung des prozentualen Anteiles der Energie/Wasser- und Instandhaltungskosten)

Wärmeenergie *(bitte eintragen)* **:**

		Verbräuche		**Kosten** (incl. MWSt.)	
Erdgas		4.350.000	kWh_{Ho}/Jahr	100.085	€/Jahr
Öl	Heizöl S:	------	l/Jahr	------	€/Jahr
	Heizöl EL:	267.300	l/Jahr	61.501	€/Jahr
Fernwärme	als Heißwasser:	4.542.000	kWh/Jahr	174.172	€/Jahr
	als Dampf:	------	kWh/Jahr	------	€/Jahr
Sonstige	______ :	------	kWh/Jahr	------	€/Jahr

Elektroenergie *(bitte eintragen bzw. ankreuzen)* **:**

		Verbräuche		**Kosten** (incl. MWSt.)	
Fremdstrom	Fremdbezug:	2.954.500	kWh/Jahr	271.910	€/Jahr
	Leistungsspitze:	630	kW		
		------	kVA		
	mittlerer cos (phi):	------	(Angabe nur erforderlich, wenn Leistungsspitze in kVA angegeben!)		

Eigenstrom [x] ja [ ] nein [ ] gasbetrieben [x] ölbetrieben

			Erlös (incl. MWSt.)	
Eigenerzeugung:	842.000	kWh/Jahr		
davon verkauft:	------	kWh/Jahr	------	€/Jahr
Abwärme über Kühlturm:	543.000	kWh/Jahr		
Wirkungsgrade:	48,2	% thermisch		
	31,5	% elektrisch	**Kosten** (incl. MWSt.)	
Kosten für Instandhaltung:			13.784	€/Jahr

Fragebogen S.1